高等职业教育系列教材

电工电子技术基础与应用

第 2 版

主　编　牛百齐　化雪荟
副主编　许　斌　万　云

机械工业出版社

本书将基础理论与实践有机结合，内容编写层次清晰、循序渐进、方便教学、注重学生能力培养、突出实际应用。全书共分 11 章，分别是直流电路、电路的分析方法、正弦交流电路、三相交流电路、变压器与电动机、放大电路、集成运算放大器、直流稳压电源、数字电路基础、组合逻辑电路和时序逻辑电路。

本书结构完整、适用面广。教学时可结合具体专业的实际情况对教学内容进行适当调整。可供不同学时、不同专业选用。

本书可作为高职高专院校机电、自动化、电子信息等专业的教材，也可作为职业技能培训教材，以及供从事电子、信息技术的有关人员参考。

本书配有微课视频，扫描二维码即可观看。另外，本书配有电子课件，需要的教师可登录 www.cmpedu.com 免费注册，审核通过后下载，或联系编辑索取（微信：15910938545，电话：010-88379739）。

图书在版编目（CIP）数据

电工电子技术基础与应用／牛百齐，化雪荟主编．—2 版．—北京：机械工业出版社，2021.9(2023.9 重印)
高等职业教育系列教材
ISBN 978-7-111-68529-6

Ⅰ．①电…　Ⅱ．①牛…　②化…　Ⅲ．①电工技术－高等职业教育－教材　②电子技术－高等职业教育－教材　Ⅳ．①TM　②TN

中国版本图书馆 CIP 数据核字（2021）第 120436 号

机械工业出版社（北京市百万庄大街 22 号　邮政编码 100037）
策划编辑：和庆娣　责任编辑：和庆娣
责任校对：潘　蕊　责任印制：邓　博
北京盛通商印快线网络科技有限公司印刷
2023 年 9 月第 2 版第 4 次印刷
184mm×260mm・17 印张・432 千字
标准书号：ISBN 978-7-111-68529-6
定价：65.00 元

电话服务

客服电话：010-88361066
　　　　　010-88379833
　　　　　010-68326294

封底无防伪标均为盗版

网络服务

机 工 官 网：www.cmpbook.com
机 工 官 博：weibo.com/cmp1952
金 书 网：www.golden-book.com
机工教育服务网：www.cmpedu.com

出 版 说 明

党的二十大报告首次提出"加强教材建设和管理",表明了教材建设国家事权的重要属性,凸显了教材工作在党和国家事业发展全局中的重要地位,体现了以习近平同志为核心的党中央对教材工作的高度重视和对"尺寸课本、国之大者"的殷切期望。教材作为教育目标、理念、内容、方法、规律的集中体现,是教育教学的基本载体和关键支撑,是教育核心竞争力的重要体现。建设高质量教材体系,对于建设高质量教育体系而言,既是应有之义,也是重要基础和保障。为落实立德树人根本任务,发挥铸魂育人实效,机械工业出版社组织国内多所职业院校(其中大部分院校入选"双高"计划)的院校领导和骨干教师展开专业和课程建设研讨,以适应新时代职业教育发展要求和教学需求为目标,规划并出版了"高等职业教育系列教材"丛书。

该系列教材以岗位需求为导向,涵盖计算机、电子信息、自动化和机电类等专业,由院校和企业合作开发,由具有丰富教学经验和实践经验的"双师型"教师编写,并邀请专家审定大纲和审读书稿,致力于打造充分适应新时代职业教育教学模式、满足职业院校教学改革和专业建设需求、体现工学结合特点的精品化教材。

归纳起来,本系列教材具有以下特点:

1)充分体现规划性和系统性。系列教材由机械工业出版社发起,定期组织相关领域专家、院校领导、骨干教师和企业代表开展编委会年会和专业研讨会,在研究专业和课程建设的基础上,规划教材选题,审定教材大纲,组织人员编写,并经专家审核后出版。整个教材开发过程以质量为先,严谨高效,为建立高质量、高水平的专业教材体系奠定了基础。

2)工学结合,围绕学生职业技能设计教材内容和编写形式。基础课程教材在保持扎实理论基础的同时,增加实训、习题、知识拓展以及立体化配套资源;专业课程教材突出理论和实践相统一,注重以企业真实生产项目、典型工作任务、案例等为载体组织教学单元,采用项目导向、任务驱动等编写模式,强调实践性。

3)教材内容科学先进,教材编排展现力强。系列教材紧随技术和经济的发展而更新,及时将新知识、新技术、新工艺和新案例等引入教材;同时注重吸收最新的教学理念,并积极支持新专业的教材建设。教材编排注重图、文、表并茂,生动活泼,形式新颖;名称、名词、术语等均符合国家有关技术质量标准和规范。

4)注重立体化资源建设。系列教材针对部分课程特点,力求通过随书二维码等形式,将教学视频、仿真动画、案例拓展、习题试卷及解答等教学资源融入到教材中,使学生学习课上课下相结合,为高素质技能型人才的培养提供更多的教学手段。

由于我国高等职业教育改革和发展的速度很快,加之我们的水平和经验有限,因此在教材的编写和出版过程中难免出现疏漏。恳请使用本系列教材的师生及时向我们反馈相关信息,以利于我们今后不断提高教材的出版质量,为广大师生提供更多、更适用的教材。

机械工业出版社

前　　言

党的二十大报告指出："培养造就大批德才兼备的高素质人才，是国家和民族长远发展大计。"为了更好地满足社会及教学的需要，依据高等职业教育人才培养目标的要求，本书总结了近年来电工电子技术基础与应用的教学经验，结合办学定位、岗位需求情况，以培养学生的应用能力为出发点，以培养高技能人才为目标，对第1版进行了修订。

本书在保持第1版的风格和特色的基础上，对第1版中部分内容进行结构调整，将变压器与电动机内容整合为第5章；对部分内容如场效应晶体管等进行了修改与完善，调整了部分技能训练内容，优化了习题，使本书的内容更加符合应用型院校的"应用型、技能型"人才培养特点。

本书力求体现职业教育特点、满足当前教学改革需要、加强实践性教学环节、注重能力的培养、突出知识应用。其主要特点如下：

1）遵循认知规律、内容编写层次清晰、循序渐进，使学生由易到难地学习基本理论和实践技能。理论分析简明、深入浅出、通俗易懂；编写中融入新知识、新技术、新工艺和新方法。

2）注重学生实践能力培养。在编写上，突出实际应用，将基础理论与能力培养有机结合。技能训练贯穿全书每个章节，有利于培养学生的动手能力和职业素养。

3）重视概念、定律和分析方法的介绍，降低复杂理论分析难度，力图做到基本概念清楚，重点突出。每节有思考与练习，方便课堂教学，每章有习题，以提高知识应用能力。

本书由济宁职业技术学院牛百齐和佛山职业技术学院化雪荟担任主编；山东理工职业学院许斌和重庆城市职业学院万云担任副主编；梁海霞、李汉挺、曹秀海参编。

在本书的编写过程中，参考了许多专家、同行的文献和资料，在此向这些作者表示诚挚的感谢。

由于编者水平有限，书中不妥或疏漏之处在所难免，恳请专家、同行批评指正，也希望得到读者的意见和建议。

编　者

二维码清单

目　　录

第1章 直 流 电 路

电路是电工电子技术的基础，它可以分为直流电路和交流电路。直流电路是电路最基本的形式，直流电路的一些定律与定理在其他应用电路中同样适用，掌握直流电路的分析方法，是研究其他电路的基础。

1.1 电路及其模型

1.1.1 电路组成及作用

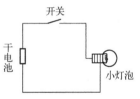

1.1.1 电路组成及作用

1. 电路组成

简单来说，电路就是电流流通的路径，它是根据某种需要由具有不同电气性能及作用的元器件按照一定方式连接而成的。电路的结构将依据它所完成任务的不同而不同，可以简单到由几个元器件构成，也可以复杂到由上千甚至数万个元器件构成。无论简单与复杂，一个完整的电路都可以看作由电源、负载及中间环节（包括开关和导线等）3 部分组成。

例如，最简单的手电筒电路，其电路组成的 3 部分是：电源-干电池，负载-小灯泡，中间环节-开关和筒体的金属连片，手电筒电路如图 1-1 所示。

电源是供应电能的设备，它把其他形式的能量转换为电能，例如，发电机将机械能转换为电能；负载是取用电能的设备，它把电能转换为其他形式的能量，例如，电动机将电能转换为机械能，电炉将电能转换为热能，电灯将电能转换为光能等；中间环节是把电源和负载连接起来，为电流提供通路，把电源的能量供给负载，并根据负载的需要接通或断开电路。

图 1-1 手电筒电路

2. 电路的作用

电路的作用可分为两大类：一类是实现电能的传输和转换，如图 1-2 所示的电力电路，发电机产生电能，经过变压器和输电线输送到各用电单位，再由负载把电能转换为光能、热能以及机械能等其他形式的能量；另一类是实现信号的传递和处理，如图 1-3 所示的扩音机电路，传声器将声能信号变换为相应的电信号，并将其送入电子电路加以放大，然后，通过扬声器把放大了的电信号还原成更大的声能信号。

图 1-2 电力电路   图 1-3 扩音机电路

电路中的电压和电流是在电源或信号源的作用下产生的，因此，电源又称为激励。由激励在电路中产生的电压和电流统称为响应。有时根据激励和响应之间的因果关系，把激励又

1

称为输入，响应称为输出。

1.1.2　电路模型

实际电路都是由一些按需要、起不同作用的实际电路元器件所组成的，诸如发电机、变压器、电动机、电池、晶体管以及各种电阻器和电容器等。它们的电磁性质较为复杂，例如一个白炽灯，它除具有消耗电能的性质（电阻性）外，当通有电流时还会产生磁场，就是说，它还具有电感性。但电感非常微小，可忽略不计，于是可认为白炽灯是一个电阻元件。

为方便电路的分析和计算，在一定条件下将实际电路中的元器件，突出其主要电磁性质，忽略其次要因素，近似地看作理想电路元器件。如电路中的电热炉、白炽灯等看作理想电阻元件，电感线圈看作理想电感，各种电容器看作理想电容等。用一个理想电路元器件或几个理想电路元器件的组合来代替实际电路中的具体元器件称为实际电路的模型化。

可见，电路模型是由理想电路元器件和理想导线相互连接而成的整体，是对实际电路进行科学抽象的结果。

将一个实际电路抽象为电路模型的过程，又称为建模过程，其结果与实际电路的工作条件以及对计算精度的要求有关。例如手电筒电路，其实际电路器件有干电池、小灯泡、开关和筒体，它的电路模型如图 1-4 所示。其中，理想电阻元件是小灯泡的电路模型，理想电压源 U_S 和理想电阻元件 R_S 的串联组合是干电池的电路模型，筒体起着传导电流的作用，其电阻忽略不计，用理想导线表示。

图 1-4 所示的电路模型又称为电路图。在电路图中，将理想电路元器件用特定的电路符号表示；理想导线可以画成直线、折线或曲线等。

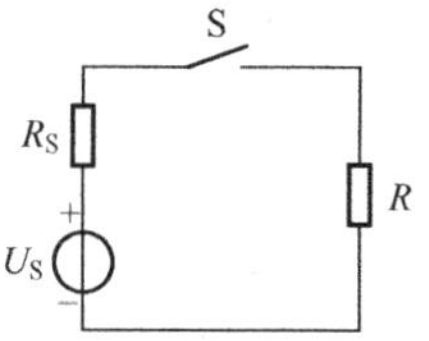

思考与练习

1. 电路由哪几部分组成？各部分在电路中起什么作用？
2. 实际电路和电路模型有什么关系？

图 1-4　手电筒电路模型

1.2　电路的基本物理量

电路分析中常用到电流、电压、电位和功率等物理量，本节对这些物理量以及与它们有关的概念进行简要说明。

1.2.1　电流及参考方向

1.2.1　电流及参考方向

1．电流

电流是由电荷的定向移动形成的。电流的大小等于单位时间内通过导体某截面的电量。设在 dt 时间内通过导体某一横截面的电量为 dq，则通过该截面的电流强度为

$$i = \frac{dq}{dt} \tag{1-1}$$

一般情况下，电流是随时间而变化的，如果电流不随时间而变化，即 $\frac{dq}{dt}$ = 常数，则这种电流就称为恒定电流，简称为直流。所通过的电路称为直流电路。在直流电路中，

式（1-1）可写成

$$I = \frac{Q}{t} \tag{1-2}$$

在国际单位制中，电流的单位是安培（A），简称为安，实际使用中还有千安（kA）、毫安（mA）、微安（μA）。它们的换算关系是

$$1\text{kA}=10^3\text{A} \qquad 1\text{A}=10^3\text{mA} \qquad 1\text{mA}=10^3\text{μA}$$

在分析电路时，不仅要计算电流的大小，还应了解电流的方向。习惯上，把正电荷定向运动的方向规定为电流的方向。那么，负电荷运动的方向与电流的实际方向相反。

2. 电流的参考方向

对于比较复杂的直流电路，往往不能确定电流的实际方向，对于交流电路，因其电流方向随时间而变化，更难以判断。因此，为分析方便，引入了电流参考方向的概念。

电流的参考方向也称为假定正方向，可以任意选定，在电路中用箭头表示，且规定当电流的实际方向与参考方向一致时，电流为正值，即 $i > 0$，如图 1-5a 所示。当电流的实际方向与参考方向相反时，电流为负值，即 $i < 0$，如图 1-5b 所示。

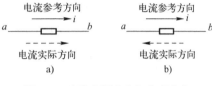

图 1-5 电流实际方向与参考方向

a) $i > 0$ b) $i < 0$

1.2.2 电压及参考方向

1. 电压

电压是用来描述电场力对电荷做功能力的物理量。如果电场力将单位正电荷 $\mathrm{d}q$ 从电场的高电位点 a 经过电路移动到低电位点 b 所做的功是 $\mathrm{d}w$，则 a、b 两点之间的电压为

$$u_{ab} = \frac{\mathrm{d}w}{\mathrm{d}q} \tag{1-3}$$

在直流电路中，a、b 两点之间的电压为

$$U_{ab} = \frac{W}{Q} \tag{1-4}$$

在交流电路中，电压用 u 表示；在直流电路中，电压用 U 表示。

在国际单位制中，电压的单位为伏特，简称为伏（V），实际使用中还有千伏（kV）、毫伏（mV）、微伏（μV）等。它们之间的换算关系是

$$1\text{kV}=10^3\text{V} \qquad 1\text{V}=10^3\text{mV} \qquad 1\text{mV}=10^3\text{μV}$$

2. 电压的参考方向

习惯上，规定电压的实际方向是从高电位端指向低电位端，其方向可用箭头表示，也可用 "+" "−" 极性表示。它还可以用双下标表示，如 U_{ab} 表示电压方向由 a 指向 b。显然可以看出，$U_{ab}=-U_{ba}$。

与电流相类似，在实际分析和计算中，电压的实际方向也常常难以确定，这时也要采用参考方向。电路中两点间的电压可任意选定一个参考方向，且规定当电压的参考方向与实际方向一致时电压为正值，即 $U > 0$，如图 1-6a 所示；相反时电压为负值，即 $U < 0$，如图 1-6b 所示。

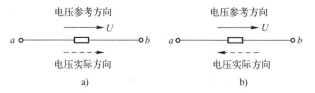

图 1-6　电压实际方向与参考方向

a) $U > 0$　b) $U < 0$

3．关联方向

电路的电流参考方向和电压参考方向都可以分别独立假设。但为了电路分析方便，常使同一元器件的电压参考方向和电流参考方向一致，即电流从电压的正极端流入该元器件而从它的负极端流出，电流和电压的这种参考方向称为关联参考方向，如图 1-7a 所示。

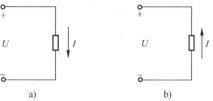

当电压参考方向和电流参考方向不一致时，称为非关联参考方向，如图 1-7b 所示。

在分析和计算电路时，选取关联方向还是非关联方向，原则上是任意的。但为了分析的方便，对于负载，一般把两者的参考方向选为关联参考方向，对于电源，一般把两者的参考方向选为非关联参考方向。另外，U 和 I 的参考方向一经选定，中途就不能再变动。

图 1-7　关联参考方向与非关联参考方向

a) 关联参考方向　b) 非关联参考方向

1.2.3　电位

在电气设备的调试和检修中，经常要测量某个点的电位，看其是否在正常范围。

在电路中任选一点为参考点，则某一点 a 到参考点的电压就称为 a 点的电位，用 V_a 表示。电路中各点的电位都是相对参考点而言的。通常规定参考点的电位为零，因此，参考点又称为零电位点，可用接地符号 "⊥" 表示。

参考点的选择是任意的，在电子电路中常常选多元器件的汇集处为参考点；工程技术中常选大地、机壳为参考点。若把电气设备的外壳"接地"，那么外壳的电位就为零。

选电路中一点 O 为电位参考点，根据电位的定义，有

$$V_a = U_{ao} \tag{1-5}$$

某点的电位，实质上就是该点与参考点之间的电压，其单位也是伏特（V）。

电位表示图如图 1-8 所示，以电路 O 点为参考点，则有

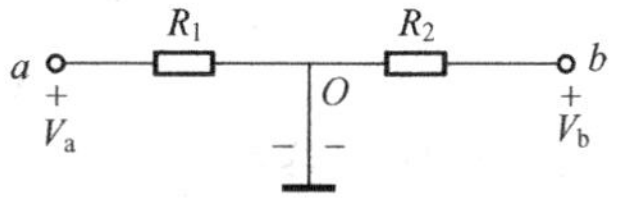

图 1-8　电位表示图

$$V_a = U_{ao}，\quad V_b = U_{bo}$$

$$U_{ab} = U_{ao} + U_{ob} = U_{ao} - U_{bo} = V_a - V_b \tag{1-6}$$

上式表明，电路中 a 点到 b 点的电压等于 a 点电位与 b 点电位之差。当 a 点电位高于 b 点电位时，$U_{ab} > 0$；反之，当 a 点电位低于 b 点电位时，$U_{ab} < 0$。一般规定，电压的实际方向由高电位点指向低电位点。

【例1-1】 图 1-9 所示的电路中，已知 $U_1 = -5V$、$U_{ab} = 2V$，试求：1）U_{ac}；2）分别以 a

点和 c 点作参考点时，a、b、c 三点电位和 b、c 两点之间的电压 U_{bc}。

解：

1）根据已知 $U_1 = -5V$，可知 $U_{ac} = -5V$。

2）以 a 点作参考点，则 $V_a = 0$，因为 $U_{ab} = V_a - V_b$，所以

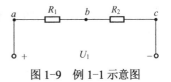

图 1-9 例 1-1 示意图

$$V_b = V_a - U_{ab} = 0V - 2V = -2V$$

$$V_c = V_a - U_{ac} = 0V - (-5)V = 5V$$

$$U_{bc} = V_b - V_c = -2V - 5V = -7V$$

以 c 点作参考点，则 $V_c = 0$，因为 $U_{ac} = V_a - V_c$，所以

$$V_a = U_{ac} + V_c = 0V + (-5)V = -5V$$

$$V_b = V_a - U_{ab} = (-5)V - 2V = -7V$$

$$U_{bc} = V_b - V_c = -7V - 0V = -7V$$

由以上计算可以看出，当以 a 点为参考点时，$V_b = -2V$；当以 c 点为参考点时，$V_b = -7V$；但 b、c 两点之间的电压 U_{bc} 始终是 $-7V$，这说明电路中各点的电位值与参考点的选择有关，而任意两点间的电压与参考点的选择无关。

注意：

1）电路中各点的电位值与参考点的选择有关，当所选的参考点变动时，各点的电位值将随之变动。

2）在电路中不指定参考点而讨论各点的电位值是没有意义的。

3）参考点一经选定，在电路分析和计算过程中，不能随意更改。

4）习惯上认为参考点自身的电位为零，所以参考点也称为零电位点。

5）在电子电路中，一般选择元器件的汇集处，而且常常是电源的某个极性端作为参考点；在工程技术中，常选择大地、机壳等作为参考点。

1.2.4 电功与电功率

1. 电功

电流通过电动机时，把消耗的电能转换为系统的机械能；同理，电流通过电炉时，把电能转换成了热能。这些现象表明，电流可以做功。电流做功时，把电能转换为其他形式的能量（如机械能、热能等）。电流所做的功简称为电功，用符号 W 表示。

设在一段导体内的电场中有 a、b 两点，这两点间的电势差为 U，在电场力作用下，电荷量为 Q 的正电荷从 a 点移动到 b 点，那么，电场对电荷做了功 W。移动电荷 Q 所形成的电流为 I。根据

$$U_{ab} = \frac{W}{Q} \text{ 和 } I = \frac{Q}{t}$$

得

$$W = UIt \tag{1-7}$$

式（1-7）说明：电流在一段电路上所做的功 W，与这段电路两端的电压 U、电路中的电流 I 及通电的时间 t 成正比。

如果电路的负载是纯电阻，根据欧姆定律，式（1-7）可写成

$$W = I^2Rt = \frac{U^2}{R}t \tag{1-8}$$

电功的另一个常用单位是千瓦·时（kW·h），1kW·h 就是常说的 1 度电，它和焦耳的换算关系为

$$1kW \cdot h = 3.6 \times 10^6 J$$

电度表就是测量电功的仪器。

2. 电功率

在电路的分析和计算中，电能和功率的计算是十分重要的。这是因为电路在工作状况下总伴随着电能与其他形式能量的相互交换；另一方面，电气设备、电路部件本身都有功率的限制，在使用时要注意其电流值或电压值是否超过额定值。

在电气工程中，电功率简称为功率，定义为单位时间内元器件吸收或发出的电能，用 p 表示。设 dt 时间内元器件转换的电能为 dw ，则

$$p = \frac{dw}{dt} = ui \tag{1-9}$$

对直流电路，功率为

$$P = UI \tag{1-10}$$

可见，电路的功率等于该电路电压和电流的乘积。

如果电路中的负载是纯电阻，根据欧姆定律，式（1-10）可写成

$$P = I^2R = \frac{U^2}{R} \tag{1-11}$$

国际单位制中，功率的单位是瓦（W），有时还可用千瓦（kW）、毫瓦（mW）为单位，它们之间的换算关系为

$$1kW = 10^3W \qquad 1W = 10^3mW$$

【例1-2】 有一只220V、100W的电灯，接在220V的电源上，试求通过电灯的电流和电灯的电阻；如果每晚用 3h，求 1 个月消耗多少电能（1 个月以 30 天计算）？

解：由 $P = UI$ 得

$$I = \frac{P}{U} = \frac{100W}{220V} \approx 0.45A$$

$$R = \frac{U}{I} = \frac{220V}{0.455A} \approx 484\Omega$$

1 个月消耗的电能为

$$W = Pt = 100 \times 10^{-3}kW \times 3h \times 30 = 9 \text{ kW} \cdot h = 9 \text{ 度}$$

功率与电压、电流有密切关系。例如对于电阻元件，当正电荷从电压的"+"极性端经过元件移动到电压的"–"极性端时，电场力对电荷做功，此时元件消耗能量或吸收功率。对于电源元件，当正电荷从电压的"–"极性端经元件移动到电压的"+"极性端时，非电场力对电荷做功（电场力对电荷做负功），此时元件提供能量或发出功率。

电压和电流有关联参考方向和非关联参考方向，为分析方便，规定：

当电压和电流的参考方向为关联参考方向时， $p = ui$ ；当电压和电流的参考方向为非关联参考方向时， $p = -ui$ 。

当 $p>0$ 时，表示元器件吸收（消耗）功率，是负载性质；当 $p<0$ 时，表示元器件实际

提供（发出）功率，是电源性质。

根据能量守恒定律，电源输出的功率和负载吸收的功率应该是平衡的。

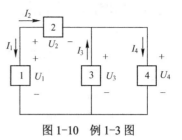

图 1-10 例 1-3 图

【例 1-3】 电路中各元器件电压和电流的参考方向如图 1-10 所示。已知 $I_1 = -2A$、$I_2 = 2A$、$I_3 = 1A$、$I_4 = 3A$，$U_1 = 3V$、$U_2 = 5V$、$U_3 = U_4 = -2V$。试求各元器件的功率，并说明是吸收功率还是发出功率，整个电路是否满足能量守恒定律。

解： 根据各元器件上电压和电流的参考方向，可得各元器件的功率如下。

元器件 1： $P_1 = U_1 I_1 = 3V \times (-2)A = -6W$，元器件 1 是发出功率。

元器件 2： $P_2 = U_2 I_2 = 5V \times 2A = 10W$，元器件 2 是吸收功率。

元器件 3： $P_3 = -U_3 I_3 = -(-2)V \times 1A = 2W$，元器件 3 是吸收功率。

元器件 4： $P_4 = U_4 I_4 = (-2)V \times 3A = -6W$，元器件 4 是发出功率。

电路的总功率

$$P = P_1 + P_2 + P_3 + P_4 = 0$$

即整个电路的能量是守恒的。

思考与练习

1. 电路如图 1-11 所示，指出电流、电压的实际方向。

2. 已知某电路中 $U_{ab} = 5V$，说明 a、b 两点中哪点电位高。

3. 已知电路如图 1-12 所示，以 c 点为参考点时，$V_a = 10V$、$V_b = 5V$、$V_d = 3V$，试求 U_{ab}、U_{ba}、U_{cd}、U_{dc}。

图 1-11 题 1 图   图 1-12 题 3 图

4. 电路如图 1-13 所示，给定电压、电流方向，求元器件功率，并指出元器件是发出功率还是吸收功率。

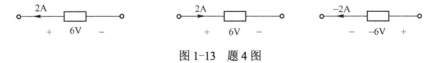

图 1-13 题 4 图

1.3 电路的工作状态和电气设备的额定值

根据电源和负载连接的不同情况，电路可分为通路、开路和短路三种基本状态。下面以

7

简单的直流电路为例，讨论不同电路状态的电流、电压和功率。

1.3.1 电路的工作状态

1. 有载状态

在图 1-14 所示的电路中，将开关 S 合上，接通电源和负载，该电路为有载状态，或称为通路。通路时，电路特征如下：

1）当电源一定时，电路的电流取决于负载电阻。根据欧姆定律可求出电源向负载提供的电流为

$$I = \frac{U_S}{R_S + R} \qquad (1-12)$$

2）电源的端电压 U 和负载端电压相等，即

$$U = U_S - R_S I = RI \qquad (1-13)$$

由于电源内阻的存在，电压 U 将随负载电流的增加而降低。

3）电源对外的输出功率（即负载获得的功率）等于理想电压源发出的功率减去内阻消耗的功率。

式（1-13）各项乘以电流 I，可得电路的功率平衡方程为

$$UI = U_S I - R_S I^2$$

$$P = P_S - \Delta P \qquad (1-14)$$

式中，$P_S = U_S I$，P_S 是电源产生的功率；$\Delta P = R_S I^2$，ΔP 是电源内阻上损耗的功率；$P = UI$，P 是电源输出的功率。

2. 开路状态

将图 1-14 中的开关 S 断开时，电源和负载没有构成通路，称为电路的开路状态，如图 1-15 所示。此时电路特征如下：

1）电路开路时，断路两点的电阻等于无穷大，因此电路中电流 $I = 0$。

2）电源的端电压称为开路电压（用 U_{OC} 表示），即 $U_{OC} = U_S$。

3）因为 $I = 0$，电源的输出功率 P_S 和负载吸收的功率 P 都为零。

3. 短路状态

当电源两端由于工作不慎或负载的绝缘破损等原因而连在一起时，外电路的电阻可视为零，这种情况称为电路的短路状态，如图 1-16 所示。电路的特征如下：

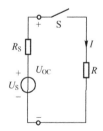

图 1-15　电路的开路状态

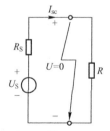

图 1-16　电路的短路状态

1）电路短路时，由于外电路电阻接近于零，而电源的内阻 R_S 很小。此时，通过电源的电流最大，称为短路电流（用 I_{SC} 表示），即

$$I_{SC} = \frac{U_S}{R_S} \qquad (1-15)$$

2）电源和负载的端电压均等于零，即 $U = 0$。

3）因为电源的端电压即负载的电压 $U = 0$，电源对外的输出功率也为零，负载消耗的功率也为零，电源产生的功率全部被内阻消耗。其值为

$$P_S = U_S I_{SC} = \frac{U_S^2}{R_S} = I_{SC}^2 R_S \qquad (1-16)$$

短路时，电源通过很大的电流，产生很大的功率全部被内阻消耗。这将使电源发热过甚，使电源设备烧毁，可能导致火灾发生。为了避免短路事故引起的严重后果，通常在电路中接入熔断器或自动保护装置。但是，有时由于某种需要，可以将电路中的某一段短路，这种情况常称为"短接"。

1.3.2 电气设备的额定值

电气设备的额定值是综合考虑产品的可靠性、经济性和使用寿命等诸多因素，由制造厂商给定的。额定值往往标注在设备的铭牌上或写在设备的使用说明书中。

额定值是指电气设备在电路的正常运行状态下，能承受的电压、允许通过的电流，以及它们吸收和产生功率的限额。常用的额定值有额定电压 U_N、额定电流 I_N 和额定功率 P_N 等。一个白炽灯上标明 220V、60W，这说明额定电压为 220V，在此额定电压下消耗功率为 60W。

一般来说，电气设备在额定状态工作时是最经济合理和安全可靠的，并能保证电气设备有一定的使用寿命。

电气设备的额定值和实际值不一定相等。如上所述，220V、60W 的白炽灯接在 220V 的电源上时，由于电源电压的波动，其实际电压值稍高于或稍低于 220V，这样白炽灯的实际功率就不会正好等于其额定值 60W 了，额定电流也相应发生了改变。当电流等于额定电流时，称为满载工作状态；电流小于额定电流时，称为轻载工作状态；电流超过额定电流时，称为过载工作状态。

【例 1-4】 某一电阻 $R = 10\Omega$，额定功率 $P_N = 40W$，试问：1）当加在电阻两端的电压为 30V 时，电阻能正常工作吗？2）若要使该电阻正常工作，外加电压不能超过多少伏？

解：1）根据欧姆定律，流过电阻的电流

$$I = \frac{U}{R} = \frac{30V}{10\Omega} = 3A$$

此时电阻消耗的功率为

$$P = UI = 30V \times 3A = 90W$$

由于 $P > P_N$，该电阻将被烧坏。

2）若要电阻正常工作，根据

$$P_N = \frac{U^2}{R}$$

可得

$$U = \sqrt{P_N R} = \sqrt{40 \times 10} V = 20V$$

可见，若要使该电阻正常工作，外加电压不能超过 20V。

思考与练习

1. 什么是电路的开路状态、短路状态、空载状态、过载状态以及满载状态？
2. 电气设备额定值的含义是什么？
3. 一只内阻 0.01 Ω 的电流表可否接到 36V 的电源两端？为什么？

1.4 基尔霍夫定律

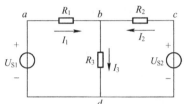

1.4 基尔霍夫定律

基尔霍夫定律是德国科学家基尔霍夫在 1845 年论证的。它包括基尔霍夫电流定律和基尔霍夫电压定律。基尔霍夫定律是电路分析和计算的基本定律。为便于学习，先介绍几个有关电路的概念。

1）支路：由一个或几个元器件串接而成的无分支电路称为支路，一条支路流过的同一电流，称为支路电流。图 1-17 所示为电路名词定义用图。电路中有 *dab*、*bcd* 和 *bd* 三条支路，三条支路电流分别为 I_1、I_2 和 I_3。

2）节点：三条或三条以上支路的连接点称为节点。图 1-17 所示电路中有 *b*、*d* 两个节点。

图 1-17　电路名词定义用图

3）回路：电路中由支路构成的闭合路径称为回路。图 1-17 所示电路中有 *abda*、*bcdb* 和 *abcda* 三个回路。

4）网孔：内部不含支路的回路称为网孔。网孔是最简单的回路。图 1-17 所示电路中有 *abda* 和 *bcdb* 两个网孔。

1.4.1 基尔霍夫电流定律

1.4.1 基尔霍夫电流定律

基尔霍夫电流定律（KCL）是用来确定连接在同一节点上的各支路电流之间的关系的。因为电流的连续性，电路中的任何一点（包括节点在内）均不能堆积电荷。所以，基尔霍夫电流定律可表述为：电路中的任一节点，在任一瞬时流入节点的电流之和等于流出该节点的电流之和。表达式为

$$\Sigma I_\lambda = \Sigma I_{出} \qquad (1\text{-}17)$$

图 1-17 所示电路中，对节点 *b* 可以写出

$$I_1 + I_2 = I_3$$

或写成

$$I_1 + I_2 - I_3 = 0$$

即

$$\Sigma I = 0 \qquad (1\text{-}18)$$

因此，基尔霍夫电流定律的另一种描述为：任一瞬时，电路任一节点上的所有支路电流的代数和等于零。

如果规定流入节点的电流为正，则流出节点电流为负，节点电流如图 1-18 所示。对于节点 a 有

$$I_1 + I_2 + I_3 - I_4 - I_5 = 0$$

有时候，为了电路分析方便，还可以将基尔霍夫电流定律应用于任一假想的闭合面，称为广义节点，广义节点示例图电路如图 1-19 所示，有

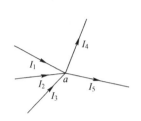 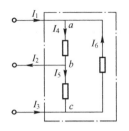

图 1-18 节点电流 　　　　　　图 1-19 广义节点示例图电路

节点 a 　　　　　　　　　　$I_1 + I_6 = I_4$
节点 b 　　　　　　　　　　$I_2 + I_5 = I_4$
节点 c 　　　　　　　　　　$I_3 + I_5 = I_6$

以上三式相加，可得

$$I_1 + I_3 = I_2$$

基尔霍夫电流定律可推广为：通过电路中任一闭合面的各支路电流的代数和等于零。

1.4.2 基尔霍夫电压定律

1.4.2 基尔霍夫电压定律

基尔霍夫电压定律（KVL），其表述为：在任一瞬时，沿电路中任一回路所有支路电压的代数和为零。因为该定律是针对电路的回路而言的，所以也称回路电压定律。其表达式为

$$\Sigma U = 0 \qquad\qquad (1\text{-}19)$$

在建立方程时，首先要选定回路的绕行方向，当回路中电压的参考方向与回路的绕行方向相同时，电压前取正号；当电压的参考方向与回路的绕行方向相反时，电压前取负号。

图 1-20 所示为基尔霍夫电压定律示例。它是某电路的一个回路，电压参考方向和回路绕行方向如图 1-20 所示。
则有

$$U_{ab} + U_{bc} + U_{cd} + U_{da} = 0$$

$$-U_{S1} + I_1 R_1 + U_{S2} + I_2 R_2 + I_3 R_3 + I_4 R_4 = 0$$

基尔霍夫电压定律不仅适合于闭合回路，还可以推广到任意未闭合回路，但列方程时，必须将开口处的电压也列入方程，基尔霍夫电压定律推广示例如图 1-21 所示。ad 处开路，$abcda$ 不构成闭合回路，如果添上开路电压 U_{ad}，就可以形成一个"闭合"回路。此时，沿 $abcda$ 绕行一周，列出回路电压方程为

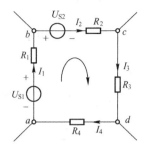
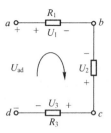

图 1-20　基尔霍夫电压定律示例　　　　图 1-21　基尔霍夫电压定律推广示例

$$U_1 - U_2 + U_3 - U_{ad} = 0$$

整理得

$$U_{ad} = U_1 - U_2 + U_3$$

利用 KVL 的推广，可以很方便地求出电路中任意两点间的电压。

【例 1-5】　在图 1-22 所示的电路中，$U_{S1} = 16V$、$U_{S2} = 4V$、$U_{S3} = 12V$、$R_2 = 2\Omega$、$R_3 = 7\Omega$、$I_{S4} = 2A$，试求电流 I_1、I_2、I_3。

解：选定回路 1、回路 2，并确定其绕行方向如图 1-22 所示。

对回路 1，根据 KVL 列电压方程得

$$R_2 I_2 + U_{S2} - U_{S1} = 0$$

解得

$$I_2 = \frac{U_{S1} - U_{S2}}{R_2} = \frac{16-4}{2}A = 6A$$

图 1-22　例 1-5 图

对回路 2，根据 KVL 列电压方程得

$$R_3 I_3 - U_{S3} - U_{S1} = 0$$

解得

$$I_3 = \frac{U_{S1} + U_{S3}}{R_3} = \frac{16+12}{7}A = 4A$$

对于节点 a，根据 KCL 列电流方程，可得

$$I_1 - I_2 - I_3 + I_{S4} = 0$$

解得

$$I_1 = I_2 + I_3 - I_{S4} = (6+4-2)A = 8A$$

思考与练习

1. 试求图 1-23 所示电路中的电流 I。

2. 在图 1-24 中，I_A、I_B、I_C 的参考方向如图中所设，这三个电流有无可能都为正值？

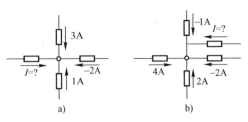

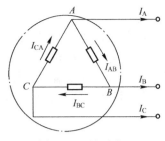

图 1-23 题 1 图　　　　　　　　　　图 1-24 题 2 图

3. 试写出图 1-25 中电压 U 的表达式。

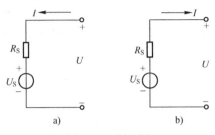

图 1-25 题 3 图

1.5 技能训练 基尔霍夫定律的验证

1. 训练目的

1）验证基尔霍夫的正确性，加深对基尔霍夫定律的理解。

2）掌握万用表、稳压电源和电流表的使用方法。

3）熟练掌握电压、电流的测定方法。

2. 训练器材

直流稳压电源（0～30V）两组，直流电流表（1.5A，1.0 级）一块，万用表一块，100Ω电阻一个，51Ω 电阻两个，导线若干。

3. 训练步骤

1）按照电路图 1-26 连接电路，图 1-26 为验证基尔霍夫定律训练用图。

接线时应在每条支路中（串接电流表的支路）串接一个电流表插口，测量电流时只需将电流表的插头插入即可，但必须注意插头的极性要正确。

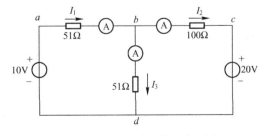

图 1-26 基尔霍夫定律训练用图

2）量程选择。测量支路电流和元器件两端电压时，选择仪表量程要从较大量程逐渐过渡到合适量程。

3）测节点 b 处各支路电流。将电流表按参考方向接入电路，若电流表指针正偏，说明参考方向与实际方向相同，读取的数值记为正值；若指针反偏，则迅速断开电路，将表重新调换极性连接，表针正偏，结果记为负值。

4）将测量结果记入表 1-1 所示支路电流的测量数据中。

表 1-1　支路电流的测量数据

电流	I_1	I_2	I_3	I_2+I_3
电位/mA				

5）在图 1-26 中选取左右两个网孔，用直流电压表测出 100Ω 电阻和 51Ω 电阻两端的电压。

4. 数据记录

将测量结果记入表 1-2 所示支路电压的测量数据中。

表 1-2　支路电压的测量数据

电压数据测量			网孔电压之和	
电压	U_{ab}	U_{bc}	U_{bd}	网孔 1	网孔 2
单位/V					

1.6　习题

1．在图 1-27 中，5 个元器件代表电源或负载。通过试验测得电流和电压为 $I_1 = -4A$、$I_2 = 6A$、$I_3 = 10A$、$U_1 = 140V$、$U_2 = -90V$、$U_3 = 60V$、$U_4 = -80V$、$U_5 = 30V$，试求：

1）判断各电流的实际方向和各电压的实际极性。

2）判断哪些元器件是电源，哪些元器件是负载。

3）计算各元器件的功率，电源发出的功率和负载取用的功率是否平衡？

2．求图 1-28 所示电路的各理想电流源的端电压、功率及各电阻上消耗的功率。

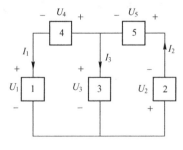

图 1-27　题 1 图

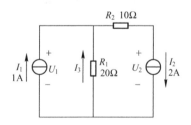

图 1-28　题 2 图

3．在图 1-29 所示的电路中，已知 $U_1 = U_2 = U_4 = 5V$，求 U_3 和 U_{CA}。

4．在图 1-30 所示的电路中，$R_1 = 5\Omega$、$R_2 = 15\Omega$、$U_s = 100V$、$I_1 = 5A$、$I_2 = 2A$。如

R_2 两端的电压 $U = 30V$，求电阻 R_3。

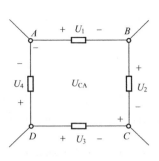

图 1-29 题 3 图

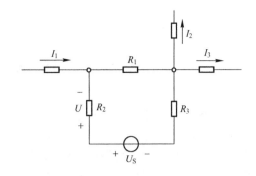

图 1-30 题 4 图

5. 已知电路如图 1-31 所示，$R_1 \sim R_6$ 均为 1Ω，$U_{S1} = 3V$、$U_{S2} = 2V$，试求分别以 d 点和 e 点为零电位参考点时的 V_a、V_b、V_c。

6. 一个 220V/40W 的灯泡，若误接在 110V 电源上，功率为多少？若误接在 380V 电源上，功率为多少？是否安全？

7. 已知电路如图 1-32 所示，$U_S = 10V$、$R_1 = R_4 = 2\Omega$、$R_2 = R_3 = 3\Omega$，试求 U_A、U_B 和 U_{AB}。

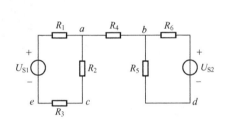

图 1-31 题 5 图

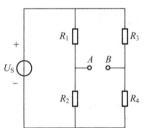

图 1-32 题 7 图

8. 电路如图 1-33 所示，已知 $U_S = 10V$，$R_S = 10\Omega$，$R = 10\Omega$，问开关 S 分别处于 1、2、3 位置时，电压表和电流表的读数分别是多少？

9. 电路如图 1-34 所示，已知 $R_1 = 1\Omega$、$R_2 = 2\Omega$、$R_3 = 3\Omega$、$R_4 = 4\Omega$、$U_{S1} = 20V$，$U_{S2} = 4V$、$U_{S3} = 5V$，试求电路的电流 I 和电压 U_{AB}、U_{BC}。

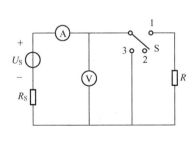

图 1-33 题 8 图

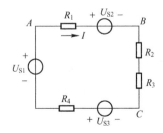

图 1-34 题 9 图

第2章　电路的分析方法

在实际电路中，电路的结构形式很多，按连接方式不同分为简单电路和复杂电路。简单的直流电路，只要运用欧姆定律和电阻连接形式的变换，就能对它们进行分析和计算。而对于复杂电路，则需要用本章介绍的电路分析方法完成电路分析。

本章以直流电路为例介绍几种复杂电路的分析方法，包括电压源与电流源的等效变换法、支路电流法、叠加定理以及戴维南定理等，这些都是分析电路的基本方法。

2.1　电压源与电流源

电源是向电路提供电能或电信号的装置，常见的电源有发电机、蓄电池、稳压电源和各种信号源等。电源的电路模型有两种表示形式：一种是以电压的形式来表示，称为电压源；另一种是以电流的形式来表示，称为电流源。

2.1.1　电压源

2.1.1　电压源

1. 电压源

电压源就是能向外电路提供电压的电源装置。图 2-1 所示为电压源模型，线框内电路所表示的为一直流电压源的模型。其中，U_S 为电压源的源电压，它等于电压源的电动势 E，即 $U_S=E$，R_S 为电压源的内电阻。

假如用 U 表示电源端电压，I 表示负载电流，则由图 2-1 电路可得出如下关系

$$U = U_S - R_S I \tag{2-1}$$

此方程称为电压源的外特性方程。

由此方程可做出电压源的外特性曲线，如图 2-2 所示。

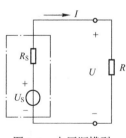

图 2-1　电压源模型

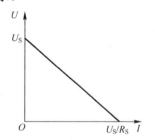

图 2-2　电压源的外特性曲线

由电压源的外特性曲线可以看出：当电源开路时，$I=0$、$U=U_S$；当电源短路时，$U=0$、$I=I_S=\dfrac{U_S}{R_S}$；内阻越小，直线越平坦。

2. 理想电压源

当 $R_S=0$ 时，端电压 U 恒等于 U_S，是一个定值。这样的电源称为理想电压源或恒压

源，理想电压源电路模型如图 2-3 所示。它的外特性曲线是与横轴平行的一条直线，理想电压源的外特性曲线如图 2-4 所示。

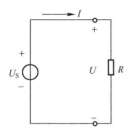

图 2-3　理想电压源电路模型

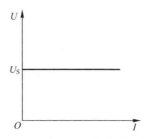

图 2-4　理想电压源的外特性曲线

实际中，$R_S=0$ 是不现实的，如果一个电源的内阻远小于负载电阻，即 $R_S \ll R_L$ 时，则内阻压降 $R_S I \ll U_S$，于是 $U \approx U_S$，负载端电压基本恒定不变，可以认为是理想电压源。常用的稳压电源可认为是一个理想电压源。

2.1.2　电流源

1. 电流源

实际电源还可以用另外一种电路模型表示，如将式（2-1）两端除以 R_S，则得

$$\frac{U}{R_S} = \frac{U_S}{R_S} - I = I_S - I$$

$$I_S = \frac{U}{R_S} + I \tag{2-2}$$

式中，I_S 为电源的短路电流；I 是负载电流；而 U/R_S 是流经电源内阻的电流。

电路如图 2-5 所示，就是实际电源的电流源模型。两条支路并联，对负载来讲，其上的电压和电流都没有改变。

由式（2-2）变形，得

$$U = I_S R_S - R_S I$$

这就是电流源的外特性方程。由此方程可得电流源的外特性曲线，如图 2-6 所示。

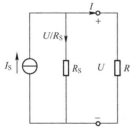

图 2-5　电流源模型

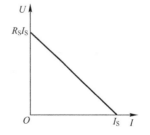

图 2-6　电流源的外特性曲线

由电流源的外特性曲线可以看出：当电流源开路时，$I = 0$、$U = I_S R_S$；当电流源短路时，$U = 0$、$I = I_S$；内阻越大，直线越陡。

2. 理想电流源

当 $R_S = \infty$ 时，电流 I 恒等于电流 I_S，是一个定值，而其两端的电压 U 是由外电路决定

的。这样的电源称为理想电流源或恒流源，理想电流源电路模型如图 2-7 所示。R 为其负载电阻，它的外特性曲线是与纵轴平行的一条直线，理想电流源的外特性曲线如图 2-8 所示。

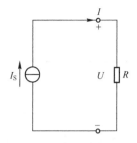

图 2-7 理想电流源电路模型

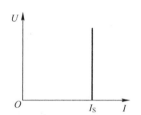

图 2-8 理想电流源的外特性曲线

实际中，如果一个电源的内阻远大于负载电阻，即 $R_S >> R_L$ 时，则 $I \approx I_S$，负载电流基本恒定不变，可以认为是理想电流源。

2.1.3 电压源与电流源的等效变换

1. 等效变换方法

同一个实际电源可以用两种不同形式的电路模型，相对于外电路而言，由于它们的伏安特性是相同的，所以对负载来说，这两个电源是相互等效的，它们之间可以进行等效变换。

因为对外接负载来说，这两个电源提供的电压和电流完全相同，所以

由式（2-2）

$$I_S = \frac{U}{R_S} + I$$

可得

$$U = I_S R_S' - R_S' I$$

与式（2-1）比较

$$U = U_S - R_S I$$

可得

$$U_S = I_S R_S', \quad R_S = R_S' \tag{2-3}$$

因此，一个恒压源 U_S 与内阻 R_0 串联的电路可以等效为一个恒流源 I_S 与内阻 R_S 并联的电路，电压源与电流源的等效变换如图 2-9 所示。

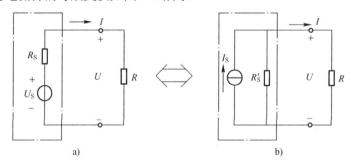

图 2-9 电压源与电流源的等效变换

a) 电压源电路 b) 电流源电路

2. 注意事项

1）在电压源和电流源等效变换过程中，两种电路模型的极性必须一致，即电流源流出电流的一端与电压源正极性端对应。

2）电压源与电流源的等效关系是对外电路而言的，对电源内部，则是不等效的。

图 2-9 中，当电压源开路时，电流为零，电源内阻 R_S 上不消耗功率；但当电流源开路时，电源内部仍有电流，内阻 R_S 上有功率消耗。当电压源电流源短路时也是这样的，电源内部消耗的功率不一样。所以，电压源与电流源等效关系是对外电路而言的。

3）理想电压源与理想电流源之间没有等效关系，不能进行等效变换。

因为对理想电压源来讲，其短路电流无穷大；对理想电流源来讲，其开路电压为无穷大，都不能得到有效数值，故两者之间不存在等效变换条件。

【例 2-1】 如图 2-10 所示，已知 U_S=8V、R_S=2Ω。试将电压源等效变换为电流源。

解： 根据电压源和电流源等效变换关系，可得等效电流源的电流为

$$I_S = \frac{U_S}{R_S} = \frac{8V}{2\Omega} = 4A$$

故将电压源等效变换为图 2-11 所示电流源，图中电流源电流方向向上。

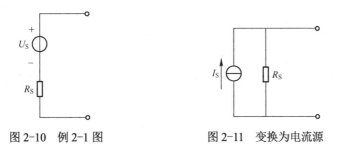

图 2-10　例 2-1 图　　　　　　图 2-11　变换为电流源

【例 2-2】 将图 2-12 所示的各电源电路分别进行简化。

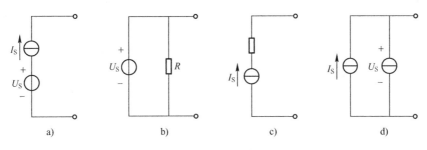

图 2-12　例 2-2 图

解： 理想电压源与任何一条支路（含电流源或电阻的支路）并联后，其两端电压仍然等于理想电压源电压，故其等效电源为理想电压源。

理想电流源与任何一条支路（含电压源或电阻的支路）串联后，其电流等于理想电流源电流，故其等效电源为理想电流源。

所以，图 2-12 中 a、b、c、d 电路分别等效为图 2-13 中 a、b、c、d 电路。

3. 几个结论

由上例题可得如下结论：

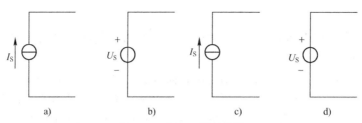

图 2-13　例 2-2 等效电路

1）理想电压源与理想电流源串联，理想电压源无用。

2）理想电压源与理想电流源并联，理想电流源无用。

3）电阻与理想电流源串联，等效时电阻无用。

4）电阻与理想电压源并联，等效时电阻无用。

【例 2-3】　如图 2-14 所示，用电源等效变换法求流过负载的电流 I。

解：由于 6Ω 电阻与电流源是串联形式，对于电流源
来说，6Ω 电阻为多余元器件，所以可去掉，可得电路如
图 2-15a 所示。

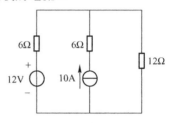

图 2-14　例 2-3 图

图 2-15a 所示的 6Ω 电阻与 12V 电压源串联可等效为
一个 2A 的电流源，可得电路如图 2-15b 所示。

图 2-15b 所示的两个电流源可等效为一个 12A 的电流
源，可得电路如图 2-15c 所示。

将图 2-15c 所示电流源等效为一个 72V 的电压源，可得电路如图 2-15d 所示。

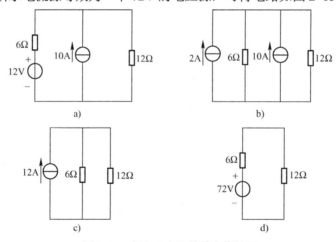

图 2-15　例 2-3 电源等效变换过程

根据图 2-15d 可得

$$I = \frac{72\text{V}}{(6+12)\Omega} = 4\text{A}$$

思考与练习

1. 能否用图 2-16 所示两电路模型分别表示实际电压源和实际电流源？

2. 根据图 2-17 所示伏安特性，画出电源模型图。

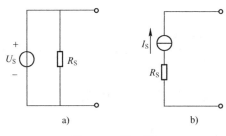

图 2-16 题 1 图

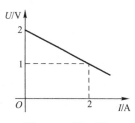

图 2-17 题 2 图

3．如图 2-18 所示，各电路中的电流 I 和电压 U 是多少？

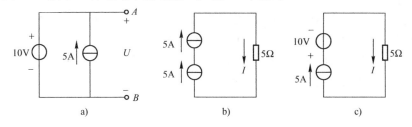

图 2-18 题 3 图

2.2 支路电流法

1. 支路电流法概念

支路电流法就是以支路电流为变量，根据基尔霍夫电流定律和基尔霍夫电压定律，列出节点电流方程和回路电压方程，求解支路电流的方法。支路电流法是分析电路最基本的方法之一。

2. 支路电流法的解题步骤

以图 2-19 所示的支路电流法电路为例，介绍支路电流法的解题步骤。

1）确定支路数，标出支路电流的参考方向。

图中有 3 条支路，各支路电流参考方向如图 2-19 所示。

2）确定节点个数，列出节点电流方程式。

图中有 b、d 两个节点，利用基尔霍夫电流定律列出节点方程如下。

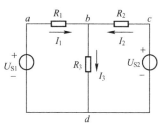

图 2-19 支路电流法电路

节点 b
$$I_1 + I_2 - I_3 = 0$$

节点 d
$$-I_1 - I_2 + I_3 = 0$$

此两节点电流方程只差一个负号，所以只有一个方程是独立的，即有一个独立节点。

一般来说，如果电路有 n 个节点，那么它能列出 $n-1$ 个独立节点电流方程。

3）确定回路数，列回路电压方程。

电路有 3 个回路，根据基尔霍夫电压定律可列出如下方程。

回路 $abda$ 的电压方程为
$$I_1R_1 + I_3R_3 - U_{S1} = 0$$

回路 $bcdb$ 的电压方程为

$$-I_2R_2 - I_3R_3 + U_{S2} = 0$$

回路 *acda* 的电压方程为

$$I_1R_1 - I_2R_2 - U_{S1} + U_{S2} = 0$$

在上面 3 个回路电压方程中，任何一个方程都可以由另外两个导出，故只有两个独立方程，也称为有两个独立回路。

在选择回路时，若包含其他回路电压方程未用过的新支路，则列出的方程是独立的。一般直观的办法是按网孔列电压方程。

可见，对于 *n* 个节点 *b* 条支路的电路，可列出 *n*-1 个独立节点电流方程，*b*-*n*+1 个独立回路电压方程。

4）联立独立方程，求解支路电流。

【例 2-4】 已知 U_{S1}= 10V、U_{S2}=12V、U_{S3}=10V、R_1=3Ω、R_2=1Ω、R_3=2Ω、R_4=2Ω、R_5=4Ω。试用支路电流法求图 2-20a 所示电路中各支路电流。

解： 1）在电路图上标出各支路电流的参考方向，选取绕行方向，如图 2-20b 所示。

2）选节点 *a* 为独立节点，列 KCL 方程

$$-I_1 + I_2 + I_3 = 0$$

3）选网孔为独立回路，回路方向如图，列 KVL 方程

$$4I_1 + 2I_3 = 10 - 10$$

$$6I_2 - 2I_3 = 12 + 10$$

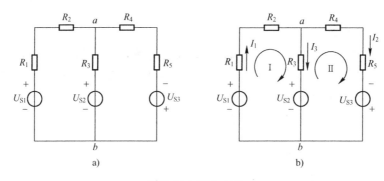

图 2-20　例 2-4 图

4）联立方程并整理得

$$\begin{cases} -I_1 + I_2 + I_3 = 0 \\ 2I_1 + I_3 = 0 \\ 3I_2 - I_3 = 11 \end{cases}$$

5）解方程得　　　　　　$I_1 = 1A、I_2 = 3A、I_3 = -2A$

I_3 是负值，说明电阻上的实际电流方向与所选参考方向相反。

思考与练习

1. 电路如图 2-21 所示，已知 R_1=3Ω、R_2=6Ω、U_S=9V、I_S=6A，求各支路的电流 I_1 和 I_2。

2. 电路如图 2-22 所示，求各支路的电流 I_1、I_2 和 I_3。

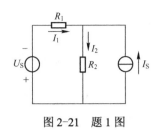

图 2-21 题 1 图

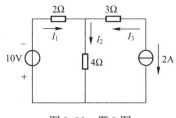

图 2-22 题 2 图

2.3 叠加原理

2.3 叠加原理

叠加原理是线性电路的一个基本定理，它体现了线性电路的基本性质，是分析线性电路的基础。

1. 线性电路

所谓线性电路是由线性元件组成的电路。线性元件是指元件参数不随外加电压及通过其中的电流而变化，即电压和电流成正比，如电阻元件。

2. 叠加原理

叠加原理指出：在线性电路中，有几个电源共同作用时，在任一支路所产生的电流（或电压）等于各个电源单独作用时在该支路所产生的电流（或电压）的代数和。

某一电源单独作用，就是假设除去其余的电源，即理想电压源短路，理想电压源电压为零；理想电流源断路，理想电流源的电流为零，但如果电源有内阻的应保留在原处。

3. 叠加原理的应用

叠加原理的应用可以用图 2-23 所示电路来说明。

1）当电压源单独作用时，电流源不作用，就在该电流源处用开路代替，如图 2-23b 所示。在 U_S 单独作用下，R_2 支路的电流为

$$I' = \frac{U_S}{R_1 + R_2} \qquad (2\text{-}4)$$

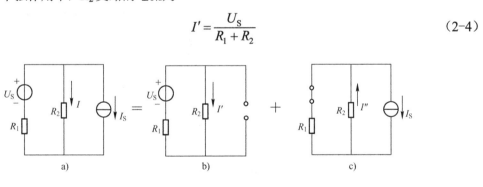

图 2-23 叠加原理

2）当电流源单独作用时，电压源不作用，在该电压源处用短路代替，如图 2-23c 所示。在 I_S 单独作用下，R_2 支路的电流为

$$I'' = \frac{R_1}{R_1 + R_2} I_S$$

3）求电源共同作用下，R_2 支路电流的代数和。可得

23

$$I = I' - I'' = \frac{U_S}{R_1 + R_2} - \frac{R_1}{R_1 + R_2} I_S$$

对 I' 取正号，是因为它的参考方向与 I 的参考方向一致；对 I'' 取负号，是因为它的参考方向与 I 的参考方向相反。

【例 2-5】 电路如图 2-24a 所示，已知 $U_{S1}=20V$、$U_{S2}=18V$、$R_1=10\Omega$、$R_2=20\Omega$、$R_3=15\Omega$、$R_4=5\Omega$，试用叠加原理求 R_4 上的电压 U_4。

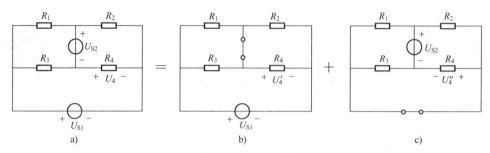

图 2-24 例 2-5 图

解：1）电压源 U_{S1} 单独作用时，将 U_{S2} 短接，计算 R_4 上产生的电压 U_4'。

由图 2-24b 可知，R_1 和 R_3 并联，R_2 和 R_4 并联，二者再串联组成对 U_{S1} 的分压电路。

$$R_{13} = \frac{R_1 R_3}{R_1 + R_3} = \frac{10 \times 15}{10 + 15}\Omega = 6\Omega$$

$$R_{24} = \frac{R_2 R_4}{R_2 + R_4} = \frac{20 \times 5}{20 + 5}\Omega = 4\Omega$$

R_4 上的电压 U_4' 为

$$U_4' = \frac{R_{24}}{R_{13} + R_{24}} U_{S1} = \frac{4}{6 + 4} \times 20V = 8V$$

2）U_{S2} 单独作用时，将 U_{S1} 短接，计算 R_4 上产生的电压 U_4''，如图 2-24c 所示。

$$R_{12} = \frac{R_1 R_2}{R_1 + R_2} = \frac{10 \times 20}{10 + 20}\Omega \approx 6.67\Omega$$

$$R_{34} = \frac{R_3 R_4}{R_3 + R_4} = \frac{15 \times 5}{15 + 5}\Omega = 3.75\Omega$$

$$U_4'' = \frac{R_{34}}{R_{12} + R_{34}} U_{S2} = \frac{3.75}{6.67 + 3.75} \times 18V \approx 6.5V$$

3）电压源 U_{S1}、U_{S2} 共同作用时，R_4 上产生的电压 U_4 为

$$U_4 = U_4' - U_4'' = (8 - 6.5)V = 1.5V$$

4. 使用叠加定理时的注意事项

1）只能用来计算线性电路的电流和电压，对非线性电路，叠加定理不适用。

2）叠加时要注意电流和电压的参考方向，求其代数和。

3）不能用叠加定理直接计算功率。因为功率 $P = I^2 R = (I' + I'')^2 R \neq I'^2 R + I''^2 R$，所以功率不能叠加。

思考与练习

1. 电路如图 2-25 所示，试用叠加原理求电流 I。
2. 电路如图 2-26 所示，试用叠加原理求电压 U。

图 2-25 题 1 图   图 2-26 题 2 图

2.4 戴维南定理

1. 二端网络

对于一个复杂的电路，有时只需计算其中某一条支路的电流或电压，此时可将这条支路单独划出，而把其余部分看作一个有源二端网络。

所谓有源二端网络，就是指具有两个出线端且内含独立电源的部分电路。不含独立电源的二端网络则称为无源二端网络。

2. 戴维南定理

将有源线性二端网络等效为电压源模型的方法叫作戴维南定理。可表述为：任何一个线性有源二端网络对外电路的作用都可以变换为一个电压源模型，该电压源模型的理想电压源电压 U_S 等于有源二端网络的开路电压，电压源模型的内电阻等于相应的无源二端网络的等效电阻，戴维南定理如图 2-27 所示。

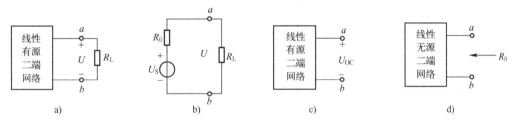

图 2-27 戴维南定理

无源二端网络的等效电阻就是将有源二端网络中所有的理想电源（理想电压源和理想电流源）均除去时网络的入端电阻。

除源的方法是：除去理想电压源，即 $U_S=0$，理想电压源所在处短路；除去理想电流源，即 $I_S=0$，理想电流源所在处开路。

有源二端网络变换为电压源模型后，一个复杂的电路就变为一个简单的电路，就可以直接用全电路欧姆定律，来求取该电路的电流和端电压。

由图 2-27 可见，待求支路中的电流为

$$I = \frac{U_S}{R_0 + R_L} \qquad (2\text{-}5)$$

其端电压为

$$U = U_S - R_0 I \qquad (2\text{-}6)$$

3. 戴维南定理应用的一般步骤

1）明确电路中待求支路和有源二端网络。

2）移开待求支路，求出有源二端网络的开路电压 U_{OC}。

3）求无源二端网络的电阻。即网络内的电压源短路，电流源断路。

4）将有源二端网络等效为电压源模型，接入待求支路，根据全电路欧姆定律求待求电流。

【例 2-6】 如图 2-28 所示，已知 U_{S1}=14V、U_{S2}=9V、R_1=20Ω、R_2=5Ω、R_3=6Ω，求 R_3 电阻上的电流。

解： 1）在图 2-28a 中，R_3 所在支路为待求支路，其余部分为二端网络。

2）求有源二端网络的开路电压 U_{OC}。

先求二端网络内的电流，如图 2-28b 所示。

$$I' = \frac{U_{S1} - U_{S2}}{R_1 + R_2} = \frac{14 - 9}{20 + 5}\text{A} = 0.2\text{A}$$

$$U_{OC} = U_{S1} - I'R_1 = 14\text{V} - 20\Omega \times 0.2\text{A} = 10\text{V}$$

3）求无源二端网络的电阻 R_0，如图 2-28c 所示。

$$R_0 = \frac{R_1 R_2}{R_1 + R_2} = \frac{20 \times 5}{20 + 5}\Omega = 4\Omega$$

4）将有源二端网络等效为电压源模型，根据全电路欧姆定律求待求电流。

$$U_S = U_{OC}$$

$$I = \frac{U_S}{R_0 + R_3} = \frac{10}{4 + 6}\text{A} = 1\text{A}$$

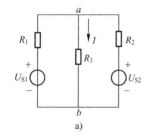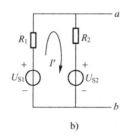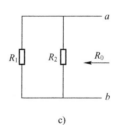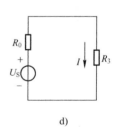

a)   b)   c)   d)

图 2-28 例 2-6 图

【例 2-7】 电路如图 2-29 所示，R_L 可调，求 R_L 为何值时，它吸收的功率最大？并计算出这个最大功率。

解： 先分析电路中负载获得最大功率的条件。

根据戴维南定理，对于负载 R_L 来说，图 2-29 的电路可等效为图 2-30 所示的负载最大功率条件的电路。U_S 为电压源模型的理想电压源电压，R_0 为电压源模型的内阻，R_L 为负载电阻。从图中可得负载功率为

$$P_{\mathrm{L}} = I^2 R_{\mathrm{L}} = \left(\frac{U_{\mathrm{S}}}{R_0 + R_{\mathrm{L}}}\right)^2 R_{\mathrm{L}} \qquad (2\text{-}7)$$

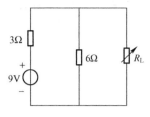

图 2-29 例 2-7 图

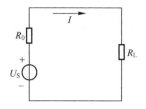

图 2-30 负载最大功率条件

由数学推导，可得出负载获得最大功率的条件为

$$R_{\mathrm{L}} = R_0$$

即当负载电阻等于电源内阻时，负载获得的功率最大。负载获得的最大功率为

$$P_{\mathrm{Lmax}} = \frac{U_{\mathrm{S}}^2}{4R_0} \qquad (2\text{-}8)$$

回到例题，移去负载后的有源二端网络如图 2-31a 所示，将其变换为电压源模型，理想电压源 U_{S} 和内阻 R_0 分别为

$$U_{\mathrm{S}} = \frac{9 \times 6}{3 + 6}\mathrm{V} = 6\mathrm{V}$$

$$R_0 = \frac{3 \times 6}{3 + 6}\Omega = 2\Omega$$

画出戴维南等效电路并接上负载，如图 2-31b 所示。

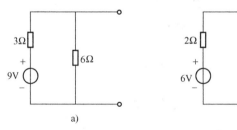

a)   b)

图 2-31 例 2-7 戴维南等效电路

由以上分析可得：

当 $R_{\mathrm{L}} = R_0 = 2\Omega$ 时，R_{L} 上获得最大功率，最大功率为

$$P_{\mathrm{Lmax}} = \frac{U_{\mathrm{S}}^2}{4R_0} = \frac{6 \times 6}{4 \times 2}\mathrm{W} = 4.5\mathrm{W}$$

思考与练习

1. 电路如图 2-32 所示，试用戴维南定理求电路电流 I。

2. 电路如图 2-33 所示，试用戴维南定理求电路电压 U。

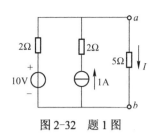

图 2-32　题 1 图

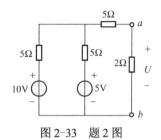

图 2-33　题 2 图

2.5　技能训练

2.5.1　技能训练 1　验证叠加原理

1. 训练目的

1）验证叠加原理的正确性，加深对叠加原理的理解。

2）掌握支路电流、电压的测量方法。

2. 训练器材

直流稳压电源（0～30V）两组，直流电流表（150mA，1.0 级）一块，直流电压表（0～15V，1.0 级）一块，电阻 1kΩ、510Ω、300Ω 各一只，开关两只，导线若干。

3. 训练步骤

1）根据实验原理，设计验证叠加原理电路如图 2-34 所示。

2）按图连接电路。

3）调节 U_{S1} 和 U_{S2} 分别为 6V 和 12V。

4）当 U_{S1} 单独作用时，测量并记录数据。

5）当 U_{S2} 单独作用时，测量并记录数据。

6）当 U_{S1} 和 U_{S2} 共同作用时，测量并记录数据。

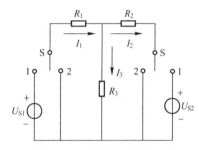

图 2-34　验证叠加原理电路

4. 数据记录与计算

将测量数据填入表 2-1 所示叠加原理实验测量数据记录中，并进行分析计算。

表 2-1　叠加原理实验测量数据记录

U_{S1} 单独作用时	$I_1' =$	$I_2' =$	$I_3' =$
U_{S2} 单独作用时	$I_1'' =$	$I_2'' =$	$I_3'' =$
U_{S1}、U_{S2} 共同作用	$I_1 =$	$I_2 =$	$I_3 =$
叠加值	$I_1' + I_1'' =$	$I_2' + I_2'' =$	$I_3' + I_3'' =$
偏差			

5. 问题思考

按电路元器件参数计算各支路电流，并与实验结果比较，分析产生误差的原因。

2.5.2　技能训练 2　验证戴维南定理

1. 训练目的

1）学会用电压表和电流表测量有源二端网络的等效电阻和开路电压。

28

2）利用实验了解两个网络等效的验证方法，从而加深对戴维南定理的理解。

2．训练器材

可调直流稳压电源（0～30V）一台，直流电流表（150mA，1.0 级）一块，直流电压表（0～15V，1.0 级）一块，电阻 3kΩ、6kΩ、10kΩ 以及可变电阻各两只，导线若干。

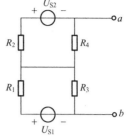

3．训练步骤

（1）连接线性有源二端网络

按图 2-35 电路图连好线性有源二端网络。其中 a、b 是二端网络的两个端钮，而 U_{S1}=10V、U_{S2}=15V、R_1=R_3=3kΩ、R_2=R_4=6kΩ。

（2）测量线性有源二端网络的电路参数

图 2-35　线性有源二端网络

1）测量开路电压 U_{OC}。

用直流电压表，选择合适的量程测量开路电压 U_{OC}，测量开路电压如图 2-36 所示，并将测量结果填入表 2-2 所示电路参数测量数据中。

2）测量短路电流 I_{SC}。

选择合适的量程，用直流电流表测出有源二端网络端口的短路电流 I_{SC}，测量短路电流如图 2-37 所示，并将测量结果填入表 2-2 中。

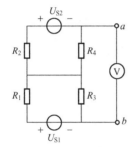

图 2-36　测量开路电压

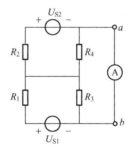

图 2-37　测量短路电流

（3）计算等效电阻 R_0

利用测得的短路电流 I_{SC} 和第（1）步中测得的开路电压 U_{OC}，根据公式 $R_0 = U_{OC} / I_{SC}$，求出等效电阻并将结果填入表 2-2 中。

（4）外加电源法测等效电阻 R_0

将有源二端网络的电源去掉，使之成为无源网络，然后在 a、b 两端另外加一个给定的电压 U=15V，测得此时端口的电流 I，则等效电阻 $R_0 = U / I$。外加电源法测量等效电阻如图 2-38 所示，测量并将结果记入表 2-2 中。

用两种方法测得的等效电阻应该相等，若误差太大，应找出原因，排除干扰，重新测量，并将两次测量结果求平均值，填入表 2-2 中。

表 2-2　电路参数测量数据

开路电压 U_{OC}/V	短路电流 I_{SC}/mA	等效电阻 R_0/Ω	等效电阻的平均值/Ω
外加电压 U/V	端口电流 I/mA	等效电阻 R_0/Ω	

（5）等效电路

根据测得的开路电压和等效电阻值，选择合适的电阻和电压源组成戴维南等效电路。戴维南等效电路如图 2-39 所示，此等效电路与图 2-35 的二端网络对外电路来说效果相同。

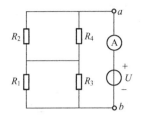 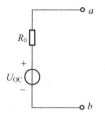

图 2-38 外加电源法测量等效电阻　　　　　　　图 2-39 戴维南等效电路

（6）验证两个网络的等效性

将两个网络接相同的滑动变阻器作为负载，并用电压表和电流表分别测其端口电压和电流，验证两个网络的等效性如图 2-40 所示。改变滑动变阻器阻值使两图中的端口电流相同，观察电压表的示数是否相同，并将结果记录在表 2-3 所示等效性数据比较中。若每次改变滑动变阻器的数值，测量结果都相同，则说明两个网络等效。

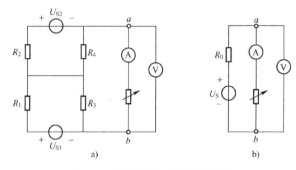

图 2-40 验证两个网络的等效性

4. 数据记录

表 2-3 等效性数据比较

电流/mA	15	20	25	30	35
图 2-39 中 a 点电压/V					
图 2-39 中 b 点电压/V					

5. 操作注意事项

1）在实验过程中，要明确二端网络的两个端钮位置。

2）测量端口电压时，电压表要与被测电路并联，即电压表的两个接线柱要分别与网络的两个端钮相连。

3）测量短路电流时，电流表要与被测支路串联。由于电流表要测的是端口短路电流，故需将电流表两个接线柱分别与电路的两个端钮相连。因电流表内阻很小，所以流过电流表的电流就是网络端口的短路电流。

4）在验证等效性电路连接中，注意电压表的位置要连接正确。

6. 问题思考

对每一步的结果进行理论计算，并将理论计算结果与实验测量结果进行比较，分析误差产生的原因。

2.6 习题

1. 利用电源等效变换化简图 2-41 所示的电路。

2. 已知 $R_1 = R_2 = 100\Omega$、$R_3 = 50\Omega$、$U_s = 100\text{V}$、$I_s = 0.5\text{A}$，电路如图 2-42 所示，试用电源等效变换求电阻 R_3 上的电流 I。

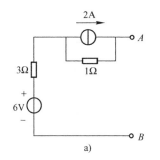
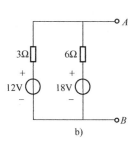
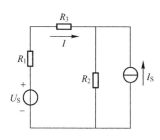

图 2-41　题 1 图　　　　　　　　　图 2-42　题 2 图

3. 求图 2-43 所示电路中的电压 U 和电流 I。

4. 某实际电源的伏安特性如图 2-44 所示，试求它的电压源模型，并将其等效为电流源模型。

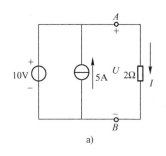
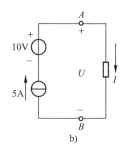
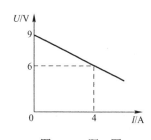

图 2-43　题 3 图　　　　　　　　　图 2-44　题 4 图

5. 已知电路如图 2-45 所示，$I_S = 2\text{A}$、$U_S = 2\text{V}$、$R_1 = 3\Omega$、$R_2 = R_3 = 2\Omega$，试用支路电流法求通过 R_3 支路的电流 I_3 及理想电流源的端电压 U。

6. 试用叠加原理重解第 5 题。

7. 试用戴维南定理求第 5 题中的电流 I_3。

8. 在图 2-46 所示的电路中，已知 $U_{AB}=0$，试用叠加原理求 U_S。

9. 如图 2-47 所示，假定电压表的内阻为无限大，电流表的内阻为零。当开关 S 处在位置 1 时，电压表的读数为 10V，当 S 处于位置 2 时，电流表的读数为 5mA。试问当 S 处在位置 3 时，电压表和电流表的读数各为多少？

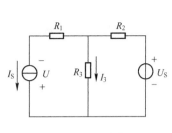

图 2-45　题 5 图

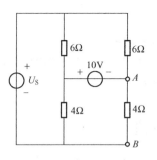

图 2-46　题 8 图

10. 在图 2-48 所示电路中，各电源的大小和方向均未知，每个电阻阻值均为 6Ω，又知当 $R=6\Omega$ 时，电流 $I=5$A。如果使 R 支路的电流 $I=3$A，则 R 应该为多大？

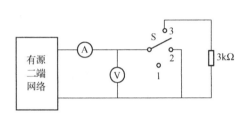

图 2-47　题 9 图

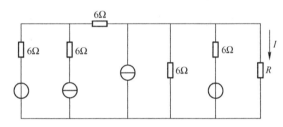

图 2-48　题 10 图

11．如图 2-49 所示，已知 $R_1=5\Omega$ 时获得的功率最大，求电阻 R 为多大？

12．如图 2-50 所示，电路线性负载时，U 的最大值和 I 的最大值分别是多少？

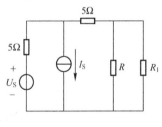

图 2-49　题 11 图

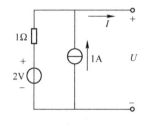

图 2-50　题 12 图

13．电路如图 2-51 所示，试求电压 U。

14．电路如图 2-52 所示，试求电压 U。

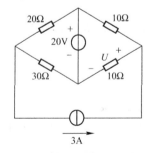

图 2-51　题 13 图

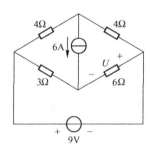

图 2-52　题 14 图

15．如图 2-53 所示，已知 $R_1 = R_2 = R_3 = R_4 = 1\Omega$、$U_S$=1V、$I_S$=2A，试计算电路中的电流 I_3。

16．如图 2-54 所示，已知 R_1=0.6Ω、R_2=6Ω、R_3=4Ω、R_4=1Ω、R_5=0.2Ω、U_{S1}=15V、U_{S2}=2V。试计算电路中电压 U_4。

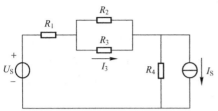

图 2-53　题 15 图

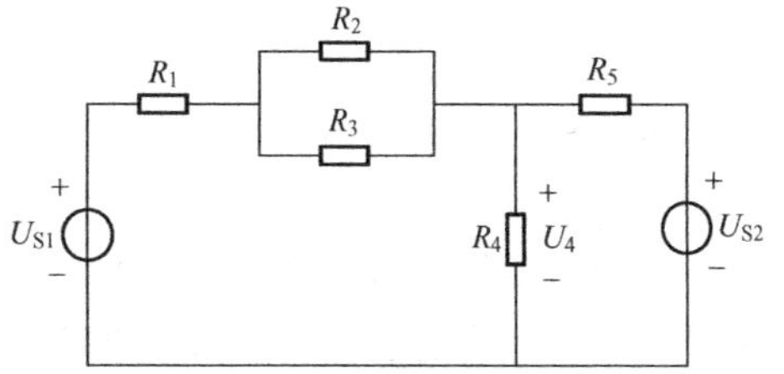

图 2-54　题 16 图

17．试用电压源和电流源等效变换的方法计算图 2-55 中 2Ω 电阻的电流 I。

18．应用戴维南定理计算上题中 2Ω 电阻的电流 I。

19．图 2-56 所示是常见的分压电路，试用戴维南定理求负载电流 I_L。

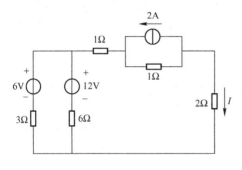

图 2-55　题 17 图

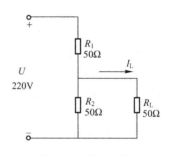

图 2-56　题 19 图

第3章 正弦交流电路

在生产和日常生活中，交流电比直流电具有更广泛的应用。主要是因为从电能的产生、输送和使用上，交流电比直流电优越。交流发电机比直流发电机结构简单、效率高、价格低和维护方便。现代的电能几乎都是以交流电的形式产生的，利用变压器可实现交流电压的升高和降低，具有输送经济、控制方便和使用安全的特点。

3.1 正弦交流电的基本概念

3.1 正弦交流电的基本概念

1. 正弦交流电

一个直流理想电压源 U_S 作用于线性电路时，电路中的电压 U 和电流 I 都不随时间变化，称为直流电量。如果一个正弦交流电压源 U_s 作用于线性电路，则电路中的电压 u 和电流 i 也将随时间按正弦规律变化。这种随时间按正弦规律周期性变化的电压和电流称为正弦电量。随时间按正弦规律变化的交流电称为正弦交流电。

2. 正弦量的三要素

正弦量的特征表现在其变化的快慢、大小及初始值 3 个方面，而它们分别由频率（或周期）、幅值（或有效值）和初相位来确定。所以频率、幅值和初相位就称为正弦量的三要素。

下面以电流为例介绍正弦量的基本特征。依据正弦量的概念，设某电路中正弦电流 i 在选定参考方向下的瞬时值表达式为

$$i = I_m \sin(\omega t + \varphi) \qquad (3-1)$$

正弦电流波形图如图 3-1 所示。

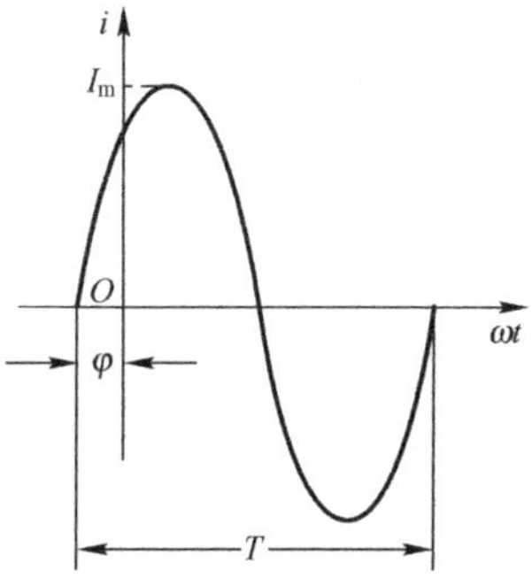

（1）频率与周期

正弦量变化一次所需的时间（秒）称为周期 T，如图 3-1 所示。每秒变化的次数为频率 f，它的单位是赫兹（Hz）。

频率和周期互为倒数，即

$$f = \frac{1}{T} \text{ 或 } T = \frac{1}{f} \qquad (3-2)$$

图 3-1 正弦电流波形图

在我国和大多数国家都采用 50Hz（有些国家如美国、日本等采用 60Hz）作为电力标准频率。这种频率在工业上应用广泛，习惯上称为工频。常用的交流电动机和照明负载都用这种频率。

正弦量变化的快慢除用周期和频率表示外，还可用角频率来表示，它的单位是弧度每秒（rad/s）。角频率是指交流电在 1s 内变化的电角度。正弦量每经过一个周期 T，对应的角度变化了 2π 弧度，所以

$$\omega = 2\pi f = \frac{2\pi}{T} \qquad (3-3)$$

（2）瞬时值、最大值和有效值

正弦交流电随时间按正弦规律变化，某时刻的数值和其他时刻的数值不一定相同。把任意时刻正弦交流电的数值称为瞬时值，用小写字母表示，如 i、u、e 分别表示电流、电压及电动势的瞬时值。瞬时值有正有负，也可能为零。

最大的瞬时值称为最大值（也称为幅值、峰值），用带下标"m"的大写字母表示。如 I_m、U_m、E_m 分别表示电流、电压及电动势的最大值。最大值虽然有正有负，但习惯上最大值都以绝对值表示。

正弦电流、电压和电动势的大小常用有效值来表示。为了便于区分，用大写字母 I、U、E 分别表示电流、电压及电动势的有效值。

有效值是根据电流的热效应定义的，即某一交流电流 i 与另一直流电流 I 在相同时间内通过一只相同电阻 R 时，所产生的热量如果相等，那么这个直流电流 I 的数值就定义为交流电的电流的有效值。

设交流电流在一个周期内通过某一电阻 R 所产生的热量为

$$Q_{AC} = \int_0^T i^2 R \mathrm{d}t$$

某一直流电 I 在相同时间内通过同一电阻 R 所产生的热量为

$$Q_{DC} = I^2 RT$$

若两者相等，则

$$I^2 RT = \int_0^T i^2 R \mathrm{d}t$$

由上式得

$$I = \sqrt{\frac{1}{T} \int_0^T i^2 \mathrm{d}t} \tag{3-4}$$

这就是交流电的有效值。

由此可知，交流电的有效值就是它的方均根值。

设 $i = I_m \sin \omega t$ 代入式（3-4）得

$$I = \sqrt{\frac{1}{T} \int_0^T (I_m \sin \omega t)^2 \mathrm{d}t} = I_m \big/ \sqrt{2} \approx 0.707 I_m$$

$$I = I_m \big/ \sqrt{2} \approx 0.707 I_m \tag{3-5}$$

同理，交流电压的有效值

$$U = U_m \big/ \sqrt{2} \approx 0.707 U_m \tag{3-6}$$

交流电电动势的有效值

$$E = E_m \big/ \sqrt{2} \approx 0.707 E_m \tag{3-7}$$

由此可见，交流电的有效值是它最大值的 0.707 倍。

通常所讲的交流电压或电流的大小（如交流电压 220V）就是指它的有效值。交流电机和电器的铭牌上所标的额定电压和额定电流都是指有效值，一般的交流电压表和电流表的读数也是指有效值。

【例 3-1】 已知 $u = U_m \sin \omega t$ ，式中 U_m=310V，f=50Hz。求电压有效值 U 和 t =0.1s 时的瞬时值。

解： 由电压最大值和有效值的关系得

$$U = U_m / \sqrt{2} \approx 0.707U_m = 0.707 \times 310V \approx 220V$$
$$u = U_m \sin \omega t = 310 \sin 2\pi \times 50 \times 0.1 = 0$$

（3）初相位

交流电是时间的函数，在不同的时刻有不同的值。由正弦交流电的一般表达式（以电流为例）$i = I_m \sin(\omega t + \varphi)$ 可知，在不同的时刻（$\omega t + \varphi$）也不同，（$\omega t + \varphi$）代表了正弦交流电变化的进程，称为相位角，简称为相位。

$t=0$ 时的相位角称为初相位角，简称为初相位。式（3-1）中的 φ 就是这个电流的初相角。规定初相角的绝对值不能超过 π。

由式（3-1）及波形图可以看出，正弦量的最大值（有效值）反映正弦量的大小，角频率（频率、周期）反映正弦量变化的快慢，初相位角反映正弦量的初始位置。因此，当正弦交流电的最大值（有效值）、角频率（频率、周期）和初相位角确定时，正弦交流电才能被确定。也就是说这三个量是正弦交流电必不可少的要素，所以称其为正弦交流电的三要素。

【例 3-2】 某正弦电压的最大值 U_m=310V，初相位 φ_u=30°；某正弦电流的最大值 I_m=28.2A，初相位 φ_i =-60°。它们的频率均为 50Hz，试分别写出电压、电流的瞬时值表达式并画出波形图。

解： 电压瞬时值表达式为

$$u = U_m \sin(\omega t + \varphi_u)$$
$$= 310 \sin(2\pi f t + \varphi_u)$$
$$= 310 \sin(314t + 30°)$$

电流瞬时值表达式为

$$i = I_m \sin(\omega t + \varphi_i)$$
$$= 28.2 \sin(314t - 60°)$$

电压、电流的波形图如图 3-2 所示。

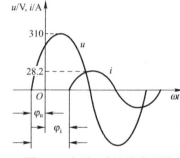

图 3-2 电压、电流的波形图

【例 3-3】 某交流电压 $u = 310 \sin(314t + 30°)$ V，试写出它的最大值、角频率和初相位，并求有效值和 t=0.1s 时的瞬时值。

解： 由 $u = 310 \sin(314t + 30°)$ V 得

$$U_m=310V, \quad \omega=314 \text{rad/s}, \quad \varphi = 30°$$
$$U=0.707U_m=0.707 \times 310V \approx 220V$$
$$u = 310 \sin(314 \times 0.1 + 30°)$$
$$= 310 \sin(10\pi + 30°)$$
$$= 155V$$

（4）相位差

在一个正弦交流电路中，电压 u 和电流 i 的频率是相同的，但初相位不一定相同，如图 3-3 所示。图中 u 和 i 的波形可表示为

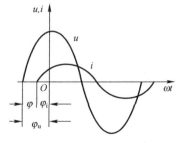

图 3-3 u 和 i 的初相位不同

$$u = U_\mathrm{m} \sin(\omega t + \varphi_\mathrm{u})$$
$$i = I_\mathrm{m} \sin(\omega t + \varphi_\mathrm{i})$$

它们的初相位分别为 φ_u 和 φ_i。

两个同频率正弦量的相位角之差或初相位角之差，称为相位差，用 φ 表示。图 3-3 中电压 u 和电流 i 的相位差为

$$\varphi = \varphi_\mathrm{u} - \varphi_\mathrm{i} \tag{3-8}$$

由图 3-3 的正弦波形可见，因为 u 和 i 的初相位不同，所以它们的变化步调不一致，即不是同时到达正的幅值或零值。图中，$\varphi_\mathrm{u} > \varphi_\mathrm{i}$，所以 u 较 i 先到达正的幅值。这时

$$\varphi = \varphi_\mathrm{u} - \varphi_\mathrm{i} > 0$$

说明在相位上 u 比 i 超前 φ 角，或者说 i 比 u 滞后 φ 角。

同理，$\varphi = \varphi_\mathrm{u} - \varphi_\mathrm{i} < 0$，说明在相位上 u 比 i 滞后 φ 角，或者说 i 比 u 超前 φ 角。$\varphi = \varphi_\mathrm{u} - \varphi_\mathrm{i} = 0$，说明 u 和 i 同相位或称同相，u 和 i 同相位如图 3-4 所示。$\varphi = \varphi_\mathrm{u} - \varphi_\mathrm{i} = \pm\pi$，说明 u 和 i 相位相反或称反相，u 和 i 反相位如图 3-5 所示。

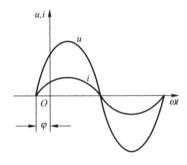

图 3-4 u 和 i 同相位

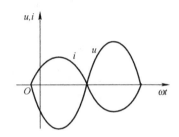

图 3-5 u 和 i 反相位

当两个同频率的正弦交流电计时起点（$t=0$）改变时，它们的相位和初相位也随之变化，但是两者的相位差始终不变。在分析计算时，一般也只需考虑它们的相位差，并不在意它们各自的初相位。为了简单起见，可令其中一个正弦量为参考正弦量，即把计时起点选在使得这个正弦量的初相位为零，其他正弦量的初相位则可由它们与参考正弦量的相位差推出。

如例 3-2 中所表达的 u 和 i，当选 i 为参考量，即令 i 的初相位 $\varphi_\mathrm{i}=0$，则 u 的初相位为 $\varphi_\mathrm{u}=90° - 0° = 90°$，这时电流电压的表达式分别为

$$i = 28.2 \sin \omega t$$
$$u = 310 \sin(\omega t + 90°)$$

当选取 u 为参考正弦量时，即令 u 的初相位 $\varphi_\mathrm{u}=0$，则 i 的初相位 $\varphi_\mathrm{i}= -90° - 0° = -90°$，这时电流和电压的表达式分别为

$$u = 310 \sin \omega t$$
$$i = 28.2 \sin(\omega t - 90°)$$

思考与练习

1．已知 $u_1 = 310\sin(314t + 30°)\,\mathrm{V}$，$u_2 = 380\sin(314t - 60°)\,\mathrm{V}$，试写出它们的最大值、有效值、相位、初相位、角频率、频率、周期及两正弦量的相位差，并说明哪个量超前。

2．已知某正弦电压的最大值为 310V，频率为 50Hz，初相位为 45°，试写出函数式，并画出波形图。

3.2 正弦交流电的相量表示法

一个正弦量可以用三角函数形式表示，也可以用波形图表示。但在分析和计算交流电路时，经常遇到同频率正弦量的加、减运算，而直接应用三角函数式或波形来运算却很麻烦。因此，有必要寻找使正弦量运算更简便的方法。下面介绍的正弦量相量表示法将为分析、计算正弦交流电路带来极大方便。

3.2.1 正弦量的旋转矢量表示

设有一正弦量 $i = I_m \sin(\omega t + \varphi)$，它可以用一个旋转矢量来表示。在直角坐标系中作一有向线段，其长度等于该正弦量的最大值 I_m，矢量与横轴正向的夹角等于正弦量的初相角 φ，该矢量逆时针方向旋转，其旋转的角速度等于该正弦量的角频率 ω。那么这个旋转矢量任一瞬时在纵轴上的投影，就是该正弦函数 i 在该瞬时的数值正弦量用旋转矢量表示如图 3-6 所示。

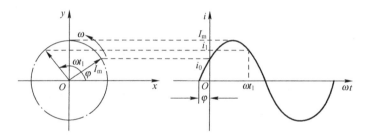

图 3-6　正弦量用旋转矢量表示

当 $\omega t = 0$ 时，矢量在纵轴上的投影为 $i_0 = I_m \sin\varphi$；当 $\omega t = \omega t_1$ 时，矢量在纵轴上的投影为 $i_1 = I_m \sin(\omega t + \varphi_1)$，如此等等。这个旋转矢量具备了正弦量的三要素，说明正弦量可以用一个旋转矢量来表示。

对于一个正弦量可以找到一个与其对应的旋转矢量，反之一个旋转矢量也都有一个对应的正弦量，他们之间有着一一对应关系。但正弦量和旋转矢量不是相等关系，正弦量是时间的函数，而旋转矢量则不是，因而不能说旋转矢量就是正弦量。

3.2.2 复数及复数的运算

1. 复数

直角坐标系如图 3-7 所示，以横轴为实轴，单位为+1，纵轴为虚轴，单位为+j。$j = \sqrt{-1}$ 称为虚数单位（数学中虚数单位用 i 表示，而电路中 i 已用来表示电流，为避免混淆而改用 j）。

实轴和虚轴构成的平面称为复平面。复平面上任何一点对应一个复数，同样一个复数对应复平面上的一个点。复数的一般式为

$$A = a + jb \qquad\qquad (3-9)$$

式中，a 称为复数的实部，b 称为复数的虚部，式（3-9）称为复数的直角坐标式，又称复数的代数表达式。

复数也可以用复平面上的有向线段来表示，如图 3-7 中的有向线段 A，它的长度 r 称为复数的模，它与实轴之间的夹角 φ 称为复数辐角，它在实轴和虚轴上的投影分别为复数的实部 a 和虚部 b。由图可得

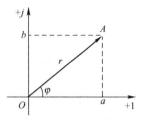

图 3-7 复平面上的复数

$$a = r\cos\varphi$$

$$b = r\sin\varphi$$

$$\varphi = \arctan\frac{b}{a}$$

因此，式又可写成

$$A = r\cos\varphi + r\sin\varphi \tag{3-10}$$

此式称为复数的三角式。

根据欧拉公式

$$\mathrm{e}^{\mathrm{j}\varphi} = \cos\varphi + \mathrm{j}\sin\varphi$$

复数 A 还可写成指数形式，即

$$A = r\mathrm{e}^{\mathrm{j}\varphi} \tag{3-11}$$

为了简便，工程上又常写成极坐标形式

$$A = r\underline{/\varphi} \tag{3-12}$$

2. 复数的运算

1）复数的加减。进行复数相加（或相减），要先把复数化为代数形式。

设有两个复数

$$A_1 = a_1 + \mathrm{j}b_1$$

$$A_2 = a_2 + \mathrm{j}b_2$$

则有

$$
\begin{aligned}
A_1 \pm A_2 &= (a_1 + \mathrm{j}b_1) \pm (a_2 + \mathrm{j}b_2) \\
&= (a_1 \pm a_2) + \mathrm{j}(b_1 \pm b_2)
\end{aligned} \tag{3-13}
$$

即复数的加减运算就是把它们的实部和虚部分别相加减。

2）复数的乘除。复数的乘除运算，一般采用指数形式或极坐标形式。

设有两个复数

$$A_1 = a_1 + \mathrm{j}b_1 = r_1\mathrm{e}^{\mathrm{j}\varphi_1} = r_1\underline{/\varphi_1}$$

$$A_2 = a_2 + \mathrm{j}b_2 = r_2\mathrm{e}^{\mathrm{j}\varphi_2} = r_2\underline{/\varphi_2}$$

$$A_1 A_2 = r_1 r_2 \mathrm{e}^{\mathrm{j}(\varphi_1 + \varphi_2)} = r_1 r_2\underline{/(\varphi_1 + \varphi_2)} \tag{3-14}$$

$$\frac{A_1}{A_2} = \frac{r_1}{r_2}\mathrm{e}^{\mathrm{j}(\varphi_1 - \varphi_2)} = \frac{r_1}{r_2}\underline{/(\varphi_1 - \varphi_2)} \tag{3-15}$$

即复数相乘时，将模相乘，指数相加或辐角相加；复数相除时，将模相除，指数相减或

辐角相减。

3）旋转因子。

复数 $e^{j\varphi} = \underline{/\varphi}$ 的模等于1、辐角等于 φ。任意复数 $A = r_1 e^{j\varphi_1}$ 乘以 $e^{j\varphi}$ 得

$$Ae^{j\varphi} = r_1 e^{j(\varphi_1 + \varphi)} = r_1 \underline{/(\varphi_1 + \varphi)} \tag{3-16}$$

即复数的模不变，辐角变化了 φ，此时复数向量按逆时针方向旋转了角。所以称 $e^{j\varphi}$ 为旋转因子。

使用最多的旋转因子是 $e^{j90°} = j$ 和 $e^{-j90°} = -j$。任何一个复数乘以 j（或除以 j），相当于将该复数向量按逆时针（顺时针）旋转 90°。而乘以-j（或除以-j）相当于将该复数向量按顺时针（逆时针）旋转 90°。

3.2.3 正弦量的相量表示法

1. 正弦量的相量

由上所述，正弦量可以用矢量表示，矢量又可以用复数表示，因而，正弦量必然可以用复数表示。用复数表示正弦量的方法称为正弦量的相量表示法。

在直角坐标中绕原点不断旋转的矢量可以表示正弦交流电。用旋转矢量的长度表示正弦量的最大值；旋转矢量的旋转角速度表示正弦量的角频率；用旋转矢量的初始位置与横轴的夹角表示正弦量的初相位。通常规定，按逆时针方向而成的角度为正值。旋转矢量用最大值符号 U_m 或 I_m 表示。

为了和一般的复数相区别，规定用大写字母上面加黑点 "·" 表示。

例如，正弦电流 $i = I_m \sin(\omega t + \varphi)$ 的相量表示为

$$\dot{I}_m = I_m \underline{/\varphi}$$

$\dot{I}_m$ 称为最大值相量。

正弦交流电的大小通常用有效值来计量，通常使相量的模等于正弦量的有效值，这样正弦电流 $i = I_m \sin(\omega t + \varphi)$ 可表示为

$$\dot{I} = I \underline{/\varphi} \tag{3-17}$$

$\dot{I}$ 称为有效值相量，电流的有效值相量如图 3-8 所示。

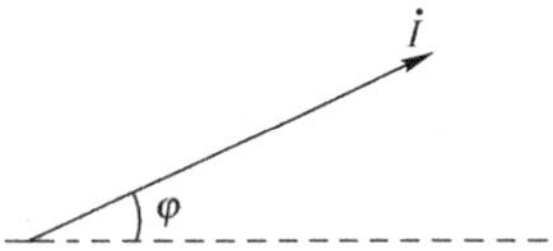

【例 3-4】 已知交流电压 $u_1 = 220\sqrt{2} \sin 314t$ V，$u_2 = 380\sqrt{2} \sin(314t - 60°)$ V，试写出它们的相量式。

解： $\dot{U}_1 = 220\underline{/0°}$ V，$\dot{U}_2 = 380 \underline{/-60°}$ V

【例 3-5】 已知电压相量 $\dot{U} = 110\underline{/30°}$ V，电流相量 $\dot{I} = 36\underline{/-30°}$ A，它们的角频率 $\omega = 314$rad/s。试写出它们对应的解析式。

解： $u = 110\sqrt{2} \sin(314t + 30°)$ V，$i = 36\sqrt{2} \sin(314t - 30°)$ A

2. 相量图

研究多个同频率正弦交流电的关系时，可按各正弦量的大小和初相，用矢量画在同一坐标的复平面上，称为相量图。图 3-2 所示的电流和电压两正弦量波形图可用图 3-9 所示相量图表示。

作相量图时要注意：

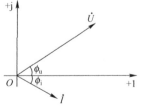

图 3-8　电流的有效值相量

图 3-9　相量图

1）只有同频率的正弦量才能画在一个相量图上，不同频率的正弦量不能画在一个相量图上，否则无法比较和计算。

2）在同一相量图上，相同单位的相量，要用相同的尺寸比例绘制。

3）作相量图时，可以取最大值，也可用有效值画出。因为有效值已被广泛使用，有效值的相量用大写字母表示。画有效值相量图时，相量的长度等于有效值。

4）正弦交流电用相量表示以后，对于同频率正弦量的加、减运算就可以按矢量的加、减运算法则进行，也可以用矢量合成的平行四边形法则进行。

思考与练习

1．正弦电压分别为 $u_1 = 220\sqrt{2}\sin(314t + 45°)\text{V}$，$u_2 = 110\sqrt{2}\sin(314t - 45°)\text{V}$，求 $\dot{U} = \dot{U}_1 + \dot{U}_2$，并写出 u 的瞬时值表达式。

2．同频率的正弦电流 i_1、i_2 的有效值分别为30A、40A。问：

1）当 i_1、i_2 的相位差为多少时，$i_1 + i_2$ 的有效值为70A？

2）当 i_1、i_2 的相位差为多少时，$i_1 + i_2$ 的有效值为10A？

3）当 i_1、i_2 的相位差为90°时，$i_1 + i_2$ 的有效值为多少？

3.3　正弦交流
电路的分析与计算

3.3　正弦交流电路的分析与计算

电阻元件、电感元件与电容元件都是组成电路模型的理想元件。所谓理想元件就是突出元件的主要电磁性质，而忽略其次要因素。如电阻元件具有消耗电能的性质（电阻性），其他的电磁性质如电感性、电容性等忽略不计。同样，对电感元件，突出其通过电流要产生磁场而储存磁场能量的性质（电感性），对电容元件，突出其加上电压要产生电场而储存电场能量的性质（电容性）。电路的参数不同，其性质就不同，其中能量的转换关系也不同。

3.3.1　单一参数的正弦交流电路

1. 纯电阻电路

在交流电路中，电阻起主要作用，电感 L 和电容 C 均可忽略不计的电路称为纯电阻电路。白炽灯、电炉和电暖器等都可认为是纯电阻电路。

（1）电压与电流的关系

图 3-10 所示为一电阻元件的交流电路，由于元件为线性元件，电路中电压和电流在图示正方向下服从欧姆定律，即

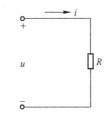

图 3-10　电阻元件的交流电路

$$u = iR$$

为了分析方便，假设电流 i 的初相位等于零，则

$$i = I_m \sin \omega t \tag{3-18}$$

并以此为参考相量，故

$$u = iR = I_m R \sin \omega t = U_m \sin \omega t \tag{3-19}$$

式（3-19）说明，电阻元件上的电压也按正弦规律变化，它的最大值与电流的最大值成

正比，频率和初相角均与电流相同，其波形如图 3-12 所示。

对于正弦交流电路中的电阻电路（又称为纯电阻电路），一般结论如下：

1）电压、电流均为同频率的正弦量。

2）电压与电流初相位相同，即两者同相。

3）电压与电流的有效值成正比。

$$U_{\mathrm{m}} = I_{\mathrm{m}} R$$
$$U = IR$$

上述结论可用相量形式表示为

$$\dot{U} = \dot{I} R \qquad\qquad (3\text{-}20)$$

式（3-20）是电阻元件欧姆定律的相量形式，电阻电路相量图如图 3-11 所示。

图 3-11　电阻电路相量图

（2）功率关系

在任一瞬间，电压的瞬时值 u 与电流瞬时值 i 的乘积，称为瞬时功率，用小写字母 p 表示，即

$$p = p_{\mathrm{R}} = ui = \sqrt{2}U\sqrt{2}I\sin^2\omega t = UI(1 - \cos 2\omega t) \qquad (3\text{-}21)$$

由式（3-21）可知，瞬时功率由两部分组成，第一部分是常量 UI，第二部分是幅值为 UI 并以角频率为 2ω 随时间而变化的交变量 $UI\cos 2\omega t$。p 随时间而变化的波形如图 3-12b 所示。

在电阻交流电路中，由于 u 与 i 是同相位的，所以瞬时功率总是正的，这表明具有电阻元件的交流电路总是从电源取用电能，它在一个周期内取用的电能为

$$W = \int_0^T p\,\mathrm{d}t$$

这相当于在图 3-12b 中，功率波形与横轴所包围的那块面积。

通常衡量元件消耗的功率，可取瞬时功率在一个周期内的平均值，称为平均功率或有功功率，用大写字母 P 来表示。那么，在电阻元件上消耗的平均功率为

$$P = \frac{1}{T}\int_0^T p\,\mathrm{d}t = \frac{1}{T}\int_0^T UI(1 - \cos 2\omega t)\,\mathrm{d}t = UI = I^2 R = \frac{U^2}{R} \quad (3\text{-}22)$$

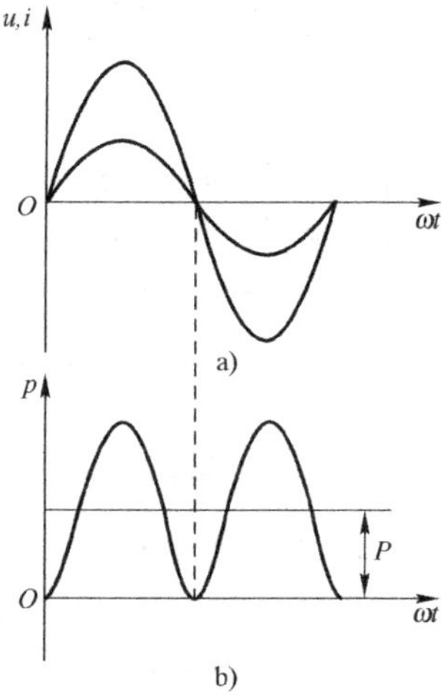

图 3-12　电阻电路波形图
a) 电压电流波形图　b) 功率波形图

可见，有功功率不随时间变化，这与直流电路中计算电阻元件的功率在形式上是一样的。式（3-22）中的 U 和 I 分别表示正弦电压、电流的有效值。

【例 3-6】　电路中电阻 $R = 2\Omega$，正弦电压 $u = 10\sin(314t - 60°)\mathrm{V}$，试求通过电阻的电流的相量。

解：电压相量为

$$\dot{U} = U\angle\varphi = \frac{10}{\sqrt{2}}\angle{-60°}\mathrm{V} = 7.07\angle{-60°}\mathrm{V}$$

电流的相量为

$$\dot{I} = \frac{\dot{U}}{R} = \frac{7.07\ \angle-60°}{2}\text{A} = 3.54\ \angle 60°\text{A}$$

2. 纯电感电路

在图 3-13 所示的交流电路中，线圈的电阻忽略不计，这种电路可称为纯电感电路。

（1）电压与电流的关系

图 3-13 所示的电路中，线性电感元件中的自感电动势为

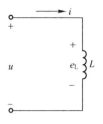

$$e_L = -L\frac{\mathrm{d}i}{\mathrm{d}t}$$

设流入的交流电流为

$$i = I_m \sin \omega t$$

图 3-13 纯电感电路

根据 KVL 得

$$u = -e_L = L\frac{\mathrm{d}i}{\mathrm{d}t} = L\frac{\mathrm{d}I_m \sin \omega t}{\mathrm{d}t} = I_m \omega L \cos \omega t = U_m \sin\left(\omega t + \frac{\pi}{2}\right) \tag{3-23}$$

式（3-23）说明，电感电压也是正弦量，且与电流同频率，但在相位上电压超前电流 90°。在大小关系上

$$U_m = I_m \omega L$$
$$U = I \omega L \tag{3-24}$$

由上式可知，当 ω 一定时，电感两端的电压有效值正比于电流。当 $\omega = 0$ 时，电感电压恒为零，即电感元件在直流电路中相当于短路；当 ω 趋于 ∞ 时，电感元件的作用相当于开路元件。

由上述讨论，可得出关于电感元件的一般结论：

1）电感元件中的电压和电流均为同频率的正弦量。

2）电感元件的电压超前于电流 90°，波形如图 3-14a 所示。

3）电压与电流的有效值关系为

$$I = \frac{U}{\omega L}$$

令

$$X_L = \omega L = 2\pi f L$$

则

$$I = \frac{U}{X_L} \tag{3-25}$$

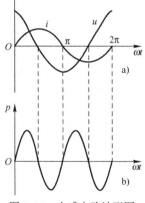

图 3-14 电感电路波形图

a) 电流电压波形图 b) 功率波形图

从式（3-25）可知，电压一定时，X_L 越大，电流越小。可见 X_L 具有阻碍电流的性质，所以称 X_L 为电感电抗，简称为感抗。

当 ω 的单位用弧度 / 秒（rad/s）、L 的单位用亨利（H）（简称为亨）时，X_L 的单位为欧姆（Ω）（简称为欧）。

若用相量形式来表示，则

$$\dot{U} = \mathrm{j}X_L \dot{I} \quad \text{或} \quad \dot{I} = -\mathrm{j}\frac{\dot{U}}{X_L} \tag{3-26}$$

式（3-26）中的 jX_L 可视为电感参数的复数形式，该式说明了电压、电流的有效值之比等于感抗，同时也说明了电压超前于电流 $90°$ 的相位关系，如图 3-14a 所示。

电感电路的相量图如图 3-15 所示。

（2）功率关系

电感交流电路中的瞬时功率关系为

$$p = ui = I_m \sin\omega t U_m \sin\left(\omega t + \frac{\pi}{2}\right)$$
$$= U_m I_m \cos\omega t \sin\omega t \qquad (3-27)$$
$$= UI \sin 2\omega t$$

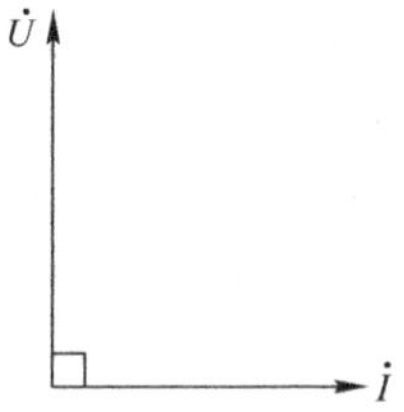

图 3-15　电感电路的相量图

可见，电感电路中的瞬时功率是幅值为 UI、并以 2ω 的角频率随时间变化的正弦量。如图 3-14b 所示。电感电路中的瞬时功率正负交替变化的原因，是因为电感线圈是一个储能元件，当电流增加时，线圈中磁场能量增加，它从电源取用能量，其功率为正。当电流减小时，线圈中磁场能量也减小，由于电路中没有耗能元件，磁场释放的能量全部回送给电源，故 p 为负。也就是说虽然电路中有电压，也有电流，仅从一个周期的整体效果来看，它既不消耗电能，也不输出电能，这一点可以从平均功率得到验证。

$$P = \frac{1}{T}\int_0^T p\,\mathrm{d}t = \frac{1}{T}\int_0^T UI \sin 2\omega t\,\mathrm{d}t = 0$$

上式说明，在电感元件的交流电路中，没有任何能量消耗，只有电源与电感元件之间的能量交换，其能量交换的规模用无功功率 Q 来衡量，它的大小等于瞬时功率的幅值。即

$$Q_L = UI = I^2 X_L \qquad (3-28)$$

无功功率的计量单位为乏（var）或千乏（kvar）。

需要注意的是，无功功率并非无用功率，例如后面要讨论的变压器、交流电动机等电气设备需要依靠磁场传递能量，而其中电感性负载与电源之间的能量互换规模就得用无功功率来描述。

【例 3-7】 已知 1H 的电感线圈接在 10V 的工频电源上，求：

1）线圈的感抗；

2）设电压的初相位为零，求电流；

3）无功功率。

解：1）感抗

$$X_L = \omega L = 2\pi f L = 2\pi \times 50 \times 1\Omega \approx 314\Omega$$

2）设电压初相位为零度，则电流

$$\dot{I}_L = \frac{\dot{U}_L}{jX_L} = \frac{10\underline{/0°}}{j314}\mathrm{A} = 0.032\underline{/-90°}\mathrm{A}$$

3）无功功率

$$Q_L = U_L I_L = 10 \times 0.032\,\mathrm{var} = 0.32\,\mathrm{var}$$

3. 纯电容电路

（1）电压与电流的关系

线性电容元件在图 3-16 所示的关联方向的条件下

$$i_C = C \frac{\mathrm{d}u_C}{\mathrm{d}t}$$

假定 $u_C = U_\mathrm{m} \sin \omega t$

则

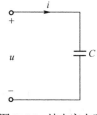

图 3-16　纯电容电路

$$i = C \frac{\mathrm{d}u_C}{\mathrm{d}t} = C \frac{\mathrm{d}U_\mathrm{m} \sin \omega t}{\mathrm{d}t} = U_\mathrm{m} \omega C \cos \omega t = U_\mathrm{m} \omega C \sin \left(\omega t + \frac{\pi}{2} \right) \quad (3-29)$$

式（3-29）说明，电容两端加上正弦交流电压后，电容中的电流也是同频率的正弦量，但在相位上超前于电压 90°，或者说电压落后于电流 90°。

根据式（3-29）令

$$I_\mathrm{m} = U_\mathrm{m} \omega C$$

则

$$I = U \omega C \quad (3-30)$$

令 $X_C = \dfrac{1}{\omega C}$，则

$$I = \frac{U}{X_C} \quad (3-31)$$

X_C 称为容抗，它反比于通过电容元件的电流的频率和电容元件的电容量。当 ω 的单位用弧度/秒（rad/s），电容 C 的单位用法拉（F）（简称为法）时，X_C 的单位为欧姆（Ω）。

当电容元件加上直流电压时（$\omega=0$）时，电容电流恒为零，相当于开路元件，也就是说电容元件有隔断直流电的作用。当电容元件被施加一定频率的交流电压时，由于电压的变化，电容极板上的电荷也发生增减，电荷的增减使得电容中有交变的电流流过，ω 越高，电容极板上的电荷变化也就越快，电流也就越大，当 ω 趋于 ∞ 时，电容元件可用短路元件来替代。

据此，可得出电容元件电压与电流关系的结论：

1）电容元件两端的电压及流过电容中的电流均为同频率的正弦量。

2）电容元件上电压滞后于电流 90° 的相位角。

3）电压与电流的有效值关系为

$$I = \frac{U}{X_C}$$

电容元件上电压，电流关系的相量形式为

$$\dot{I} = \mathrm{j} \frac{\dot{U}}{X_c} \quad \text{或} \quad \dot{U} = -\mathrm{j} X_c \dot{I} \quad (3-32)$$

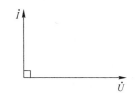

图 3-17　电容电路相量图

电容电路相量图如图 3-17 所示。

式（3-32）中，$-\mathrm{j} X_c$ 可以看作电容参数的复数形式。

（2）功率关系

电容元件交流电路的瞬时功率为

$$p = ui = U_m \sin \omega t I_m \sin \left(\omega t + \frac{\pi}{2} \right)$$

$$= U_m I_m \cos \omega t \sin \omega t \tag{3-33}$$

$$= UI \sin 2\omega t$$

可见，电容元件中的瞬时功率是幅值为 UI、以 2ω 为角频率随时间而变化的交变量。这是因为电容是一个储能元件，当电容电压增高时，电容中的电场能量（$W_C = Cu^2 / 2$）将增加，它将从电源获取电能，则 $p>0$；当电容电压降低时，电容中电场能量减小，而将剩余的能量送回给电源，则 $p<0$。电容电路波形图如图 3-18 所示。

电容元件在交流电路中的平均功率为

$$P = \frac{1}{T} \int_0^T p \mathrm{d}t = \frac{1}{T} \int_0^T UI \sin 2\omega t \mathrm{d}t = 0$$

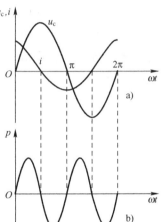

图 3-18　电容电路波形图

a) 电流电压波形图　b) 功率波形图

与电感元件一样，电容元件也不消耗任何能量，在电容元件与电源之间只有能量变换，其互换的规模与电感电路一样，用无功功率 Q 来表示，该值等于瞬时功率的幅值，即

$$Q_C = UI = I^2 X_C$$

为了同电感元件电路的无功功率相比较，同样设通入电容元件的电流为

$$i = I_m \sin \omega t$$

则

$$u = U_m \sin(\omega t - 90°)$$

于是得出瞬时功率

$$p = ui = -UI \sin 2\omega t$$

由此可见，电容元件电路的无功功率

$$Q = -UI = -X_C I^2 \tag{3-34}$$

即电容性无功功率取负值，而电感性无功功率取正值。

【例 3-8】　某电容元件的电压和电流取关联参考方向，已知 $\dot{I} = 4 \underline{/120°}\,\mathrm{A}$，$\dot{U} = 220 \underline{/30°}\,\mathrm{V}$，$f = 50\mathrm{Hz}$。试求：

1）在工频下的电容值 C；

2）电路中电源频率为 $f' = 100\mathrm{Hz}$ 时的电流。

解：1）由已知条件有　　　　　$X_C = \dfrac{U}{I} = \dfrac{220}{4}\,\Omega = 55\,\Omega$

所以　　　　　$C = \dfrac{1}{2\pi f X_C} = \dfrac{1}{2 \times 3.14 \times 50 \times 55}\,\mathrm{F} \approx 58\,\mu\mathrm{F}$

2）电容的容抗

$$X_C = \frac{1}{2\pi f'C} = \frac{1}{2\times 3.14\times 100\times 58\times 10^{-6}}\Omega \approx 27.5\Omega$$

$$\dot{I} = \frac{\dot{U}}{-jX_C} = \frac{220\ \underline{/30^\circ}}{27.5\ \underline{/-90^\circ}}A = 8\ \underline{/120^\circ}A$$

$$\omega = 2\pi f = 2\times 3.14\times 100\,\text{rad/s} = 628\,\text{rad/s}$$

所以

$$i = 8\sqrt{2}\sin(628t + 120^\circ)A$$

3.3.2 多参数组合的正弦交流电路

在实际电路中经常有多种元件，而 RLC 串联的形式是最简单，也是最基本的电路模型，RLC 串联电路如图 3-19 所示。

1. RLC 串联电路电压电流关系

（1）瞬时关系

由于电路是串联的，所以流过 R、L、C 的电流相同。于是

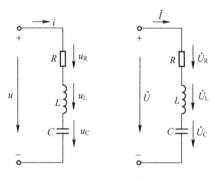

图 3-19 RLC 串联电路

$$u = u_R + u_L + u_C = iR + L\frac{di}{dt} + \frac{1}{C}\int i\,dt$$

设 $i = \sqrt{2}I\sin\omega t$，则

$$u = \sqrt{2}IR\sin\omega t + \sqrt{2}I\omega L\sin(\omega t + 90^\circ) + \sqrt{2}I\frac{1}{\omega C}\sin(\omega t - 90^\circ)$$

（2）相量关系

$$\dot{U} = \dot{U}_R + \dot{U}_L + \dot{U}_C$$

设 $\dot{I} = I\,\underline{/0^\circ}$ 为参考相量，则

$$\dot{U}_R = \dot{I}R\ ,\quad \dot{U}_L = \dot{I}(jX_L)\ ,\quad \dot{U}_C = \dot{I}(-jX_C)$$

$$\dot{U} = \dot{I}R + \dot{I}(jX_L) + \dot{I}(-jX_C)$$

$$= \dot{I}\left[R + j(X_L - X_C)\right]$$

$$= \dot{I}(R + jX)$$

$$= \dot{I}Z$$

$$\dot{U} = \dot{I}Z \tag{3-35}$$

式中，$Z = R + jX$ 称为复阻抗。$X = X_L - X_C$ 称为电抗。

复阻抗是一个复数，它的实部是电阻，虚部是电抗。复阻抗的模就是阻抗的大小，复阻抗的辐角就是电压和电流的相位差 φ。

式 $\dot{U} = \dot{I}Z$ 与直流电路的欧姆定律有相似形式，称为正弦交流电路的欧姆定律相量式。

2. 电压三角形与阻抗三角形

由

$$Z = R + jX = R + j(X_L - X_C)$$

得

$$|Z| = \sqrt{R^2 + (X_L - X_C)^2} \tag{3-36}$$

$$\varphi = \varphi_u - \varphi_i = \arctan \frac{X_L - X_C}{R} \tag{3-37}$$

由 R、X 和复阻抗的模 $|Z|$ 构成阻抗三角形，如图 3-20 所示。辐角 φ 称为阻抗角。

由阻抗三角形

$$X = X_L - X_C$$

$$X = |Z| \sin\varphi$$

$$R = |Z| \cos\varphi$$

由 $\dot{U} = \dot{I}Z$

$$Z = \frac{\dot{U}}{\dot{I}} = \frac{U \underline{/\varphi_u}}{I \underline{/\varphi_i}} = |Z| \underline{/(\varphi_u - \varphi_i)} = |Z| \underline{/\varphi}$$

$$|Z| = \frac{U}{I}$$

$$\varphi = \varphi_u - \varphi_i$$

可见，复阻抗的模 $|Z|$ 等于电压的有效值与电流的有效值之比。辐角 φ 等于电压与电流的相位差。

由 $\dot{U} = \dot{I}Z$ 可画出电压三角形，如图 3-21 所示。

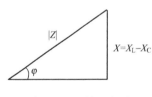

图 3-20　阻抗三角形

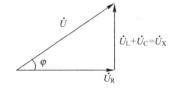

图 3-21　电压三角形

$$U_X = U \sin\varphi$$

$$U_R = U \cos\varphi$$

$$U = \sqrt{U_R^2 + (U_L - U_C)^2} \tag{3-38}$$

显然，电压三角形是阻抗三角形各边乘以 $\dot{I}$ 而得，所以这两个三角形是相似三角形。但要注意的是电压三角形的各边是相量，而阻抗三角形的各边不是相量。电压与电流的相位差 φ 就是复阻抗的阻抗角。

$$\varphi = \arctan \frac{U_X}{U_R} = \arctan \frac{U_L - U_C}{U_R} = \arctan \frac{X}{R} = \arctan \frac{X_L - X_C}{R} \tag{3-39}$$

3. 电路参数与电路性质关系

由上式看出，当电流频率一定时，电路的性质（电压与电流的相位差）由电路参数决定（R、L、C）。电路参数与电路性质的关系：

1）若 $X_L > X_C$，即 $\varphi > 0$，表示电压 u 超前电流 i 一个 φ 角，电感的作用大于电容的作用，这种电路称为感性电路。

2）若 $X_L < X_C$，即 $\varphi < 0$，表示电压 u 滞后电流 i 一个 φ 角，电感的作用小于电容的作用，这种电路称为容性电路。

3）若 $X_L = X_C$，即 $\varphi = 0$，表示电压 u 与电流 i 同相位，电感的作用与电容的作用互相抵消，这种电路称为电阻性电路，又称为串联谐振。

4. *RLC* 串联电路的功率

（1）瞬时功率和平均功率

RLC 串联电路所吸收的瞬时功率为

$$p = ui = (u_R + u_L + u_C)i$$
$$= u_R i + u_L i + u_C i$$
$$= p_R + p_L + p_C$$

由于电感和电容不消耗能量，所以电路所消耗的功率就是电阻所消耗的功率。所以电路在一周内的平均功率为

$$P = \frac{1}{T}\int_0^T (u_R i + u_L i + u_C i)\mathrm{d}t$$
$$= \frac{1}{T}\int_0^T u_R i\mathrm{d}t$$
$$= U_R I = I^2 R = \frac{U^2}{R}$$

由电压三角形可知

$$U_R = U\cos\varphi$$

所以

$$P = UI\lambda \tag{3-40}$$

式中，$\lambda = \cos\varphi$ 为功率因数，平均功率 P 又称为有功功率。

使用上式注意：$P \neq U^2/R$，而是 $P = U_R^2/R$；$P \neq UI$ 而是 $P = U_R I = UI\cos\varphi$。

（2）视在功率

电路中电压和电流有效值的乘积称为视在功率，即

$$S = UI \tag{3-41}$$

视在功率的单位为伏安（VA），工程上常用千伏安（kVA）。

视在功率并不代表电路中实际消耗的功率，它常用于标称电源设备的容量。因为，发电机、变压器等电源设备实际供给负载的功率要由实际运行中负载的性质和大小来定，所以，在电源设备的铭牌上只能先根据额定电压、额定电流标出视在功率以供选用。

（3）无功功率

在 *RLC* 串联电路中，由于 L 与 C 的电流、电压相位相反，所以电感与电容的瞬时功率

符号也始终相反，即当电感吸收能量时，电容正在释放能量；反之亦然。两者能量相互补偿的差值才是与电源交换的能量，所以电路的无功功率应为

$$Q = Q_L - Q_C = U_L I - U_C I = (U_L - U_C)I = U_X I = XI^2 = \frac{U_X^2}{X}$$

由电压三角形可知

$$U_X = U \sin \varphi$$

$$Q = UI \sin \varphi \qquad （3-42）$$

（4）功率三角形

由 $P = UI \cos \varphi$，$Q = UI \sin \varphi$ 及 $S = UI$ 可知，有功功率 P、无功功率 Q 和视在功率 S 也组成一个直角三角形，称为功率三角形，如图 3-22 所示。显然

$$S = \sqrt{P^2 + Q^2} \qquad （3-43）$$

$$\varphi = \arctan \frac{Q}{P} \qquad （3-44）$$

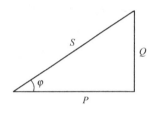

图 3-22　功率三角形

功率三角形也可由阻抗三角形各边乘以 I^2 而得，因此功率三角形、电压三角形、阻抗三角形是相似三角形。

3.3.3　复阻抗的串并联

在正弦交流电路中，任意一个由 RLC 构成的无源二端网络，其两端的电压相量和电流相量之比为二端网络的复阻抗，复阻抗用大写 Z 表示，无源二端网络如图 3-23 所示。二端网络的复阻抗为

$$Z = \frac{\dot{U}}{\dot{I}}$$

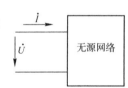

图 3-23　无源二端网络

根据这个定义，电阻的复阻抗为 R，电感的复阻抗为 $j\omega L$，电容的复阻抗为 $-j\dfrac{1}{\omega C}$，RLC 串联的复阻抗为 $Z = R + j(X_L - X_C)$。

1. 复阻抗的串联

图 3-24 为已知复阻抗 Z_1、Z_2 串联的电路。

（1）等效复阻抗

令 Z_1、Z_2 串联的等效复阻抗为 Z，则

$$Z = \frac{\dot{U}}{\dot{I}} = \frac{\dot{U}_1 + \dot{U}_2}{\dot{I}} = \frac{\dot{U}_1}{\dot{I}} + \frac{\dot{U}_2}{\dot{I}} = Z_1 + Z_2$$

即两个复阻抗串联的等效复阻抗等于两个串联的复阻抗的和。

由此推论：

几个复阻抗串联的等效复阻抗等于这几个复阻抗的和。

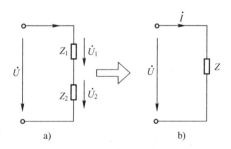

图 3-24　复阻抗的串联

a) 两复阻抗串联　b) 等效复阻抗

$$Z = Z_1 + Z_2 + \cdots + Z_n \qquad （3-45）$$

需要注意的是复阻抗是复数，求等效复阻抗的运算一般情况下是复数运算。串联复阻抗的模一般不等于两个复阻抗模相加，即 $|Z| \neq |Z_1| + |Z_2|$。

（2）复阻抗串联的分压关系

在图中，若已知 Z_1、Z_2、$\dot{U}$，则

$$\dot{U}_1 = \dot{I} Z_1 = \frac{\dot{U}}{Z} Z_1 = \dot{U} \frac{Z_1}{Z_1 + Z_2}$$

同理

$$\dot{U}_2 = \dot{U} \frac{Z_2}{Z_1 + Z_2}$$

这就是复阻抗串联的分压关系。由此推论：

N 个复阻抗的串联分压关系

$$\dot{U}_K = \dot{U} \frac{Z_K}{Z_1 + Z_2 + \cdots + Z_n} \qquad (3\text{-}46)$$

2. 复阻抗的并联

图 3-25 所示为已知复阻抗 Z_1 和 Z_2 并联的电路。

（1）等效复阻抗

令 Z_1、Z_2 并联的等效复阻抗为 Z，则

$$\frac{1}{Z} = \frac{\dot{I}}{\dot{U}} = \frac{\dot{I}_1 + \dot{I}_2}{\dot{U}} = \frac{\dot{I}_1}{\dot{U}} + \frac{\dot{I}_2}{\dot{U}} = \frac{1}{Z_1} + \frac{1}{Z_2}$$

由此推论：

n 个复阻抗的并联等效复阻抗的倒数等于并联的各个复阻抗的倒数和，即

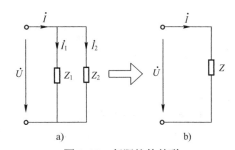

图 3-25　复阻抗的并联

a) 两复阻抗并联　b) 等效复阻抗

$$\frac{1}{Z} = \frac{1}{Z_1} + \frac{1}{Z_2} + \cdots + \frac{1}{Z_n} \qquad (3\text{-}47)$$

需要注意的是，复数运算中一般 $\frac{1}{|Z|} \neq \frac{1}{|Z_1|} + \frac{1}{|Z_2|} + \cdots + \frac{1}{|Z_n|}$。

（2）复阻抗并联的分流关系

在图中，若已知 Z_1、Z_2、$\dot{I}$，则

$$\dot{I}_1 = \frac{\dot{U}}{Z_1} = \dot{I} \frac{Z}{Z_1} = \dot{I} \frac{Z_2}{Z_1 + Z_2}$$

同理可得

$$\dot{I}_2 = \dot{I} \frac{Z_1}{Z_1 + Z_2} \qquad (3\text{-}48)$$

这就是复阻抗并联的分流关系。

【例 3-9】 有一 RC 并联电路，已知 $R=1\text{k}\Omega$，$C=1\mu\text{F}$，$\omega=1000\text{rad/s}$，求等效复阻抗。

解：

容抗
$$X_C = \frac{1}{\omega C} = \frac{1}{1000 \times 10^{-6}}\Omega = 1\text{k}\Omega$$

$$Z = \frac{Z_1 Z_2}{Z_1 + Z_2} = \frac{R(-jX_C)}{R - jX_C} = \frac{-j}{1-j}\Omega = 0.707\underline{/-45°}\,\text{k}\Omega$$

3.3.4 功率因数的提高

在交流电路中，有功功率 $P = UI\cos\varphi$，式中 $\cos\varphi$ 为电路的功率因数。前面曾提到，功率因数仅取决于电路（负载）的参数，对电阻性负载（如白炽灯、电阻炉等）来说，由于电压、电流同相，其功率因数为 1。除此之外，功率因数为 0～1。在生产实际中，用电设备大多属于电感性负载，如电动机、电磁开关、感应炉以及荧光灯等。它们的功率因数比较低，交流异步电动机在轻载运行时，功率因数一般为 0.2～0.3，在额定负载运行时，功率因数也只为 0.8 左右。

当电压与电流之间有相位差时，即功率因数不等于 1 时，电路中发生能量互换，出现无功功率 $Q = UI\sin\varphi$。这样就引起两个问题，一是使发电设备的容量不能充分利用；二是输电线路效率降低。为提高发电及供电设备的利用率，减少输电线上的功率损耗，应提高功率因数。

1. 提高功率因数的方法

提高功率因数的很多，常用的办法是在电感性负载的两端并联电容器，并联电容提高功率因数如图 3-26 所示，这种电容器称为补偿电容。

设负载的端电压为 $\dot{U}$，在未并联电容时，电感性负载中的电流
$$\dot{I}_1 = \frac{\dot{U}}{Z_1} = \frac{\dot{U}}{R + jX_L} = \frac{\dot{U}}{|Z_1|\underline{/\varphi_1}} = \frac{\dot{U}}{|Z_1|}\underline{/\varphi_1}$$

当并联上电容后，$\dot{I}_1$ 不变，而电容支路的电流
$$\dot{I}_C = -\frac{\dot{U}}{jX_C} = j\frac{\dot{U}}{X_C}$$

故线路电流
$$\dot{I} = \dot{I}_1 + \dot{I}_C$$

提高功率因数相量图如图 3-27 所示。

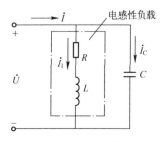

图 3-26　并联电容提高功率因数

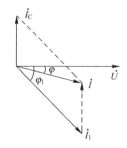

图 3-27　提高功率因数相量图

2. 注意

采用并联电容器提高功率因数，需要注意以下几点：

1）并联电容器以后，不影响原来负载的正常工作。所谓提高功率因数，是指提高电源或电网的功率因数，不是指提高负载的功率因数。

2）电容器本身不消耗功率。

3）并联电容器以后，提高了功率因数。减少了电源与负载之间的能量互换。这时电感性负载所需的无功功率，大部分或全部都是由电容器就地供给，就是说能量的互换主要或完全发生在电感性负载与电容器之间，因而使发电机容量能得到充分利用。

3. 并联电容的选取

设未并联电容时电源提供的无功功率，即感性负载所需的无功功率为

$$Q = UI_1 \sin\varphi_1 = UI_1 \frac{\cos\varphi_1 \sin\varphi_1}{\cos\varphi_1} = P\tan\varphi_1$$

并联电容后电源向感性负载提供的无功功率为

$$Q' = UI \sin\varphi = UI \frac{\cos\varphi \sin\varphi}{\cos\varphi} = P\tan\varphi$$

并联电容后电容补偿的无功功率为

$$|Q_\mathrm{C}| = Q - Q' = P(\tan\varphi_1 - \tan\varphi)$$

由于

$$|Q_\mathrm{C}| = X_\mathrm{C}I^2 = \frac{U^2}{X_\mathrm{C}} = \omega C U^2 = 2\pi f C U^2$$

所以

$$C = \frac{P}{2\pi f U^2}(\tan\varphi_1 - \tan\varphi) \tag{3-49}$$

【例 3-10】 某电源 $S_\mathrm{N} = 20\mathrm{kVA}$，$U_\mathrm{N} = 220\mathrm{V}$，$f = 50\mathrm{Hz}$，试求：

1）该电源的额定电流；

2）该电源若供给 $\cos\varphi_1 = 0.5$，40W 的荧光灯，最多可点多少盏？此时线路的电流是多少？

3）若将电路的功率因数提高到 $\cos\varphi = 0.9$，此时线路的电流是多少？需并联多大的电容？

解： 1）额定电流

$$I_\mathrm{N} = \frac{S_\mathrm{N}}{U_\mathrm{N}} = \frac{20 \times 10^3}{220}\mathrm{A} \approx 91\mathrm{A}$$

2）设荧光灯的盏数为 n，即

$$nP = S_\mathrm{N}\cos\varphi_1$$

$$n = \frac{S_\mathrm{N}\cos\varphi_1}{P} = \frac{20 \times 10^3 \times 0.5}{40} = 250 \text{（盏）}$$

此时线路的电流为额定电流，即 $I_1 = 91\mathrm{A}$。

3）因电路的总的有功功率

$$P = n \times 40 = 250 \times 40\mathrm{W} = 10\mathrm{kW}$$

故此时线路的电流为

$$I = \frac{P}{U \cos \varphi_2} = \frac{10 \times 10^3}{220 \times 0.9} \text{A} \approx 50.5 \text{A}$$

随着功率因数由 0.5 提高到 0.9，线路的电流由 91A 下降到 50.5A。

因 $\cos \varphi_1 = 0.5$，$\varphi_1 = 60°$，$\tan \varphi_1 = 1.732$，$\cos \varphi = 0.9$，$\varphi = 25.8°$，$\tan \varphi = 0.483$，于是所需电容器的电容量为

$$C = \frac{P}{2\pi f U^2} (\tan \varphi_1 - \tan \varphi)$$

$$= \frac{10 \times 10^3}{2\pi \times 50 \times 220^2} (1.732 - 0.483) \mu\text{F}$$

$$= 820 \mu\text{F}$$

3.3.5 电路中的谐振

谐振是电路中可能发生的一种特殊现象。谐振一方面在工业生产中有广泛的应用，例如工业中的高频淬火、高频加热、收音机和电视机的调谐选频等都是利用谐振特性；另一方面谐振有时会在某些元器件中产生大电压或大电流，致使元器件受损或破坏电力系统的正常工作，此时应极力避免。

在既有电容又有电感的电路中，当电源的频率和电路的参数符合一定条件时，电路的总电压和总电流同相，整个电路呈电阻性，这种现象称为谐振。谐振时，由于电压和电流的夹角为零，所以总的无功功率为零，此时电容中的电场能和电感中的磁场能相互转换，此增彼减，完全补偿。电场能和磁场能的总和时刻保持不变，电源不必与负载往返转换能量，只需供给电路中的电阻所消耗的电能。

由于电路有串联和并联两种基本形式，所以谐振也分串联和并联两种。

1. 串联谐振电路

RLC 串联谐振电路如图 3-28 所示。它的复阻抗为

$$Z = R + jX = R + j(X_L - X_C)$$

当 $X_L = X_C$ 时，电路呈现电阻性质，即发生串联谐振。

（1）谐振条件

由于 $X_L = X_C$

$$\omega L = \frac{1}{\omega C}$$

$$2\pi f L = \frac{1}{2\pi f C}$$

$$f = f_0 = \frac{1}{2\pi \sqrt{LC}} \tag{3-50}$$

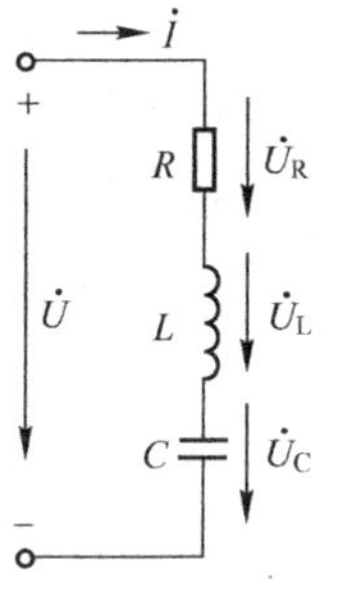

图 3-28 RLC 串联谐振电路

可见，当电路参数 LC 为一定位时，电路产生的谐振频率就为一定值，所以 f_0 又称为谐振电路的固有频率。

因此，使串联电路发生谐振有两种方法，一是当电源频率 f 一定时，改变电路参数 L 或 C，使之满足式（3-50）；二是当电路参数不变时，改变电源频率，使之与电路的固有频率 f_0 相等。改变电路参数使电路发生谐振的过程又称为调谐。

（2）谐振特征

1）电流电压同相位，电路呈电阻性，RLC 串联谐振相量图如图 3-29 所示。

2）阻抗最小，电流最大。谐振时电抗为零，故阻抗最小，其值为

$$Z = R + jX = R$$

这时电路中的电流最大，称为谐振电流，其值为

$$I_0 = \frac{U}{|Z|} = \frac{U}{R}$$

图 3-30 所示为阻抗和电流随频率变化的曲线。

3）电感两端电压与电容端电压大小相等，相位相反。电阻端电压等于外加电压。

谐振时电感端电压与电容端电压相互补偿，这时，外加电压与电阻上的电压相平衡。即

$$\dot{U}_L = -\dot{U}_C$$

$$\dot{U} = \dot{U}_R$$

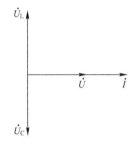

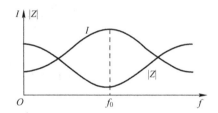

图 3-29　RLC 串联谐振相量图　　　　　图 3-30　串联谐振曲线

4）电感和电容的端电压有可能大大超过外加电压。

谐振时电感或电容的端电压与外电压的比值为

$$Q = \frac{U_L}{U} = \frac{X_L I}{RI} = \frac{X_L}{R} = \frac{\omega_0 L}{R} \tag{3-51}$$

当 $X_L \gg R$ 时，电感和电容的端电压就大大超过外加电压，二者的比值 Q 称为谐振电路的品质因数，它表示在谐振时电感和电容的端电压是外加电压的 Q 倍。Q 值一般可达几十至几百，因此串联谐振又称为电压谐振。

2．并联谐振电路

谐振也可能发生在并联电路中，下面以电感与电容并联电路为例来讨论并联谐振。

如将一电感线圈与电容器并联，当电路参数选择适当时，可使总电流 $\dot{I}$ 与外加电压 $\dot{U}$ 同相位，就称这电路发生了并联谐振。

由于线圈是有电阻的，所以实际电路可看成 RL 串联后与 C 并联，并联谐振如图 3-31 所示。

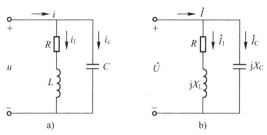

图 3-31　并联谐振

（1）谐振条件

RL 支路电流

$$\dot{I} = \frac{\dot{U}}{R + jX_L} = \frac{\dot{U}}{R + j\omega L}$$

电容 C 支路的电流

$$\dot{I}_C = \frac{\dot{U}}{-jX_C} = \frac{\dot{U}}{-j\dfrac{1}{\omega C}} = j\omega C\dot{U}$$

故总电流

$$\dot{I} = \dot{I}_1 + \dot{I}_C = \frac{\dot{U}}{R + j\omega L} + j\omega C\dot{U}$$

$$= \left[\frac{R - j\omega L}{R^2 + (\omega L)^2} + j\omega C\right]\dot{U}$$

$$= \left[\frac{R}{R^2 + (\omega L)^2} + j\left(\omega C - \frac{\omega L}{R^2 + (\omega L)^2}\right)\right]\dot{U}$$

此式表明，若要使电路中电流 $\dot{I}$ 与外加电压 $\dot{U}$ 同相位，则需 $\dot{I}$ 的虚部为零，即

$$\omega C = \frac{\omega L}{R^2 + (\omega L)^2}$$

在一般情况下，线圈的电阻 R 很小，线圈的感抗 $\omega L \gg R$，故

$$\omega C \approx \frac{1}{\omega L}$$

$$2\pi f L \approx \frac{1}{2\pi f C}$$

故谐振频率

$$f = f_0 \approx \frac{1}{2\pi\sqrt{LC}}$$

即当线圈的电阻 R 很小，线圈的感抗 $\omega L \gg R$ 时，并联谐振与串联谐振的条件基本相同。

（2）谐振特征

1）电流电压同相位，电路呈电阻性，并联谐振相量图如图 3-32 所示。

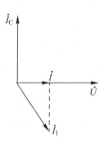

图 3-32　并联谐振相量图

2）阻抗最大，电流最小。谐振电流为

$$\dot{I}_0 = \frac{R}{R^2 + (\omega L)^2}\dot{U}$$

3）电感电流与电容电流几乎大小相等，相位相反。

4）电感或电容支路的电流有可能大大超过总电流。

电感支路（或电容支路）的电流与总电流之比为电路品质因数，其值为

$$Q = \frac{I_1}{I_0} = \frac{\dfrac{U}{\omega L}}{\dfrac{U}{|Z|}} = \frac{|Z_0|}{\omega_0 L} = \frac{\dfrac{(\omega_0 L)^2}{R}}{\omega_0 L} = \frac{\omega_0 L}{R} \qquad (3\text{-}52)$$

即通过电感或电容支路的电流是总电流的 Q 倍。Q 值一般可达几十到几百，故并联谐振又称为电流谐振。

思考与练习

1. 已知 $R = 10\Omega$ 的理想电阻，接一交流电压 $u = 100\sqrt{2}\sin(314t - 60°)\text{V}$，试写出通过该电阻的电流瞬时值表达式，并计算其消耗的功率。

2. 某线圈的电感 $L = 255\text{mH}$，电阻忽略不计，已知线圈两端电压 $u = 220\sqrt{2}\sin(314t + 60°)\text{V}$，试计算线圈的感抗，写出通过线圈电流的瞬时值表达式并计算无功功率。

3. 容量 $C = 0.1\,\mu\text{F}$ 的纯电容接于频率 $f = 50\text{Hz}$ 的交流电路中，已知电流为 $i = 10\sqrt{2}\sin 314t\,\text{A}$，试计算电容的容抗，并写出电容两端电压的瞬时值表达式并计算无功功率。

4. 在 RLC 串联电路中，已知 $R = X_L = X_C = 10\Omega$、$I = 1\text{A}$，求电路两端电压的有效值是多少？

5. 电路如图 3-33 所示，已知 $R = 1\Omega$、$X_C = X_L = 1\Omega$，试计算电路的阻抗 Z_{ab}。

6. 电路如图 3-34 所示，电流表 A_1、A_2 的读数分别为 6A 和 8A，试判断下列情况下 Z_1、Z_2 各为何种参数？

1）电流表 A 的读数为 10A。

2）电流表 A 的读数为 14A。

3）电流表 A 的读数为 2A。

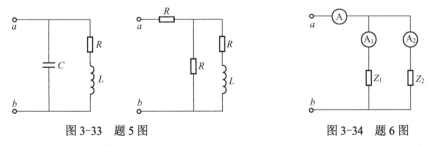

图 3-33　题 5 图　　　　　　图 3-34　题 6 图

7. 在感性负载两端并联上补偿电容后，线路的总电流、总功率以及负载电流有没有变化？

8. 在感性负载两端并联上补偿电容可以提高功率因数，是否并联的电容越大，功率因数提高得越快？

3.4 技能训练 RLC 串联电路研究

1. 训练目的

1）了解电路属性随频率的变化关系。

2）验证 $U = U_R^2 + (U_L - U_C)^2$ 关系。

3）了解低频信号发生器、交流电压表等测量仪器的使用方法。

2. 训练器材

函数信号发生器一台，交流电压表一块，电感线圈（180mH、$R < 15\Omega$）一只，电容器（0.1μF）一只，电阻（200Ω）一只，导线若干。

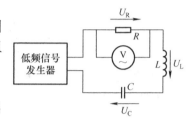

图 3-35 RLC 串联实验电路

3. 训练内容及步骤

1）连接实验线路。如图 3-35 所示，调节信号发生器输出正弦波形峰-峰值为 3V 的电压，保持不变。

2）调节信号的频率 f。测量各元器件上的电压，计算 $f_0 = \dfrac{1}{2\pi\sqrt{LC}}$，将信号发生器调节到该值，用毫伏表测量对应上述各频率的 U_R、U_L、U_C 值，并记录数据。

3）按记录所列数据，分别调节信号发生器频率，$(f_0 \pm 500)\,\mathrm{Hz}$、$(f_0 \pm 1000)\,\mathrm{Hz}$、$(f_0 \pm 1500)\,\mathrm{Hz}$，把测量和观察的数据记录在表 3-1 中。

4. 实验数据记录、计算

表 3-1 RLC 串联电路电压测量

RLC 串联电路电压测量数据 $U=3$V						
f				$f_0=$		
U_R						
U_L						
U_C						
$U_L > U_C$						
$U_L < U_C$						
电路属性						
验证 $U^2 = U_R^2 + (U_L - U_C)^2$						

3.5 习题

1. 已知一正弦电压的幅值为 310V，频率为 50Hz，初相位为 $-\pi/6$，试写出其瞬时值的表达式，并绘出波形图。

2. 有两个正弦量 $u = 10\sqrt{2}\sin(314t + 30°)\mathrm{V}$，$i = 2\sqrt{2}\sin(314t - 60°)\mathrm{A}$，试求：

1）它们各自的幅值、有效值、角频率、频率、周期、初相位。

2）它们之间的相位差，并说明其超前与滞后关系。

3）画出它们的波形图。

3. 一工频正弦交流电的最大值为 310V，初始值为–155V，试写出它的瞬时值表达式。

4. 写出如图 3-36 所示电压曲线的瞬时值表达式。

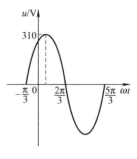

图 3-36 题 4 图

5. 一个 $L=0.15H$ 的电感，先后接在 $f_1=50Hz$ 和 $f_2=1000Hz$，电压为 220V 的电源上，分别算出两种情况下的 X_L、X_C、I_L 和 Q_L。

6. 一个电容 $C=100\mu F$，先后接在 $f_1=50Hz$ 和 $f_2=60Hz$，电压为 220V 的电源上，试分别算出两种情况下的 X_C、I_C 和 Q_C。

7. 正弦交流电路如图 3-37 所示，已知 $X_L=X_C=R$，电流表 A_3 的读数为 5A，试问电流表 A_1 和 A_2 的读数各为多少？

8. 已知电路如图 3-38 所示，已知交流电源的角频率 $\omega=2rad/s$，试求 ab 端口间的阻抗 Z_{AB}。

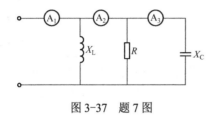

图 3-37 题 7 图

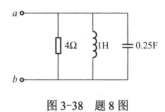

图 3-38 题 8 图

9. 串联谐振电路如图 3-39 所示，已知电压表 V_1、V_2 的读数分别为 150V 和 120V，求电压表 V 的读数。

10. 并联谐振电路如图 3-40 所示，已知电流表 A_1、A_2 的读数分别为 13A 和 12A，求电路中电流表 A 的读数。

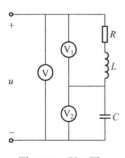

图 3-39 题 9 图

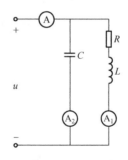

图 3-40 题 10 图

第4章 三相交流电路

交流电的供电方式分为单相供电与三相供电。在供电系统中绝大多数采用三相供电，与单相供电相比三相供电具有如下优点：

1）三相交流发电机比功率相同的单相交流发电机体积小、重量轻、成本低。

2）在同样条件下输送相同功率时，特别是在远距离输电时，三相输电线比单相输电线节省导线材料。

3）三相异步电动机比单相电动机或其他电动机，具有结构简单、价格低廉、性能良好和使用维护方便等优点。

4.1 三相交流电源

对称的三相交流电源是指由三个频率相同、幅值相等、相位互差 120° 的正弦电压源按一定方式连接起来的供电体系。通常所说的三相电源就是指对称的三相交流电源。由三相电源供电的电路称为三相电路。

4.1.1 三相交流电的产生

三相正弦交流电压是由三相交流发电机产生的。发电机的内部构造如图 4-1 所示。在发电机的定子上，固定有三组完全相同的绕组，它们的空间位置相差 120°。U_1、V_1、W_1 为三相绕组的首端，U_2、V_2、W_2 为三相绕组的末端。其转子是一对磁极，由于磁极面的特殊形状使定子与转子间的空气隙中的磁场按正弦规律分布。

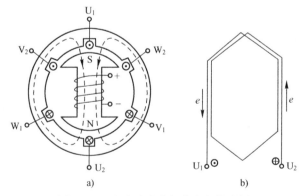

图 4-1 三相交流发电机的内部构造图

a) 示意图 b) 绕组线圈和感应电动势

当发电机的转子以角速度 ω 按逆时针方向旋转时，在三相绕组的两端分别产生幅值相同、频率相同、相位依次相差 120° 的正弦感应电动势。每个电动势的参考方向，通常规定为由绕组的始端指向绕组的末端。

它们的波形图如图 4-2a 所示，相量图如图 4-2b 所示。

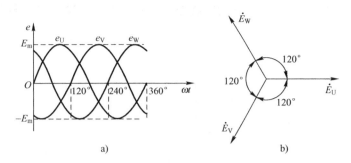

图 4-2　三相对称电动势

a) 波形图　b) 相量图

若以 U 相为参考量，则三个正弦电动势的瞬时值分别表示为

$$\left.\begin{array}{l} e_U = E_m \sin\omega t \\ e_V = E_m \sin(\omega t - 120°) \\ e_W = E_m \sin(\omega t + 120°) \end{array}\right\} \qquad (4\text{-}1)$$

三个电动势的相量表示式为

$$\left.\begin{array}{l} \dot{E}_U = E \underline{/0°} \\ \dot{E}_V = E \underline{/-120°} \\ \dot{E}_W = E \underline{/120°} \end{array}\right\} \qquad (4\text{-}2)$$

从相量图中不难看出，这组对称的三相正弦电动势的相量和等于零。

能够提供对称三相正弦电动势的电源的称为三相对称电源，通常我们所说的三相电源都是指三相对称电源。

三相对称电动势到达正（负）最大值的先后次序称为相序。一般规定，U 相超前于 V 相，V 相超前于 W 相，称为正相序或者叫顺序，其中有任意两相调换都称为逆序。我国在工程上以黄、绿、红三种颜色分别作为 U、V、W 三相的标志色。

若无特殊说明，本书中提到的三相电源的相序均是正相序。

4.1.2　三相电源的连接

1. 三相电源的星形（Y）联结

4.1.2　三相电源的连接

通常把发电机的三相绕组的末端 U_2、V_2、W_2 连成一点 N，而把始端 U_1、V_1、W_1 作为外电路相连接的端点，这种连接方法称为三相电源的星形（Y）联结，如图 4-3a 所示。从 U_1、V_1、W_1 引出的三根相线（俗称为火线或者称为端线），常用 L_1、L_2、L_3 表示。连接三个末端的节点 N 称为中性点，从中性点引出的导线称为中性线。若三相电路有中性线，则称为三相四线制星形联结；若无中性线，则称为三相三线制星形联结。

我国的低压供电系统大多采用星形联结。由三条端线和一条中性线组成的供电系统称为三相四线制供电系统，如图 4-3b 所示。这种系统可向用户提供两种电压的选择，380V 的线电压可以供给额定电压为 380V 的负载选用，如三相异步电动机和大功率的三相电热器等。220V 可为照明灯、手持电动工具、家用电器等这种额定电压为 220V 的负载使用。

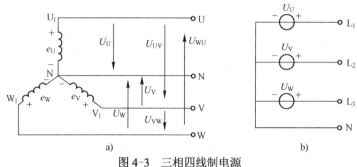

图 4-3　三相四线制电源

a) 三相电源星形联结　b) 三相四线制供电系统

在三相星形联结电路中，端线与中性线之间的电压称为相电压，用符号 U_U、U_V、U_W 表示，开路时分别等于 e_U、e_V、e_W。而端线与端线之间的电压称为线电压，用 U_{UV}、U_{VW}、U_{WU} 表示。规定线电压的方向如图 4-3 所示。

下面分析对称三相电源星形联结时线电压与相电压的关系。

$$\left.\begin{array}{l} \dot{U}_{UV} = \dot{U}_U - \dot{U}_V \\ \dot{U}_{VW} = \dot{U}_V - \dot{U}_W \\ \dot{U}_{WU} = \dot{U}_W - \dot{U}_U \end{array}\right\} \tag{4-3}$$

由三相电源电压相量图如图 4-4 所示可知，线电压也是对称的，在相位上比相应的相电压超前 30°。

线电压的有效值用 U_L 表示，相电压有效值用 U_P，它们的关系为

$$U_L = \sqrt{3}U_P \tag{4-4}$$

且线电压的相位超前其所对应的相电压 30°。

在三相电路中，三个线电压的相量关系是

$$\dot{U}_{UV} + \dot{U}_{VW} + \dot{U}_{WU} = 0 \tag{4-5}$$

即三个线电压的相量和等于零。

2. 三角形联结

在生产实际中，发电机的三相绕组很少连接成三角形，通常连接成星形。对三相变压器来讲，两种连接法都有。电源的三角形联结如图 4-5 所示。

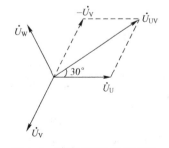

图 4-4　三相电源电压相量图

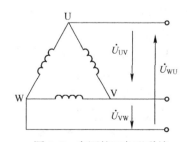

图 4-5　电源的三角形联结

三相绕组的首端与另一相的末端依次连接，构成一个闭合回路，然后从三个联结点引出三条相线。可以看出这种联结法供电只需三条导线，但它所提供的电压只有一种，即

$$U_\mathrm{L} = U_\mathrm{P} \tag{4-6}$$

三角形联结的电源线电压等于相电压。

思考与练习

1. 在将三相发电机的三相绕组连成星形时，如果误将 U_2、V_2、W_1 连成一点，是否也可以产生对称三相电动势？

2. 三相对称电源相电压与线电压有何关系？画出三相电源 Y 联结时线电压、相电压的相量图。

3. 已知三相对称电源相电压 $\dot{U}_\mathrm{U} = 220\underline{/30°}$ V，试写出另外两相的相电压。

4.2 三相负载的连接

4.2.1 三相负载的星形联结

三相负载即三相电源的负载，由互相连接的三个负载组成，其中每个负载称为一相负载。

三相负载的连接方法有两种，即星形（Y）联结和三角形（△）联结。下面介绍负载的星形（Y）联结。

在三相四线制供电系统中常见的照明电路和动力电路，包含大量的单相负载（如电灯）和对称的三相负载（如电动机）。为了使三相电源负载比较均衡，大批的单相负载一般分成三组，分别接在 U 相、V 相和 W 相上，组成三相负载，这种连接方式称为负载的星形联结。

设 U 相负载的阻抗为 Z_U、V 相负载的阻抗为 Z_V、W 相负载的阻抗为 Z_W，则负载星形联结的三相四线制电路一般表示为图 4-6 所示的电路。

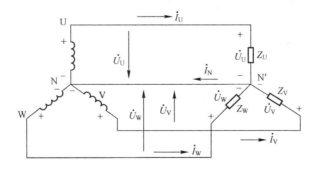

图 4-6 负载星形联结的三相四线电路

1. 基本概念

1）每相负载两端的电压称为负载的相电压，流过每相负载的电流称为负载的相电流。

2）流过相线的电流称为线电流，相线与相线之间的电压称为线电压。

3）负载为星形联结时，负载相电压的正方向规定为自相线指向负载中性点。相电流的

正方向与相电压的正方向一致。线电流的正方向为电源端指向负载端。中性线电流的正方向规定为由负载中性点指向电源中性点。

2. 负载为星形联结时，电路中的基本关系

1）每相负载电压等于电源的相电压。

在图 4-6 电路中，若不计中性线阻抗，则电源中性点 N 与负载中性点 N′等电位；如果相线的阻抗忽略不计，则每相负载电压等于电源的相电压。即

$$\dot{U}_{\mathrm{u}} = \dot{U}_{\mathrm{U}} , \quad \dot{U}_{\mathrm{v}} = \dot{U}_{\mathrm{V}} , \quad \dot{U}_{\mathrm{w}} = \dot{U}_{\mathrm{W}}$$

2）相电流等于对应的线电流。

从图 4-6 中可以看出，三相四线制中相电流等于它所对应的线电流，一般可以写成

$$I_{\mathrm{P}} = I_{\mathrm{L}} \tag{4-7}$$

各相电流可以分别单独计算，即

$$\dot{I}_{\mathrm{u}} = \dot{I}_{\mathrm{U}} = \frac{\dot{U}_{\mathrm{U}}}{Z_{\mathrm{U}}} = \frac{\dot{U}_{\mathrm{U}}}{|Z| \underline{/\varphi_{\mathrm{U}}}} = \frac{\dot{U}_{\mathrm{U}}}{|Z_{\mathrm{U}}|} \underline{/-\varphi_{\mathrm{U}}}$$

$$\dot{I}_{\mathrm{v}} = \dot{I}_{\mathrm{V}} = \frac{\dot{U}_{\mathrm{V}}}{Z_{\mathrm{V}}} = \frac{\dot{U}_{\mathrm{V}}}{|Z| \underline{/\varphi_{\mathrm{V}}}} = \frac{\dot{U}_{\mathrm{V}}}{|Z_{\mathrm{V}}|} \underline{/-\varphi_{\mathrm{V}}}$$

$$\dot{I}_{\mathrm{w}} = \dot{I}_{\mathrm{W}} = \frac{\dot{U}_{\mathrm{W}}}{Z_{\mathrm{W}}} = \frac{\dot{U}_{\mathrm{W}}}{|Z| \underline{/\varphi_{\mathrm{W}}}} = \frac{\dot{U}_{\mathrm{W}}}{|Z_{\mathrm{W}}|} \underline{/-\varphi_{\mathrm{W}}}$$

$$\varphi_{\mathrm{U}} = \arctan \frac{X_{\mathrm{U}}}{R_{\mathrm{U}}}$$

$$\varphi_{\mathrm{V}} = \arctan \frac{X_{\mathrm{V}}}{R_{\mathrm{V}}}$$

$$\varphi_{\mathrm{W}} = \arctan \frac{X_{\mathrm{W}}}{R_{\mathrm{W}}}$$

若三相负载对称，即 $Z_{\mathrm{U}} = Z_{\mathrm{V}} = Z_{\mathrm{W}}$ 时，则有

$$\dot{I}_{\mathrm{u}} = \dot{I}_{\mathrm{U}} = \frac{\dot{U}_{\mathrm{U}}}{Z} = \frac{\dot{U}_{\mathrm{U}}}{|Z|} \underline{/-\varphi}$$

$$\dot{I}_{\mathrm{v}} = \dot{I}_{\mathrm{V}} = \frac{\dot{U}_{\mathrm{V}}}{Z} = \frac{\dot{U}_{\mathrm{V}}}{|Z|} \underline{/-\varphi}$$

$$\dot{I}_{\mathrm{w}} = \dot{I}_{\mathrm{W}} = \frac{\dot{U}_{\mathrm{W}}}{Z} = \frac{\dot{U}_{\mathrm{W}}}{|Z|} \underline{/-\varphi}$$

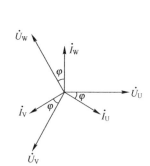

图 4-7 三相对称负载星形联结相量图

故三相电流也是对称的。只需算出任一相电流，便可知另外两相的电流。三相对称负载星形联结相量图如图 4-7 所示。

3）中线电流等于三相电流相量之和。

根据基尔霍夫电流定律，得

$$\dot{I}_{\mathrm{N}} = \dot{I}_{\mathrm{U}} + \dot{I}_{\mathrm{V}} + \dot{I}_{\mathrm{W}} \tag{4-8}$$

若三相负载对称，则

$$\dot{I}_N = \dot{I}_U + \dot{I}_V + \dot{I}_W = 0 \qquad (4-9)$$

可见，在对称的三相四线制电路中，中性线的电流等于零，中性线在其中不起作用，可以将其去掉，而成为三相三线制系统。常用的三相电动机、三相电炉等在正常情况下，其三相都是对称的，可以采用三相三线制供电。但是如果负载是不对称的，中性线中就会有电流流过，则中性线不能除去，否则会造成负载上三相电压不对称，用电设备不能正常工作，甚至造成电源的损坏。

一般的照明用具、家用电器等都是采用 220V 供电，而单相变压器、电磁铁以及电动机等既有 220V，也有 380V。这类电器统称为单相负载。若负载的额定电压是 220V，就接在相线与中性线之间；若负载额定电压是 380V，则接在两根相线之间才能正常工作。另有一类电气设备必须接到三相电源才能正常工作，如三相电动机等。这些三相负载的各相阻抗是对称的，称为对称的三相负载。

在三相四线制中，如果某一相电路发生故障，并不影响其他两相的工作；但如果没有中性线，一旦某一相电路发生故障，则另外两相因为电路电压发生改变，电路负载不能正常工作，甚至发生负载损毁的情况。

由此可见，中性线在三相电路中，不但可以使用户得到两种不同的工作电压，还可以使星形联结的不对称负载的相电压保持对称。因此，在三相四线制供电系统中，为了保证负载的正常工作，在中性线的干线上是绝不允许接入熔断器和开关，而且要用有足够强度的导线作中性线。

【例4-1】 三相四线制电路中，如图 4-8 所示，已知每相负载阻抗为 $Z = (6 + \mathrm{j}8)\,\Omega$，外加线电压为 380V，试求负载的相电压和相电流。

解： 由题目可知三相电路对称，故只需计算一相的情况，其余可以根据对称关系写出。

由线电压和相电压的关系

$$U_L = \sqrt{3}\,U_P$$

$$U_P = U_L / \sqrt{3} = 220\mathrm{V}$$

相电流

$$I_P = \frac{U_P}{|Z|} = \frac{220}{\sqrt{6^2 + 8^2}}\mathrm{A} = \frac{220}{10}\mathrm{A} = 22\mathrm{A}$$

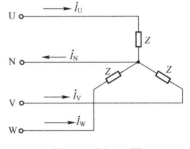

图 4-8 例 4-1 图

相电压与相电流的相位差为

$$\varphi = \arctan\frac{X}{R} = \arctan\frac{8}{6} = 53.1°$$

选 $\dot{U}_U$ 为参考相量，则

$$\dot{I}_U = \frac{\dot{U}_U}{Z} = 22\underline{/-53.1°}\mathrm{A}$$

$$\dot{I}_V = \frac{\dot{U}_V}{Z} - 22\underline{/-173.1°}\mathrm{A}$$

$$\dot{I}_W = \frac{\dot{U}_W}{Z} = 22\underline{/66.9°}\mathrm{A}$$

注意：三相对称负载星形联结，由于中性线的电流等于零，可以省去中性线，而成为三相三线制系统，其计算方法和有中性线的三相四线制计算方法相同。

4.2.2 负载的三角形联结

三相负载的三角形联结的电路如图 4-9 所示。由图可见，三相负载首尾相接，三个接点引出线分别接到电源的三根端线 U、V、W 上；作三角形联结的每相负载都直接承受电源的线电压，所以，三相电压是否对称并不影响三相负载的正常工作。但三相负载是否需要联结成三角形，则取决于负载的额定电压与电源电压是否相符。例如：当电源线电压是 380V 时，额定电压为 220V 的照明负载，就不能联结成三角形。

设 U、V、W 三相负载的复阻抗分别为 Z_{UV}、Z_{VW}、Z_{WU}，则负载三角形联结的电路具有以下基本关系。

（1）各相负载承受电源线电压

$$\dot{U}_{UV} = \dot{U}_{uv}, \quad \dot{U}_{VW} = \dot{U}_{vw}, \quad \dot{U}_{WU} = \dot{U}_{wu}$$

有效值关系为

$$U_P = U_L \tag{4-10}$$

（2）各相电流可分成三个单相电路分别计算

$$\dot{I}_{UV} = \frac{\dot{U}_{UV}}{\dot{Z}_{UV}} = \frac{\dot{U}_{UV}}{|Z_{UV}|\underline{/\varphi_{UV}}} = \frac{\dot{U}_{UV}}{|Z_{UV}|}\underline{/-\varphi_{UV}}$$

$$\dot{I}_{VW} = \frac{\dot{U}_{VW}}{\dot{Z}_{VW}} = \frac{\dot{U}_{VW}}{|Z_{VW}|\underline{/\varphi_{VW}}} = \frac{\dot{U}_{VW}}{|Z_{VW}|}\underline{/-\varphi_{VW}}$$

$$\dot{I}_{WU} = \frac{\dot{U}_{WU}}{\dot{Z}_{WU}} = \frac{\dot{U}_{WU}}{|Z_{WU}|\underline{/\varphi_{WU}}} = \frac{\dot{U}_{WU}}{|Z_{WU}|}\underline{/-\varphi_{WU}}$$

若负载对称，即 $Z_{UV} = Z_{VW} = Z_{WU} = Z$，则相电流也是对称的，三相对称负载三角形联结相量图如图 4-10 所示。

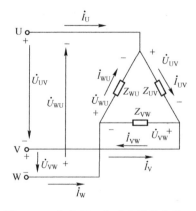

图 4-9　三相负载三角形联结的电路

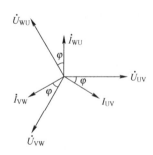

图 4-10　三相对称负载三角形联结相量图

显然．这时电路计算也可以归结为一相来进行。即

$$I_{UV} = I_{VW} = I_{WU} = I_P = \frac{U_P}{|Z|}$$

$$\varphi_{UV} = \varphi_{VW} = \varphi_{WU} = \arctan\frac{X}{R}$$

（3）各线电流由相邻两相的相电流决定

在三相对称的情况下，线电流是相电流的 $\sqrt{3}$ 倍，且滞后于相应的相电流 $30°$。各线电流分别为

$$\dot{I}_U = \dot{I}_{UV} - \dot{I}_{WU}$$

$$\dot{I}_V = \dot{I}_{VW} - \dot{I}_{UV}$$

$$\dot{I}_W = \dot{I}_{WU} - \dot{I}_{VW}$$

负载对称时，对称负载三角形联结线电流与相电流关系如图 4-11 所示。
从图 4-11 得出

$$I_l = \sqrt{3}I_p \qquad\qquad (4\text{-}11)$$

由上述可知，在负载作三角形联结时，相电压对称，若某相负载断开，并不影响其他两相的正常工作。

【例 4-2】 电路如图 4-12 所示，设三相电源线电压为 380V，三角形联结的对称三相负载每相阻抗 $Z = (4 + j3)\Omega$，求各相电流和线电流。

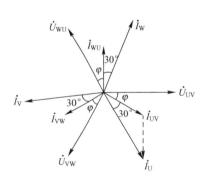

图 4-11　对称负载三角形联结线电流与相电流关系

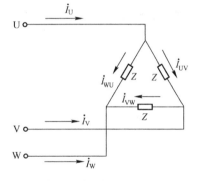

图 4-12　例 4-2 图

解：设 $\dot{U}_{UV} = 380\underline{/0°}\text{V}$
则

$$\dot{I}_{UV} = \frac{\dot{U}_{UV}}{Z} = \frac{380\underline{/0°}}{4 + j3}\text{A} = 76\underline{/-36.9°}\text{A}$$

根据对称三相电路的特点可以直接写出其余两相电流为

$$\dot{I}_{VW} = 76\underline{/-156.9°}\text{A}$$

$$\dot{I}_{WU} = 76\underline{/83.1°}\text{A}$$

根据对称负载三角形联结时线电流和相电流的关系有

$$\dot{I}_U = \sqrt{3}\dot{I}_{UV}\underline{/-30°} = 131.6\underline{/-66.9°}\,\text{A}$$

同理

$$\dot{I}_V = \sqrt{3}\dot{I}_{VW}\underline{/-30°} = 131.6\underline{/-186.9°}\,\text{A}$$

$$= 131.6\underline{/173.1°}\,\text{A}$$

$$\dot{I}_W = \sqrt{3}\dot{I}_{WU}\underline{/-30°} = 131.6\underline{/53.1°}\,\text{A}$$

思考与练习

1. 负载星形联结时，一定要接中性线吗？
2. 负载星形联结时，相电流一定等于线电流吗？
3. 当负载三角形联结时，线电流是否一定等于相电流的 $\sqrt{3}$ 倍？
4. 三相不对称负载三角形联结时，若有一相断路，对其他两相有影响吗？

4.3 三相电路的功率

三相电路的总功率（有功功率）等于三相功率之和，即

$$P = P_U + P_V + P_W = U_U I_U \cos\varphi_U + U_V I_V \cos\varphi_V + U_W I_W \cos\varphi_W$$

如果负载对称，则有

$$P = 3U_P I_P \cos\varphi \qquad (4\text{-}12)$$

式中，U_P 和 I_P 为相电压与相电流的有效值，φ 是相电压 U_P 和 I_P 之间的相位差。

当对称负载星形联结时

$$U_P = \frac{U_L}{\sqrt{3}}, \quad I_P = I_L$$

于是

$$P = \sqrt{3}U_L I_L \cos\varphi$$

当负载为三角形联结时

$$U_P = U_L, \quad I_P = \frac{I_L}{\sqrt{3}}$$

代入式（4-12）中，可见无论对称负载是星形联结还是三角形联结，总有

$$P = \sqrt{3}U_L I_L \cos\varphi \qquad (4\text{-}13)$$

同理可得三相无功功率和视在功率

$$Q = 3U_P I_P \sin\varphi = \sqrt{3}U_L I_L \sin\varphi \qquad (4\text{-}14)$$

$$S = 3U_P I_P = \sqrt{3}U_L I_L \qquad (4\text{-}15)$$

【例 4-3】 三相负载 $Z = (6 + j8)\Omega$，接于 380V 线电压上，试求分别用星形联结和三角形联结时三相电路的总功率。

解： 每相阻抗 $\qquad Z = (6 + j8)\Omega = 10\underline{/53.1°}\,\Omega$

星形联结时，线电流为

$$I_L = I_P = \frac{U_P}{|Z|} = \frac{380/\sqrt{3}}{10}\text{A} = 22\text{A}$$

故三相总功率为

$$P_Y = \sqrt{3}U_L I_L \cos\varphi = \sqrt{3} \times 380 \times 22 \cos 53.1°\text{W} = 8.68\text{kW}$$

三角形联结时，相电流为

$$I_P = \frac{U_L}{|Z|} = \frac{380}{10}\text{A} = 38\text{A}$$

所以，线电流为

$$I_L = \sqrt{3}I_P = \sqrt{3} \times 38\text{A} = 65.8\text{A}$$

故三角形联结时，三相总功率为

$$P_\triangle = \sqrt{3}U_L I_L \cos\varphi = \sqrt{3} \times 380 \times 65.8 \cos 53.1°\text{W} = 26.0\text{kW}$$

计算结果表明，在电源电压不变时，同一负载由星形联结改为三角形联结时，功率增加到原来的 3 倍。因此，若要使负载正常工作，负载的接法必须正确。若正常工作是星形联结的负载，误接成三角形联结时，将因功率过大而烧毁；若正常工作是三角形联结的负载，误接成星形联结时，将因功率过小而不能正常工作。

思考与练习

1．有人说："对称三相负载的功率因数角，对于星形联结是指相电压与相电流的相位差，对于三角形联结则是指线电压与线电流的相位差。"这样说对吗？

2．对称三相负载星形联结，每相阻抗为 $Z = (30 + j40)\Omega$，将其接在 380V 的电源上，试求负载消耗的总功率为多少？

4.4　技能训练　三相交流电路的测试

1．训练目的

1）熟悉三相负载的连接方式。

2）验证三相对称电路中，线电压相电压、线电流和相电流之间的关系。

3）观察三相不对称负载作星形联结时，中性线的作用。

2．训练器材

交流电流表一块，万用表或交流电压表（0～500V）一块，白炽灯（220V/15W 的 2只、220V/45W 的 6 只）共 8 只，导线若干。

3．训练内容及步骤

（1）三相负载的星形联结电路

三相负载采用 15W、220V 的白炽灯，按图 4-13 所示三相负载星形联结实验电路图连接电路。图中 a、b、c、d 为测试点。

1）三相对称负载。保持 S_2 打开，三相负载对称。

① 合上 S_1（有中性线），检查电路连接无误后，再合上三相电源开关 QS，此时灯泡应正常发光。

② 用交流电流表在三相线路和各相电路及中性线电路中，分别测量线电流、相电流及中性线电流。

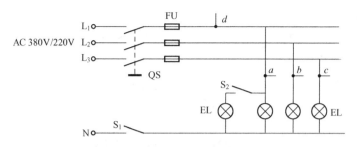

图 4-13　三相负载星形联结实验电路图

③ 用万用表交流电压 500V 档，分别测量线电压、相电压。

④ 将 S_1 打开（即断开中性线），在无中性线情况下，重复步骤②、③。

2）三相不对称负载。合上 S_2，使三相负载不对称。

① 合上 S_1（有中性线），检查电路连接无误后，再合上三相电源开关 QS，此时灯泡应正常发光。

② 测量有中性线时的线电压、相电压、线电流、相电流及中性线电流。

③ 将 S_1 打开（即断开中线），在无中性线情况下，重复步骤②。

④ 不接 c 相灯泡（一相断开），在合上 S_1（有中性线）和断开 S_1（无中性线）两种情况下，观察三个灯泡的发光情况，并分别测量线电压、相电压、线电流、相电流及中性线电流。

（2）三相负载的三角形联结电路

三相负载采用每相两盏 15W、220V 的白炽灯串联，按图 4-14 所示的三相负载三角形联结训练电路图连接。

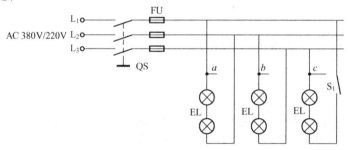

图 4-14　三相负载三角形联结训练电路图

1）三相对称负载。

① 合上 S_1，检查电路连接无误后，再合上三相电源开关 QS，此时灯泡应正常发光。

② 用交流电流表分别测量线电流、相电流。

③ 用万用表交流电压 500V 档，分别测量线电压、相电压。

2）三相不对称负载。将 a 相换成两盏 45W、220V 的白炽灯的串联，构成三相不对称负载。

① 检查电路连接无误后，合上三相电源开关。

② 分别测量线电压、相电压、线电流和相电流。

③ 电路同上，打开 S_1（一相断开），观察另外两相灯泡发光情况，再次测量各线电压、相电压、线电流和相电流。

4. 数据记录

将三相负载星形联结、三相负载的三角形联结的测量结果分别填写在表 4-1 和表 4-2 中。

表 4-1　三相负载星形联结数据

负载	中性线	I_U	I_a	I_b	I_c	I_N	U_{UN}	U_{VN}	U_{WN}	U_{UV}	U_{VW}	U_{WU}
对称负载	有（S_1 闭合）											
（S_2 断开）	无（S_1 断开）											
不对称负载	有（S_1 闭合）											
（S_2 闭合）	无（S_1 断开）											
不对称负载	有（S_1 闭合）											
（c 相断开）	无（S_1 断开）											

表 4-2　三相负载的三角形联结

对称负载（S_1 闭合）	I_a	I_b	I_c	U_{UV}	U_{VW}	U_{WU}	I_{ab}	I_{bc}	I_{ca}
不对称负载（S_1 闭合，c 相断开）									
不对称负载（S_1 断开，a 相换灯）									

4.5　习题

1. 三个正弦电流 i_1、i_2 和 i_3 的最大值分别为 1A、2A、3A，已知 i_2 的初相为 30°，i_1 较 i_2 超前 60°，较 i_3 滞后 150°，试分别写出三个电流的瞬时值表达式。

2. 有一星形联结的三相负载，如图 4-15 所示，每相的电阻 $R=6\Omega$，感抗 $X_L=8\Omega$。电源电压对称，设 $u_A=220\sin\omega t\text{(V)}$，试求电流 i_A、i_B、i_C 及三相有功功率 P、无功功率 Q 和视在功率 S。

3. 如图 4-15 所示三相对称电路，负载为三角形联结，已知：$\dot{U}_{AB}=380\underline{/0°}$ V，$Z=100\underline{/30°}$ Ω，求：$\dot{U}_A$、$\dot{U}_B$、$\dot{U}_C$、$\dot{I}_A$、$\dot{I}_B$、$\dot{I}_C$，并画出相量图。

4. 如图 4-16 所示三相交流电路，对称的三相电源相电压 $u_A = 220\sin(\omega t-30°)\text{V}$，对称的三相负载采用三角形联结，每相负载的复阻抗 $Z = (3+j4)\Omega$，求负载的相电流、线电流及三相总功率 P、Q、S。

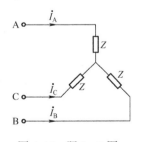

图 4-15　题 2、3 图

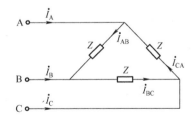

图 4-16　题 4 图

5. 三相对称电路，其线电压为 380V，负载 $Z = (30 + j40)\Omega$，试求：

1）负载作星形联结时，相电流和中性线电流；

2）若改为三角形联结，再求负载相电流和线电流。

6. 已知三相对称负载为三角形联结时，线电压为 380V，线电流为 17.3A，三相总有功功率为 4.5kW，求每相负载的电阻和感抗。

第5章 变压器与电动机

在工农业生产和日常生活中，变压器和电动机得到了广泛应用。变压器是依据电磁感应原理工作的，磁路问题是掌握变压器原理的基础，本章将在介绍磁路的基础上，对变压器的基本结构及工作原理进行分析。电动机是利用电磁原理实现电能与机械能相互转换的，三相异步电动机的应用最为广泛，本章将学习三相异步电动机结构、工作原理及应用。

5.1 磁路

5.1 磁路

在电气工程中大量用到的电机、变压器、电磁铁及某些电工测量仪表等电气设备，都是利用电磁相互作用进行工作的，其内部都有铁心线圈，这些铁心线圈中不仅有电路，而且有磁路。下面将介绍磁路与变压器的有关知识。

5.1.1 磁路的基本知识

1. 磁路的概念

为了充分有效地利用磁场能量，以较小励磁电流产生较强的磁场，通常用高导磁性能的铁磁材料做成一定形状的铁心，把线圈绕在铁心上面，如变压器、电机、接触器、继电器等电磁器件。当线圈通以电流时，磁通大部分经过铁心而形成闭合回路，这种磁通经过的闭合路径就称为磁路。

图 5-1 所示的电磁铁是由励磁绕组（线圈）、静铁心和动铁心（衔铁）三个基本部分组成。当励磁绕组通以电流时，所产生的磁场的磁通绝大部分通过铁心、衔铁及其间的空气隙而形成闭合的磁路，这部分磁通称为主磁通。但也有极小部分磁通在铁心以外通过大气形成闭合回路，这部分磁通称为漏磁通。

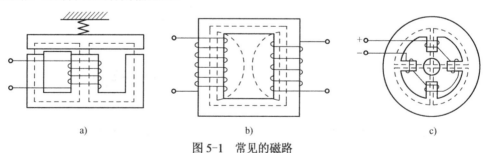

a)   b)   c)

图 5-1 常见的磁路

a) 电磁铁的磁路　b) 变压器的磁路　c) 直流电动机的磁路

2. 磁路的主要物理量

（1）磁感应强度 B

磁感应强度 B 是表示磁场内某点的磁场强弱及方向的物理量。它是一个矢量，其方向与该点磁力线方向一致，与产生该磁场的电流之间关系符合右手螺旋法则。在国际单位制中的单位是特斯拉（T），简称特。

（2）磁通 Φ

在匀强磁场中，磁感应强度 B 与垂直于磁场方向的单位面积 S 的乘积，称为通过该面积的磁通。

$$\Phi = BS \text{ 或 } B = \frac{\Phi}{S} \tag{5-1}$$

由此可见，磁感应强度 B 在数值上等于垂直于磁场方向的单位面积通过的磁通，又称为磁通密度。

在国际单位制中，磁通的单位是韦伯（Wb），简称为韦。

（3）磁导率 μ

磁导率是表示物质磁性能的物理量，它的单位是亨/米（H/m）。真空的磁导率 $\mu_0 = 4\pi \times 10^{-7} \mathrm{H/m}$。

任意一种物质的磁导率与真空的磁导率之比称为相对磁导率，用 μ_r 表示，即

$$\mu_\mathrm{r} = \frac{\mu}{\mu_0} \tag{5-2}$$

（4）磁场强度 H

磁场强度是进行磁场分析时引用的一个辅助物理量，为了从磁感应强度 B 中除去磁介质的因素，定义为

$$H = \frac{B}{\mu} \text{ 或 } B = \mu H \tag{5-3}$$

磁场强度也是矢量，只与产生磁场的电流以及这些电流的分布情况有关，而与磁介质的磁导率无关，它的单位是安/米（A/m）。

5.1.2 铁磁材料

根据导磁性能的好坏，自然界的物质可分为两大类。一类物质称为铁磁材料，如铁、钢、镍和钴等，这类材料的导磁性能好、磁导率 μ 值大；另一类为非铁磁材料，如铜、铝、纸和空气等，这类材料的导磁性能差、μ 值小。

铁磁材料是制造变压器、电动机和电器等各种电工设备的主要材料，铁磁材料的磁性能对电磁器件的性能和工作状态有很大影响。铁磁材料的磁性能主要表现为高导磁性、磁饱和性和磁滞性。

1. 高导磁性

铁磁材料有极大的相对磁导率 μ_r，其值可达几百、几千甚至几万。即磁性物质具有被磁化的特性。因磁性物质不同于其他物质，在物质的分子中由于电子环绕原子核运动和本身的自转运动而形成分子电流，分子电流要产生磁场，每个分子相当于一个基本小磁铁。在磁性物质内部成许多小区域，由于磁性物质的分子间有一种特殊的作用力而使每一区域内的分子都整齐排列，显示磁性，这些小区域称为磁畴，在无外磁场作用时，磁畴排列混乱，磁场相互抵消，对外不显磁性。当在外磁场的作用下铁磁物质的磁畴就顺着外磁场的方向转向，显示出磁性。随着外磁场的增强，磁畴就逐渐转到外磁场相同的方向上，这样便产生了很强的与外磁场同方向的磁化磁场，使磁性物质内的磁感应强度大大增强，这种现象称为磁化。

磁性材料的磁化如图 5-2 所示。

非铁磁材料没有磁畴结构，所以不具有磁化特性。

通电线圈中放入铁心后，磁场会大大增强，这时的磁场是线圈产生的磁场和铁心被磁化后产生的附加磁场的叠加。变压器、电机和各种电器的线圈中都放有铁心，在这种具有铁心的线圈中通入不大的励磁电流，便可产生足够大的磁感应强度和磁通。

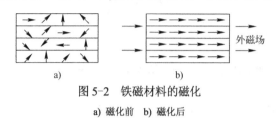

图 5-2　铁磁材料的磁化

a) 磁化前　b) 磁化后

2. 磁饱和性

在铁磁材料的磁化过程中，随着励磁电流的增大，外磁场和附加磁场都将增大，但当励磁电流增大到一定值时，几乎所有的磁畴与外磁场的方向一致，附加磁场就不再随励磁电流的增大而继续增强，这种现象称为磁饱和现象。

材料的磁化特性可用磁化曲线表示，铁磁材料的磁化曲线如图 5-3 所示。

从图 5-3 中可以看出，曲线分成三段，具体如下。

1）Oa 段：B 与 H 差不多成正比例增长。

2）ab 段：随着 H 的增长，B 增长缓慢，此段称为曲线的膝部。

3）bc 段：随着 H 的进一步增长，B 几乎不再增长，达到饱和状态。

由于铁磁材料的 B 与 H 的关系是非线性的，故由 $B = \mu H$ 的关系可知，其磁导率 μ 的值将随磁场强度 H 的变化而变化，如图中 $\mu = f(H)$ 曲线所示，磁导率 μ

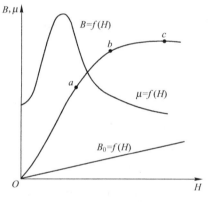

图 5-3　铁磁材料的磁化曲线

的值在膝部 b 点附近达到最大。所以电气工程中通常要求铁磁材料工作在膝点附近。$B_0 = f(H)$ 是真空或非铁磁材料的磁化曲线。

不同材料的磁化曲线如图 5-4 所示，这是用实验的方法测得的铸铁、铸钢和硅钢片三条常用磁化曲线，这三条曲线分别从 a、b、c 三点分为两段，下段的 H 为 $0 \sim 1.0 \times 10^3$（A/m），横坐标在曲线的下方，上段的 H 为 $1 \sim 10 \times 10^3$（A/m），横坐标在曲线上方。

3. 磁滞性

如果励磁电流是大小和方向都随时间变化的交变电流，则铁磁材料将受到交变磁化。在电流交变的一个周期中，磁感应强度 B 随磁场强度 H 变化的关系，磁滞回线如图 5-5 所示。

由图 5-5 可见，当磁场强度 H 减小时，磁感应强度 B 并不沿原来的回降，而是沿一条比它高的曲线缓慢下降。当磁场强度 H 减到 0 时，磁感应强度 B 并不等于 0 而仍保留一定磁性。

这说明铁磁材料内部已经排齐的磁畴不会完全恢复到磁化前杂乱无章的状态，这部分剩余的磁性称为剩磁，用 B_r 表示。

如果去掉剩磁，使 $B=0$，应施加一反向磁场强度 $-H_c$，H_c 的大小称为矫顽磁力，它表示铁磁材料反抗退磁材料的能力。若再反向增大磁场，则铁磁材料将反向磁化；当反向磁场减小时，同样会产生反向剩磁（$-B_r$）。随着磁场强度不断正反向变化，得到的磁化曲线为一封闭曲线。在铁磁材料反复磁化的过程中，磁感应强度的变化总是落后于磁场强度的变化，这种现象称为磁滞现象，图 5-5 所示的封闭曲线称为磁滞回线。

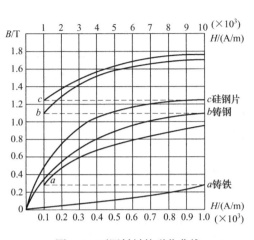

图 5-4 不同材料的磁化曲线

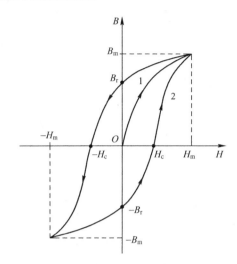

图 5-5 磁滞回线

铁磁材料按其磁性能又可分为软磁材料、硬磁材料和矩磁材料 3 种类型，不同材料的磁滞回线如图 5-6 所示。

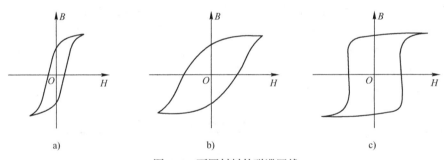

图 5-6 不同材料的磁滞回线

a) 软磁材料　b) 硬磁材料　c) 矩磁材料

软磁材料的剩磁和矫顽力较小，磁滞回线形状较窄，即磁导率较高，所包围的面积较小。它既容易磁化，又容易退磁，一般用于有交变磁场的场合，如制造变压器、电动机及各种中、高频电磁元器件的铁心等。常见的软磁材料有纯铁、硅钢及非金属软磁铁氧体等。

硬磁材料的剩磁和矫顽力较大，磁滞回线形状较宽，所包围的面积较大，适合制作永久磁铁，如扬声器、耳机及各种磁电仪表中的永久磁铁都是硬磁材料制成的。常见的硬磁材料有碳钢、钴钢及铁镍铝钴合金等。

矩磁材料的磁滞回线近似矩形，剩磁很大，接近饱和磁感应强度，但矫顽力较小，易于翻转，常在计算机和控制系统中作记忆元器件和开关元器件，矩磁材料有镁锰铁氧体及某些铁镍合金等。

5.1.3 磁路欧姆定律

磁路欧姆定律是磁路最基本的定律，现以铁心线圈（如图 5-7）来说明。

假设铁心横截面积各处相等，线圈是密绕的，且绕得很均匀，则电流沿铁心中心线产生的磁场各处大小相等，设磁路的横截面积为 S，磁路的平均长度为 l，根据磁场强度 B 和励磁电流 I 的关系，有

$$B = \mu \frac{NI}{l} = \mu H$$

由此式可得

$$NI = Hl = \frac{B}{\mu}l = \frac{\Phi}{\mu S}l$$

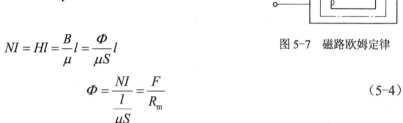

图 5-7　磁路欧姆定律

$$\Phi = \frac{NI}{\frac{l}{\mu S}} = \frac{F}{R_{\mathrm{m}}} \tag{5-4}$$

式中，$F = IN$ 为磁通势，由此产生磁通；$R_{\mathrm{m}} = l / \mu S$ 称为磁阻，表示磁路对磁通具有阻碍作用。

可见，铁心中的磁通 Φ 与通过线圈的电流 I、线圈的匝数 N 以及磁路的截面积 S 成正比，与磁路的长度 l 成反比，还与组成磁路的材料的磁导率 μ 成正比。由于式（5-4）在形式上与电路的欧姆定律相似，故称为磁路的欧姆定律。

需要说明的是，磁路和电路有很多相似之处，表 5-1 所示为电路和磁路的对照。但分析与处理磁路比电路难得多，主要原因如下。

1）在处理电路时不涉及电场问题，在处理磁路时离不开磁场的概念。

2）在处理电路时一般可以不考虑漏电流，在处理磁路时一般都要考虑漏磁通。

3）磁路欧姆定律和电路欧姆定律只是在形式上相似。由于 μ 不是常数，其随励磁电流而变，磁路欧姆定律不能直接用来计算，只能用于定性分析。

4）在电路中，当 $E=0$ 时，$I=0$；但在磁路中，由于有剩磁，当 $F=0$ 时，Φ 不为零。

表 5-1　电路和磁路的对照

电路		磁路	
电流	I	磁通	Φ
电阻	$R = \dfrac{l}{\gamma_S}$	磁阻	$R_{\mathrm{m}} = \dfrac{l}{\mu S}$
电导率	γ	磁导率	μ
电动势	E	磁通势	$F = IN$
电路欧姆定律	$I = \dfrac{E}{R}$	磁路欧姆定律	$\Phi = \dfrac{F}{R_{\mathrm{m}}}$

思考与练习

1. 什么是磁路？什么是磁感应强度？

2. 什么是磁阻？什么是磁通势？

3．写出磁路欧姆定律的表达式，并说明磁通与磁导体的横截面积、长度及磁导率的关系。

4．铁磁材料反复磁化形成的闭合曲线有何特征？

5.1.4 交流铁心线圈电路

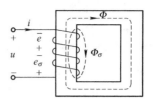

图5-8 交流铁心线圈电路

1. 电磁关系

绕在铁心上的线圈通以交流电后就是交流铁心线圈。下面以图5-8所示的交流铁心线圈电路为例讨论其中的电磁关系。

当线圈施加交流电压 u 时，线圈中电流 i 也是交变的，并产生交变的磁通势 iN（N 为线圈匝数）。交变的磁通势 iN 产生两部分磁通，即穿过全部铁心闭合的主磁通 Φ 和主要经过空气或其他非铁磁物质而形成闭合回路的漏磁通 Φ_σ。交变的 Φ 和 Φ_σ 分别在线圈中产生感应电动势 e 和 e_σ。此外，Φ 的交变引起涡流和磁滞损耗使铁心发热，电流流经线圈时还将产生电阻压降 iR 等。上述发生的电磁关系可表示为

$$u = iR - e - e_\sigma \qquad (5\text{-}5)$$

由于线圈电阻上的电压降 iR 和漏磁通电动势 e_σ 都很小，与主磁通电动势 e 比较，均可忽略不计，故上式写成

$$u \approx -e$$

设主磁通 $\Phi = \Phi_\mathrm{m} \sin \omega t$，则

$$e = -N \frac{\mathrm{d}\Phi}{\mathrm{d}t} = -N \frac{\mathrm{d}(\Phi_\mathrm{m} \sin \omega t)}{\mathrm{d}t}$$
$$= -\omega N \Phi_\mathrm{m} \cos \omega t$$
$$= 2\pi f N \Phi_\mathrm{m} \sin(\omega t - 90°)$$
$$= E_\mathrm{m} \sin(\omega t - 90°)$$

式中，$E_\mathrm{m} = 2\pi f N \Phi_\mathrm{m}$ 是主磁通电动势的最大值，而有效值则为

$$E = \frac{E_\mathrm{m}}{\sqrt{2}} = \frac{2\pi f N \Phi_\mathrm{m}}{\sqrt{2}} = 4.44 f N \Phi_\mathrm{m}$$

故

$$U \approx -e = E_\mathrm{m} \sin(\omega t + 90°)$$

可见，外加电压的相位超前于铁心中磁通 $90°$，而外加电压的有效值

$$U \approx E = 4.44 f N \Phi_\mathrm{m}$$

则

$$\Phi_\mathrm{m} \approx \frac{U}{4.44 f N} \qquad (5\text{-}6)$$

式中，Φ_m 的单位是韦伯（Wb），f 的单位是赫兹（Hz），U 的单位是伏特（V）。

由式（5-6）可知，对正弦激励的交流铁心线圈，当电源的电压和频率不变，其主磁通基本上恒定不变。磁通仅与电源有关，而与磁路无关。

2. 功率损耗

在交流铁心线圈中，除了在线圈电阻上有功率损耗（这部分损耗称为铜损，p_Cu 表示），铁心在交变磁化的情况下也引起功率损耗（这部分损耗称为铁损，用 p_Fe 表示）。铁损是由铁

磁物质的涡流和磁滞现象所产生的，因此，铁损包括磁滞损耗和涡流损耗两部分。

（1）磁滞损耗

铁心在交变磁通的作用下被反复磁化，在这一过程中，磁感应强度 B 的变化落后于 H，这种现象称为磁滞，由于磁滞现象造成的能量损耗称为磁滞损耗，用 p_h 表示。它是由铁磁材料内部磁畴反复转向，磁畴间相互摩擦引起铁心发热而造成的损耗。铁心单位面积内的每周期产生的磁滞损耗与磁滞回线所包围的面积成正比。为了减少磁滞损耗，交流铁心均由软磁材料制成。

（2）涡流损耗

交变磁通穿过铁心时，铁心中在垂直于磁通方向的平面内要产生感应电动势和感应电流，这种感应电流称为涡流。由于铁心本身具有电阻，涡流在铁心中也要产生能量损耗，称为涡流损耗，用 p_e 表示。涡流损耗也使铁心发热。

为了减少涡流损耗，在低频时（几十到几百赫），可用涂以绝缘漆的硅钢片（厚度有 0.5mm 和 0.35mm 两种）叠成的铁心，这样可限制涡流在较小的截面内流通，增长涡流通过的路径，相应加大了铁心的电阻，使涡流减小。对于高频铁心线圈，可采用铁氧体磁心，这种磁心近似绝缘体，因而涡流可以大大减小。

涡流在变压器、电动机和电器等电磁元器件中消耗能量、引起发热，因而是有害的。但有些场合，例如感应加热装置、涡流探伤仪等仪器设备，却是以涡流效应为基础的。

综上所述，交流铁心线圈电路的功率损耗为

$$p = p_{Cu} + p_{Fe} = p_{Cu} + p_e + p_h \tag{5-7}$$

思考与练习

1. 将一个空心线圈先后接到直流电源和交流电源上；然后在这个线圈中插入铁心，再接到上述两个电源上，如果交流电压的有效值和直流电压相等，试比较在上述几种情况下通过线圈的电流和功率的大小，并说明理由。

2. 将铁心线圈接在直流电源上，当发生下列情况时，铁心中的电流和磁通有何变化？

1）铁心截面积增大，其他条件不变。

2）线圈匝数增加，导线电阻及其他条件不变。

3）电源电压降低，其他条件不变。

3. 将铁心线圈接在交流电源上，当发生以上情况时，铁心中的电流和磁通有何变化？

5.2 变压器

5.2 变压器

变压器是利用电磁感应原理传输电能或信号的器件，具有变压、变流和电隔离作用。它是一种常见的电气设备，在电力系统和电子线路中应用广泛。尽管它种类繁多、大小悬殊、用途各异，但基本结构和工作原理是相同的。

5.2.1 变压器的结构

变压器是由铁心和绕组两个基本部分组成的。大型变压器除铁心和绕组外还有一些其他部件：油箱、冷却装置、保护装置和出线装置。

图 5-9 所示为变压器结构示意图，是一个简单的双绕组变压器，在一个闭合铁心上套有两个绕组，绕组和绕组之间及绕组与铁心之间都是绝缘的。

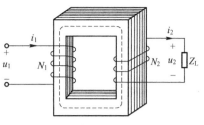

绕组通常用绝缘的铜线或铝线绕成，一个绕组与电源相连，称为一次绕组；另一个绕组与负载相连，称为二次绕组。

图 5-9　变压器结构示意图

为了减少铁心中的磁滞损耗和涡流损耗，变压器的铁心大多用 0.35~0.5mm 厚的硅钢片叠成，为了降低磁路的磁阻，一般采用交错叠装方式，即将每层硅钢片的接缝错开。

变压器按铁心和绕组的组合方式，可分为心式和壳式两种，变压器铁心结构如图 5-10 所示。心式变压器的铁心被绕组所包围，而壳式变压器的铁心则包围绕组。心式变压器用铁量比较少，多用于大容量的变压器，如电力变压器都采用心式结构；壳式变压器用铁量比较多，常用于小容量的变压器，如电子设备和仪器中的变压器多采用壳式结构。

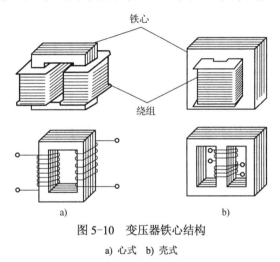

图 5-10　变压器铁心结构

a) 心式　b) 壳式

5.2.2　变压器的工作原理

变压器的基本工作原理就是以电磁感应现象为基础，通过一个共同的磁场，实现两个或两个以上绕组的耦合，从而进行交流电能的传递与转换。

1. 空载运行

变压器一次绕组接交流电压 u_1，二次侧开路，这种运行状态为空载运行。这时二次绕组中的电流 $i_2 = 0$，电压为开路电压 u_{20}；一次绕组通过的电流为空载电流 i_{10}。变压器空载运行如图 5-11 所示。

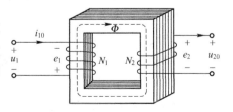

由于二次侧开路，这时变压器的一次侧电路相当于一个交流铁心线圈电路，通过的空载电流 i_{10} 就是励磁电流。主磁通 Φ 通过闭合铁心，在一、二次绕组中分别感应出电动势 e_1、e_2。由法拉第电

图 5-11　变压器空载运行

磁感应定律可得

$$e_1 = -N_1 \frac{\mathrm{d}\Phi}{\mathrm{d}t}$$

$$e_2 = -N_2 \frac{\mathrm{d}\Phi}{\mathrm{d}t}$$

e_1、e_2 的有效值分别为

$$E_1 = 4.44 f \Phi_\mathrm{m} N_1$$

$$E_2 = 4.44 f \Phi_\mathrm{m} N_2$$

式中，E_1 是一次绕组的感应电动势，单位为 V；E_2 是二次绕组的感应电动势，单位为 V；f 是交流电的频率，单位为 Hz；Φ_m 是铁心中主磁通的最大值，单位为 Wb；N_1、N_2 是一、二次绕组的匝数。

如果忽略漏磁通的影响，不考虑绕组上电阻的压降，则可认为一、二次绕组上感应电动势的有效值近似等于一、二次绕组上电压的有效值，即

$$U_1 \approx E_1$$

$$U_2 \approx E_2$$

变压器在空载时的电压变换关系为

$$\frac{U_1}{U_{20}} \approx \frac{E_1}{E_2} = \frac{N_1}{N_2} = k \tag{5-8}$$

可见，一、二次绕组上电压的比值等于两者的匝数比，k 称为变压器的电压比。当 $k>1$ 时，称为降压变压器；当 $k<1$ 时，称为升压变压器；当 $k=1$ 时，称为隔离变压器。

2. 负载运行

变压器的一次绕组接在具有额定电压的交流电源上，二次绕组接上负载的运行，称为负载运行，变压器负载运行如图 5-12 所示。

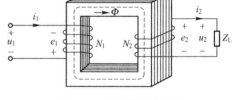

图 5-12 变压器负载运行

（1）负载运行时的磁通势平衡方程

二次绕组接上负载后，感应电动势 e_2 将在二次绕组中产生感应电流，同时一次绕组的电流从空载电流 i_{10} 相应地增大为 i_1，负载电流 i_2 越大 i_1 也越大。

为什么一次绕组中的电流会变大呢？

从能量转换的角度来看，二次绕组接上负载后，产生 i_2，二次绕组向负载输出电能。这些电能是由一次绕组从电源吸取通过主磁通 Φ 传递给二次绕组的。二次绕组输出的电能越多，一次绕组吸取的电能也就越多。因此，二次电流变化时，一次电流也会作相应的变化。

从电磁关系的角度来看，i_2 产生交变磁通势 $N_2 i_2$，也要在铁心中产生磁通，这个磁通力图改变原来铁心中的主磁通。根据 $U_1 \approx E_1 = 4.44 f \Phi_\mathrm{m} N_1$ 的关系式可以看出，在一次绕组的外加电压 U_1 及频率 f 不变的情况下，主磁通基本上保持不变。这表明，变压器有载运行时的磁通，是由一次绕组磁通势 $N_1 i_1$ 和二次绕组磁通势 $N_2 i_2$ 共同作用下产生的合成磁通，它应与变压器空载时的磁通势 $N_1 i_{10}$ 所产生的磁通相等，各磁势的相量关系式为

$$N_1\dot{I}_1 + N_2\dot{I}_2 = N_1\dot{I}_{10} \tag{5-9}$$

这一关系式为磁通势平衡方程。

（2）电流变换作用

由于空载电流很小，在额定情况下 $N_1\dot{I}_{10}$ 相对于 $N_1\dot{I}_1$ 或 $N_2\dot{I}_2$ 可以忽略不计，由式（5-9）可得

$$N_1\dot{I}_1 \approx -N_2\dot{I}_2 \tag{5-10}$$

用有效值表示，则有

$$\frac{I_1}{I_2} \approx \frac{N_2}{N_1} = \frac{1}{k} \tag{5-11}$$

式（5-11）说明，变压器一次、二次绕组的电流在数值上近似地与它们的匝数成反比。必须注意，变压器一次绕组电流 I_1 的大小是由二次绕组电流 I_2 的大小来决定的。

（3）变压器的阻抗变换

在电子设备中，为了获得较大的功率输出，往往对负载的阻抗有一定要求。然而负载阻抗是给定的，不能随便改变，为了使它们之间配合得更好，常采用变压器来获得所需要的等效阻抗，变压器的这种作用称为阻抗变换，变压器的阻抗变换原理电路如图5-13所示。

Z_L' 为负载阻抗 Z_L 在一次侧的等效阻抗。负载阻抗 Z_L 的端电压为 U_2，流过的电流为 I_2，变压器的电压比为 k，则 Z_L'

$$Z_L = \frac{U_2}{I_2}$$

变压器一次绕组中的电压和电流分别为

$$U_1 = kU_2$$

$$I_1 = \frac{I_2}{k}$$

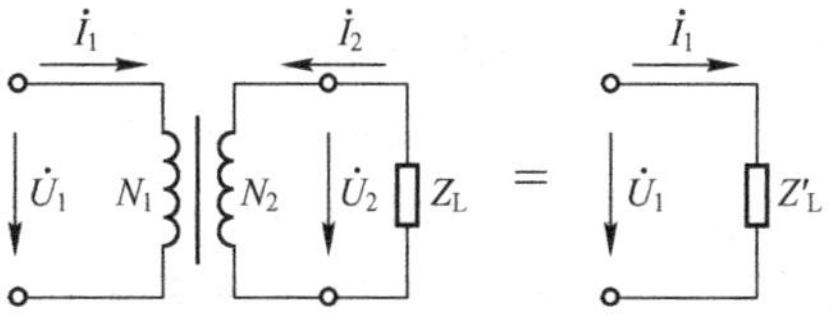

图 5-13　变压器的阻抗变换原理电路

从变压器输入端看，等效的输入阻抗 Z_L' 为

$$Z_L' = \frac{U_1}{I_1} = \frac{kU_2}{I_2/k} = k^2\frac{U_2}{I_2} = k^2 Z_L \tag{5-12}$$

式（5-12）表明，负载阻抗 Z_L 反映到电源侧的输入等效阻抗 Z_L'，其值扩大了 k^2 倍。因此，只需改变变压器的电压比，就可把负载阻抗变换为所需数值。

变压器阻抗变换在电子技术中经常用到。例如，在扩音机设备中，如果把扬声器直接接到扩音机上，由于扬声器的阻抗很小扩音机电源发出的功率大部分消耗在本身的内阻抗上，扬声器获得的功率很小，声音微弱。理论推导和实验测试可以证明：负载阻抗等于扩音机电源内阻抗时，可在负载上得到最大的输出功率，称为阻抗匹配。因此，在大多数的扩音机设备与扬声器之间都接有一个变阻抗的变压器，通常称之为线间变压器。

【例5-1】　交流信号源的电动势 $E=120V$，内阻 $r_0=800\Omega$，负载电阻 $R_L=8\Omega$。试求：1）将负载直接与信号源相连时，求信号源输出功率；2）将交流信号源接在变压器 次侧，R_L 接在二次侧，通过变压器实现阻抗匹配，则变压器的匝数比和信号源的输出功率为多少？

解： 1）负载直接与信号源相连

$$I = \frac{E}{r_0 + R_L} = \frac{120}{800 + 8} A \approx 0.15 A$$

输出功率为

$$P = I^2 R_L = 0.18 W$$

2）变压器的匝数比为

$$K = \sqrt{\frac{R'_L}{R_L}} = \sqrt{\frac{800}{8}} = 10$$

$$I = \frac{E}{r_0 + R'_L} = \frac{120}{800 + 800} A = 0.075 A$$

输出功率为

$$P = I^2 R'_L = 4.5 W$$

以上计算说明，同一负载经变压器阻抗匹配后，信号源输出功率大于与信号源直接相连时的输出功率。

5.2.3 变压器的外特性和额定值

1. 变压器的外特性

变压器在负载运行时，变压器二次侧接入负载的变化，必然导致一、二次电流的变化，使得一、二次侧的阻抗压降发生变化，从而使二次电压随负载的增减而变化。二次电压 U_2 随二次电流 I_2 变化的特性曲线 $U_2 = f(I_2)$ 称为变压器的外特性。一般情况下，外特性曲线近似一条略向下倾斜的直线，且倾斜的程度与负载的功率因数有关，对于感性负载，功率因数越低，下倾越烈。从空载到满载（二次电流达到其额定值 I_{2N} 时），二次电压变化的数值与空载电压的比值称为电压调整率，即

$$\Delta U = \frac{U_{20} - U_2}{U_{20}} \times 100\% \tag{5-13}$$

电力变压器的电压调整率一般为 2%～3%。

2. 额定值

为了正确、合理地使用变压器，除了应当知道其外特性，还要知道其额定值，并根据其额定值正确使用。电力变压器的额定值通常在其铭牌上给出。变压器额定值有以下内容。

1）一次额定电压 U_{1N}。指正常情况下一次绕组应当施加的电压。

2）一次额定电流 I_{1N}。指在 U_{1N} 作用下一次绕组允许长期通过的最大电流。

3）二次额定电压 U_{2N}。指在一次额定电压 U_{1N} 时的二次空载电压。

4）二次额定电流 I_{2N}。指在一次额定电压 U_{1N} 时的二次绕组允许长期通过的最大电流。

5）额定容量 S_N。指输出的额定视在功率。

$$S_N = U_{2N} I_{2N} \tag{5-14}$$

6）额定频率 f_N。指电源的工作频率。我国的工业标准频率是 50Hz。

使用变压器时必须使一次额定电压符合电源电压，二次电压满足负载的要求，额定容量等于或略大于负载所需的视在功率，额定频率符合电源的频率和负载的要求。

3. 变压器的损耗

变压器的损耗有铜损和铁损两种。铜损是一、二次绕组中流过电流时，在绕组电阻上产生的损耗，其值为

$$p_{\mathrm{Cu}} = R_1 I_1^2 + R_2 I_2^2 \qquad (5\text{-}15)$$

由于负载变化时一、二次电流也变化，铜损也要发生相应变化，因此铜损又称为可变损耗。

铁损是由铁心中涡流损耗和磁滞损耗两部分构成，即

$$p_{\mathrm{Fe}} = p_{\mathrm{h}} + p_{\mathrm{e}} \qquad (5\text{-}16)$$

对某一固定变压器，当电源电压及其频率不变时，变压器主磁通及其交变的速率在空载和负载时也基本不变，从而铁损也基本不变，所以铁损又称为不变损耗。

4. 变压器的效率

变压器在运行时有损耗，因此变压器的输出功率总小于输入功率。变压器的效率是指输出功率 P_2 与输入功率 P_1 比值的百分数，即

$$\eta = \frac{P_2}{P_1} \times 100\% = \frac{P_2}{P_2 + p_{\mathrm{Cu}} + p_{\mathrm{Fe}}} \times 100\% \qquad (5\text{-}17)$$

一般在满载的 80% 左右时，变压器的效率最高，大型电力变压器的效率可高达 98%～99%。

5.2.4　几种常用的变压器

1. 三相变压器

三相变压器有三个一次绕组和三个二次绕组，可分别采用星形或三角形联结。三相变压器的铁心多采用三铁心柱式结构，如图 5-14a 所示。它的三根铁心柱上分别套装有完全一样的高、低压绕组，相当于三台单相变压器。三相高压绕组的首端和末端分别用 U_1、V_1、W_1 和 U_2、V_2、W_2 标记，三相低压绕组的首端和末端分别用 u_1、v_1、w_1 和 u_2、v_2、w_2 标记。三相高、低压绕组都是对称的，因此电压的变换也是对称的。

电用的电力变压器三绕组常用的连接方式有 Yyn（一、二次绕组均采用星形联结，并且二次绕组引出中性线）和 Yd（一次绕组采用星形联结，二次绕组采用三角形联结）两种，三相变压器如图 5-14b、c 所示。

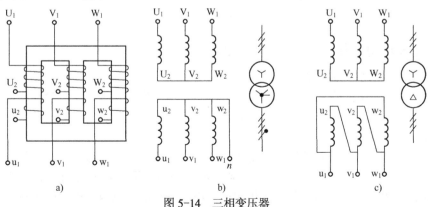

图 5-14　三相变压器

a) 结构原理图　b) Yyn 联结　c) Yd 联结

2．自耦变压器

自耦变压器分可调式和固定抽头两种形式。图 5-15 所示是可调式自耦变压器的电路原理图。这种变压器只有一个绕组，二次绕组是一次绕组 N_1 的一部分。因此，它的工作特点是一、二次绕组不仅有磁的联系，而且有电的联系。

尽管自耦变压器只有一个绕组，但它的工作原理与双绕组变压器相同，在图 5-15 所示的原理电路上，分接头 a 可做成用手柄操作自由滑动的触头，从而可以平滑地调节二次电压，所以这种变压器又称为自耦调压器。如果一次侧加上电压 U_1，则可得二次电压 U_2，且一、二次电压和它们的匝数成正比，即

$$\frac{U_1}{U_2} = \frac{N_1}{N_2} = k$$

有负载时，一、二次电流和它们的匝数成反比，即

$$\frac{I_1}{I_2} = \frac{N_2}{N_1} = \frac{1}{k}$$

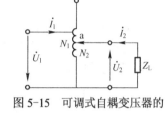

图 5-15　可调式自耦变压器的
电路原理图

思考与练习

1．变压器能否用来变换直流电压？如果将变压器接到与它的额定电压相同的直流电源上，会产生什么后果？

2．一台变压器的额定电压为交流 220V/110V，若不慎将低压边接到 220V 的交流电源上，能否得到交流 440V 的电压？如果将高压边接到 440V 的交流电源上，能否得到 220V 的电压？为什么？

3．如果把自耦调压器具有滑动触头的二次侧错接到电源上，会有什么后果？为什么？

5.3　三相异步电动机

5.3　三相
异步电动机

电动机能将电能转换为机械能。按耗能种类的不同，电动机可分为交流电动机和直流电动机两大类，其中交流电动机又分为同步电动机和异步电动机。

由于异步电动机具有结构简单、坚固耐用、运行可靠、维护方便、价格便宜等优点，在工农业生产中获得了广泛的应用，大部分生产机械都采用三相异步电动机来拖动。

5.3.1　三相异步电动机的结构和工作原理

1．三相异动电动机的结构

三相异步电动机外形及结构图如图 5-16 所示，主要由定子和转子两个基本部分构成，它们之间由气隙分开。

（1）定子

三相异步电动机的定子包括机座、定子铁心和定子绕组等固定部分。机座是电动机的外壳，由铸铁、铸钢或铸（挤压）合金铝制成；定子铁心是用内圆冲有槽的硅钢片叠成的圆筒，压装在机座内；定子绕组按照一定规律嵌放在定子铁心的槽内，根据电源电压和绕组电压的额定值，三相定子绕组可接成星形（Y）或三角形（△）。

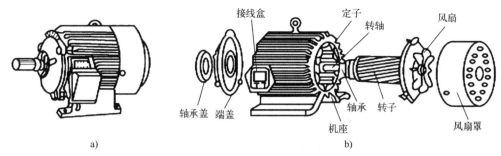

图 5-16　三相异步电动机外形及结构图

a) 外形　b) 内部结构

（2）转子

转子是三相异步电动机的旋转部件，是由转子铁心、转子绕组和转轴组成的。转子铁心是用外圆冲有槽的硅钢片叠成，压装在转轴上。

根据转子绕组结构的不同，转子可分为笼型和绕线转子两种：笼型转子的绕组由嵌入铁心槽内的裸导体构成，各端由端环连接，形成短路绕组。具有笼型转子的异步电动机称为笼型电动机。在中小型电动机中，常用离心浇铸或压铸法将铝液浇铸到转子铁心槽内，同时铸成端环和冷却电风扇，形成铸铝笼型转子，如图 5-17 所示。

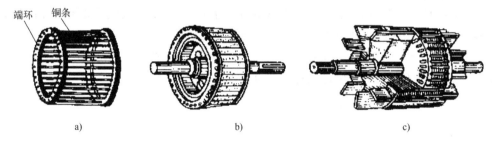

图 5-17　笼型转子

a) 笼型绕组　b) 铜条转子　c) 铸铝转子

绕线转子的绕组和定子绕组相似，绕组的三个末端接在一起（丫联结），三个首端分别接到转轴上的三个彼此绝缘的集电环上，再通过与集电环滑动接触的电刷将变阻器串入转子绕组，用以改善电动机的起动性能和调速性能。具有绕线转子的异步电动机称为绕线转子电动机。

2. 三相异步电动机的工作原理

（1）旋转磁场

三相异步电动机转子之所以会旋转、实现能量转换，是因为定转子气隙内有一个旋转磁场，下面来讨论这个旋转磁场是怎样产生的。

1）旋转磁场的产生。

两极三相定子绕组的布置如图 5-18 所示，U_1U_2、V_1V_2、W_1W_2 为三相定子绕组，在空间彼此相隔 120°，接成星形。三相绕组的首端 U_1、V_1、W_1 接在三相对称电源上，有三相对称电流 i_U、i_V、i_w 通过三相绕组。

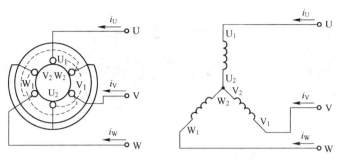

图 5-18 三相定子绕组的布置

现在选择几个瞬时来分析三相交变电流流经三相绕组时所产生的合成磁场。为了分析方便，假设电流为正值时，在绕组中从首端流向末端；电流为负值时，在绕组中从末端流向首端。三相电流波形如图 5-19a 所示。

在 $\omega t = 0$、$t = 0$ 时，$i_U = 0$、i_V 为负（电流从 V_2 端流到 V_1 端），i_W 为正（电流从 W_1 端流到 W_2 端），按右手螺旋法则确定子相电流产生的合成磁场，如图 5-19b 所示。

在 $\omega t = 60°$、$t = T/6$ 时（T 为周期），i_U 为正（电流从 U_1 端流到 U_2 端）；i_V 为负（电流从 V_2 端流到 V_1 端）、$i_W = 0$，此时的合成磁场如图 5-19c 所示。合成磁场已从 $\omega t = 0$ 瞬间所在位置顺时针方向旋转了 60°。

在 $\omega t = 120°$、$t = T/3$ 时，i_U 为正、$i_V = 0$、i_W 为负，此时的合成磁场如图 5-19d 所示，合成磁场已从 $\omega t = 0$ 瞬间所在位置顺时针方向旋转了 120°。

在 $\omega t = 180°$、$t = T/2$ 时，$i_U = 0$、i_V 为负，i_W 为负，此时的合成磁场如图 5-19e 所示，合成磁场已从 $\omega t = 0$ 瞬间所在位置顺时针方向旋转了 180°。

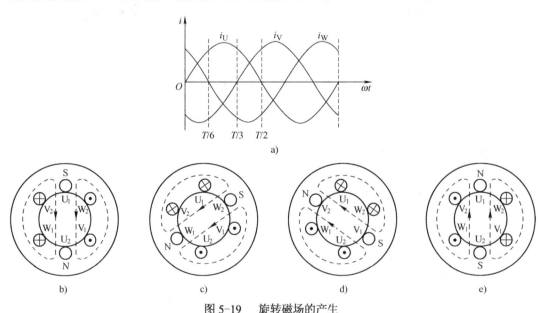

图 5-19 旋转磁场的产生

a) 三相电流波形 b) $\omega t = 0$ 时 c) $\omega t = 60°$ 时 d) $\omega t = 120°$ 时 e) $\omega t = 180°$ 时

用同样的方法可分析 ωt 分别为 240°、360° 瞬间的各相电流及合成磁场，它们与 $\omega t = 0$ 瞬间的合成磁场相比，方向分别为沿顺时针旋转了 240° 和 360°。

由此可见，对称三相电流分别通入对称三相绕组 U_1U_2、V_1V_2、W_1W_2 中所形成的合成磁场，是一个随时间变化的旋转磁场。

以上分析的是电动机产生一对磁极时的情况，当定子绕组连接形成的是两对磁极时，运用相同的方法可以分析出此时电流变化一个周期，磁场只转动了半圈，即转速减慢了一半。

由此类推，当旋转磁场具有 p 对磁极时（即磁极数为 $2p$），交流电每变化一个周期，其旋转磁场就在空间转动 $1/p$ 转。因此，三相电动机定子旋转磁场每分钟的转速 n_1，定子电流频率 f 及磁极对数 p 之间的关系是

$$n_1 = \frac{60f}{p} \tag{5-18}$$

旋转磁场的转速 n_1 又称为同步转速。

2）旋转磁场的转向。

图 5-19 中绕组内电流的相序是 U—V—W，同时图中旋转磁场的转向也是 U—V—W，即顺时针方向旋转。所以，旋转磁场的转向与三相电流的相序一致。如要使旋转磁场按逆时针方向旋转（即反转），只要改变通入三相绕组中电流的相序，即将定子绕组接至电源的三根导线中的任意两根线对调，就可实现。

（2）三相异步电动机的转动原理

三相对称交流电通入定子绕组后，便形成了一个旋转磁场，按顺时针方向旋转。这时转子绕组与旋转磁场之间存在相对运动，切割磁感应线，根据电磁感应原理，转子绕组产生感应电动势 e_2，电动势的方向可以根据右手定则确定。由于转子绕组是闭合的，则转子绕组内有电流 i_2 流过，异步电动机的转动原理如图 5-20 所示，在上半部转子绕组的电动势和电流方向由里向外，在下半部则由外向里。流过电流的转子导体在磁场中要受到电磁力的作用，方向根据左手定则确定，该力在转子的轴上形成电磁转矩，且转矩的方向与旋转磁场的方向一致，转子受此转矩作用，便按旋转磁场的方向旋转起来，转速为 n。

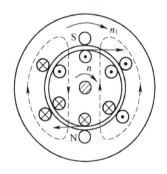

图 5-20　异步电动机的转动原理

（3）转差率

异步电动机转子的转速 n 总是小于旋转磁场 n_1 的转速，因为如果两者相等，就意味着转子与旋转磁场之间没有相对运动，转子导体不再切割磁场，便不能产生感应电动势 e_2 和产生电流 i_2，也就没有电磁转矩，转子将无法继续旋转。由此可见，$n \neq n_1$，且 $n < n_1$ 是异步电动机工作的必要条件，"异步"的名称也由此而来。

旋转磁场转速 n_1 与转子转速 n 之差与转速 n_1 之比称为异步电动机的转差率 s，即

$$s = \frac{n_1 - n}{n_1} \tag{5-19}$$

转差率 s 是分析异步电动机运行情况的重要参数。当电动机刚起动时，$n = 0$、$s = 1$；当电动机空载时，$n \approx n_1$、$s \approx 0$。异步电动机处于电动状态时，转差率的变化范围总在 0 和 1 之间，即 $0 < s < 1$。通常异步电动机在额定负载时，n 接近于 n_1，转差率 s 很小，大小为 0.01～0.05。

思考与练习

1. 三相异步电动机的定子绕组和转子绕组在电动机的转动过程中各起什么作用？

2. 三相异步电动机的定子铁心和转子铁心为什么要用硅钢片叠成？定子与转子之间的间隙为什么要做得很小？

3. 试说明三相异步电动机在什么情况下，它的转差率分别是下列数值：

1）$s=0$。

2）$0<s<1$。

3）$s=1$。

5.3.2 三相异步电动机的特性

1. 三相异步电动机的转矩特性

电磁转矩是三相异步电动机最重要的物理量，电磁转矩的存在是异步电动机工作的先决条件，分析异步电动机的机械特性离不开它。

异步电动机的电磁转矩 T 是由转子电流 I_2 与旋转磁场相互作用而产生的。根据理论分析，电磁转矩 T 可用下式确定：

$$T = C_T \Phi I_2 \cos\varphi_2 \qquad (5-20)$$

式中，C_T 是与电动机结构有关的转矩常数，Φ 是旋转磁场的每极磁通，$I_2\cos\varphi_2$ 是转子电流的有功分量。

从理论分析还知，I_2 和 $\cos\varphi_2$ 都与转差率 s 有关，故电磁转矩 T 与 s 也有关，异步电动机的转矩特性如图 5-21 所示。曲线通常称为异步电动机的转矩特性。由于磁通 Φ 和转子电流 I_2 都与电源电压 U_1 成正比，所以电磁转矩 T 与 U_1^2 成正比。电源电压的变化对电动机

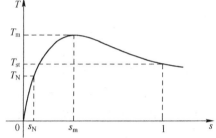

图 5-21 异步电动机的转矩特性

工作情况影响很大，电压过高或过低都会使电动机性能变差，甚至烧坏电动机。

由转矩特性可以看到，当 $s=0$ 时，即 $n=n_1$ 时，$T=0$，这是理想空载运行；随着 s 的增大，转速降低，转子导体切割旋转磁场的速度加快，转子电流 I_2 增大，功率因数 $\cos\varphi_2$ 保持较高值，T 开始增大。但到达最大值 T_m 以后，随着 s 的增大，虽然 I_2 增大，但是功率因数 $\cos\varphi_2$ 快速降低，因此 T 反而减小。最大转矩 T_m 也称为临界转矩，对应于 T_m 的 s_m 称为临界转差率。

2. 三相异步电动机的机械特性

在实际应用中，需要了解异步电动机在电源电压一定时转速 n 与电磁转矩 T 的关系。由 $T=f(s)$ 关系曲线转换后的 $n=f(T)$ 曲线称为机械特性曲线，异步电动机的机械特性如图 5-22 所示。用它来分析电动机的运行情况更为方便。

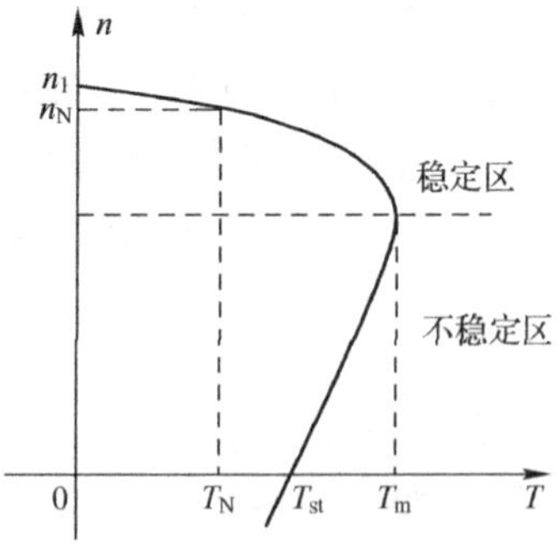

在机械特性曲线上值得注意的是两个区和三个转矩。

以最大转矩 T_m 为界，分为两个区，上部为稳定区，下部为不稳定区。当电动机工作在稳定区内某一点时，电磁转矩

图 5-22 异步电动机的机械特性

与负载转矩相平衡而保持匀速转动。如负载转矩变化，电磁转矩将自动随之变化。从而达到新的平衡并稳定运行。当电动机工作在不稳定区时，则电磁转矩将不能自动适应负载转矩的变化，因而不能稳定运行。

下面分析反映异步电动机机械特性的三个特殊转矩。

（1）额定转矩 T_N

异步电动机在额定负载时轴上的输出转矩称为额定转矩。额定负载转矩可从铭牌数据中求得，即

$$T_N = 9550 \frac{P_N}{n_N} \tag{5-21}$$

式中，P_N 为异步电动机的额定功率，单位为 kW；n_N 为异步电动机的额定转速，单位为 r/min；T_N 为异步电动机的额定转矩，单位为 N·m。

（2）最大转矩 T_m

在机械特性曲线上，转矩的最大值称为最大转矩，它是稳定区与不稳定区的分界点。为此，使额定转矩 T_N 比最大转矩 T_m 低，使电动机能有短时过载运行的能力。通常用最大转矩 T_m 与额定转矩 T_N 的比值 λ_m 来表示过载能力，即 $\lambda_m = T_m / T_N$。一般三相异步电动机的过载能力 λ_m 为 1.8～2.2。

电动机正常运行时，最大负载转矩不可超过最大转矩，否则电动机将带不动负载，转速越来越低，发生所谓的"闷车"现象，此时电动机电流会升高到电动机额定电流的 4～7 倍，使电动机过热，甚至烧坏。

（3）起动转矩 T_{st}

电动机在接通电源起动的最初瞬间，$n=0$、$s=1$ 时的转矩称为起动转矩，用 T_{st} 表示。T_{st} 与电源电压的二次方成正比，与转子电阻成正比。只有起动转矩大于负载转矩，即 $T_{st}>T_L$，电动机才能顺利起动。异步电动机的起动能力常用起动转矩与额定转矩的比值 $\lambda_{st} = T_{st} / T_N$ 来表示。一般笼型异步电动机的起动能力 $\lambda_{st} = 1.3～2.2$。

当起动转矩小于负载转矩，即 $T_{st}<T_L$ 时，电动机无法起动，出现堵转现象，电动机的电流达到最大，造成电动机过热。此时应立即切断电源，减轻负载或排除故障后再重新起动。

思考与练习

1．三相异步电动机既然有最大转矩 T_m，为什么不在 T_m 或接近 T_m 处运行？

2．电源电压低于额定电压或高于额定电压时，对异步电动机的运行会产生什么不良后果？

3．某三相异步电动机的额定转速为 960r/min，当负载转矩为额定转矩的一半时电动机的转速为多少？

4．额定功率相等的两台三相异步电动机，是否额定转速低者额定转矩一定大，额定转速高者额定转矩一定小？

5.3.3 三相异步电动机的铭牌

每一台三相异步电动机，在其机座上都有一块铭牌，铭牌上标注有型号、各种额定值及使用方式等，这是正确使用电动机的依据。

（1）型号

三相异步电动机的型号一般由汉语拼音的大写字母和阿拉伯数字组成，表示电动机的种类、规格和用途等，下面举例说明。

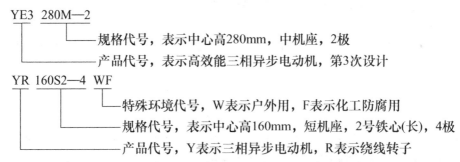

三相异步电动机的中心高越大，电动机容量越大。中心高范围在 63～315mm 的为小型电动机，315～630mm 的为中型电动机，630mm 以上的为大型电动机。在同样的中心高下，机座越长，则容量越大，机座长度用 S、M、L 分别表示短、中、长机座。铁心长度按由短至长顺序用数字 1、2、3、…表示。

（2）额定值

额定值规定了电动机的正常运行状态和条件，它是选用、安装和维修电动机时的依据。三相异步电动机铭牌上标注的主要额定值有以下几个。

1）额定功率 P_N。指电动机在额定运行时，轴上输出的机械功率（单位为 kW）。

2）额定电压 U_N。指电动机在额定运行时，加在定子绕组出线端的线电压（单位为 V）。

3）额定电流 I_N。指电动机在额定运行时，定子绕组中的线电流（单位为 A），也就是电动机长期运行时所允许的定子的线电流。

三相异步电动机的额定功率与其他额定数据之间有如下关系：

$$P_N = \sqrt{3} U_N I_N \cos\varphi_N \eta_N \tag{5-22}$$

式中，$\cos\varphi_N$ 为额定功率因数；η_N 为额定效率。

4）额定频率 f_N。指电动机在额定运行时所接的交流电源频率。我国电力网的频率（即工频）规定为 50Hz。

5）额定转速 n_N。指电动机在额定运行时的转子转速（单位为 r/min）。

通过铭牌数据，可以求得额定转矩 $T_N = 9550 \dfrac{P_N}{n_N}$

此外，铭牌上还标明了绕组接法、绝缘等级及工作制等。对于三相绕线转子异步电动机，还标明转子绕组的额定电压（指定子加额定电压而转子绕组开路时的转子线电压）和转子的额定电流，以作为配用起动变阻器等的依据。

【例 5-2】 一台 Y160M2—2 三相异步电动机的额定数据如下：P_N=15kW，U_N=380V，n_N=2930r/min，$\cos\varphi_N$=0.88，η_N=88.2%，定子绕组△接法。试求该机的额定电流和额定转矩。

解：该机的额定电流为

$$I_N = \frac{P_N}{\sqrt{3} U_N \cos\varphi_N \eta_N} = \frac{15000}{\sqrt{3} \times 380 \times 0.88 \times 0.882} A \approx 29.4A$$

额定转矩

$$T_{\text{N}} = 9550\frac{P_{\text{N}}}{\eta_{\text{N}}} = 9550 \times \frac{15}{2930}\text{N} \cdot \text{m} \approx 48.89\text{N} \cdot \text{m}$$

5.3.4 三相异步电动机的起动

电动机的起动就是把电动机的定子绕组与电源接通，使电动机的转子由静止加速到以一定转速稳定运行的过程。

1. 起动要求

（1）起动电流

异步电动机在起动的最初瞬间，其转速 $n=0$、转差率 $s=1$，在此瞬间旋转磁场对转子的相对转速最大，转子电流 I_2 最大，这时定子电流 I_1（即起动电流）也达到最大值，约为额定电流的 4~7 倍。

由于电动机起动电流大，对电动机本身和电网都会带来一些影响，会使电动机严重发热，在输电线路上产生过大的电压降，可能会影响同一电网中其他负载的正常工作。例如，使其他电动机的转矩减小、转速降低，甚至造成堵转，或使荧光灯熄灭等。

（2）起动转矩

由转矩 $T = C_{\text{T}}\phi\cos\varphi_2$ 的关系可知，尽管起动时转子电流 I_2 大，但起动时转子电路的功率因数 $\cos\varphi_2$ 很低，故起动转矩并不大，一般 $T_{\text{st}} = (1.3 \sim 2.2) T_{\text{N}}$，电动机起动转矩小，则起动时间较长，或不能在满载情况下起动。所以，既要限制过大的起动电流，又要有足够大的起动转矩，可以采用不同的起动方法。

2. 起动方法

（1）直接起动

用开关将额定电压直接加到定子绕组上使电动机起动，就是直接起动，又称为全压起动。直接起动的优点是设备简单，操作方便，起动时间短。只要电网的容量允许，应尽量采用直接起动。容量在 10kW 以下的三相异步电动机一般都采用直接起动。

（2）笼型异步电动机减压起动

如果笼型异步电动机的额定功率超出了允许直接起动的范围，则应采用减压起动。所谓减压起动是借助起动设备将电源电压适当降低后加到定子绕组上进行起动，待电动机转速升高到接近稳定时，再使电压恢复到额定值，转入正常运行。

减压起动时，由于电压降低，电动机每极磁通量减小，故转子电动势、电流以及定子电流均减小，避免了电网电压的显著下降。但由于电磁转矩与定子电压的平方成正比，因此减压起动时的起动转矩将大大减小，一般只能在电动机空载或轻载的情况下起动，起动完毕后再加上机械负载。

目前常用的减压起动方法有三种。

1）定子串电阻或电抗器起动。起动时，将电阻或电抗器串接于定子电路中，这样可以降低定子电压，限制起动电流。在转速接近额定值时，将电阻或电抗器短接，此时电动机就在额定电压下开始正常运行。

定子电路串电阻起动，由于外接的电阻上有较大的有功功率损耗。所以对中、大型异步电动机是不经济的。

2）Y/△起动。如果电动机正常工作时其定子绕组是三角形联结的，那么起动时为了减小起动电流，可将其接成星形联结，等电动机转速上升后，再恢复三角形联结。

Y/△起动电路如图 5-23 所示，起动时先合上电源开关 QS，同时将三刀双掷开关 Q 扳到起动位置（Y），此时定子绕组接成星形，各相绕组承受的电压为额定电压的 $1/\sqrt{3}$，待电动机转速接近稳定时，再把 Q 迅速扳到运行位置（△），使定子绕组改为三角形接法，于是每相绕组加上额定电压，电动机进入正常运行状态。

设定子绕组每相阻抗的大小为$|Z|$，电源线电压为 U_1，三角形联结时直接起动的线电流为 $I_{st\triangle}$，星形联结时减压起动的线电流为 I_{stY}，则有

$$\frac{I_{stY}}{I_{st\triangle}} = \frac{\dfrac{U_1}{\sqrt{3}\,|Z|}}{\sqrt{3}\,\dfrac{U_1}{|Z|}} = \frac{1}{3} \tag{5-23}$$

可见 Y/△起动时的起动电流是三角形联结直接起动时起动电流的 1/3。由于电磁转矩与定子绕组相电压的二次方成正比，所以 Y/△起动时的起动转矩也减小为直接起动时的 1/3。

Y/△起动设备简单、工作可靠，但只适用于正常工作时作三角形联结的电动机。为此，星形系列异步电动机额定功率在 4kW 及以上的一般设计成三角形接法。

3）自耦变压器减压起动。自耦变压器减压起动的电路如图 5-24 所示。三相自耦变压器接成星形，用一个六刀双掷转换开关 Q 来控制变压器接入或脱离电路。起动时把 Q 扳在起动位置，使三相交流电源接入自耦变压器的一次侧，而电动机的定子绕组则接到自耦变压器的二次侧，这时电动机得到的电压低于电源电压，因而减小了起动电流，待电动机转速升高后，把 Q 从起动位置迅速扳到运行位置，让定子绕组直接与电源相接，而自耦变压器则与电路脱开。

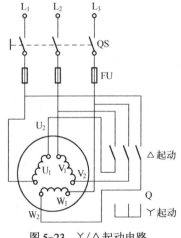

图 5-23　Y/△起动电路

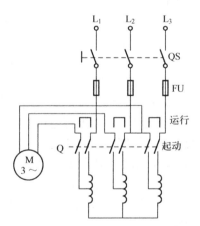

图 5-24　自耦变压器减压起动的电路

自耦变压器减压起动时，电动机定子电压为直接起动时的 $1/k$，（k 为自耦变压器的电压比），定子电流（即自耦变压器二次侧电流）也降为直接起动时的 $1/k$，因而自耦变压器原边的电流则要降为直接起动时的 $1/k^2$。另外，由于电磁转矩与外加电压的二次方成正比，故起动转矩也降低为直接起动时的 $1/k^2$。

起动用的自耦变压器专用设备称为起动补偿器，它通常有 2～3 个抽头，可输出不同的电

压。例如，输出电压分别为电源电压的 80%、60% 和 40%，可供用户选用。自耦变压器减压起动的优点是起动电压可根据需要选择，使用灵活，适用于不同的负载，但设备较笨重，成本高。

3. 绕线转子异步电动机转子串电阻起动

笼型异步电动机的转子绕组是短接的，因此无法通过改变其参数来改善起动性能。对于既要限制起动电流，又要重载起动的场合，可采用绕线转子异步电动机。

绕线转子异步电动机转子串电阻起动的电路，起动时在转子电路中串入三相对称电阻，起动后，随着转速的上升，逐渐切除起动电阻，直到转子绕组短接。采用这种方法起动时，转子电路电阻增加，转子电流 I_2 减小，$\cos\varphi_2$ 提高，起动转矩反而会增大。这是一种比较理想的起动方法，既能减小起动电流，又能增大起动转矩，因此适合于重载起动的场合，如起重机械等。其缺点是价格较贵、起动设备较多、起动过程电能浪费多；电阻段数较少时，起动过程转矩波动大；而电阻段数较多时，控制线路复杂，所以一般只设计为 2~4 段。

5.3.5 三相异步电动机的调速

调速是指在电动机负载不变的情况下，人为地改变电动机的转速，由前面公式可得

$$n = (1-s)n_1 = (1-s)\frac{60f_1}{p} \tag{5-24}$$

可见异步电动机可以通过改变磁极对数 p、电源频率 f_1 和转差率 s 三种方法来实现调速。

1. 变极调速

改变异步电动机定子绕组的接线，可以改变磁极对数，从而得到不同的转速。由于磁极对数 p 只能成倍地变化，所以这种调速方法不能实现无级调速。

图 5-25 所示是三相绕组中某一相绕组的示意图，每相绕组可看成是由两个线圈 U_1U_2 和 $U_1'U_2'$ 组成的。图 5-25a 表示两个线圈顺向串联，对应的极数 $2p=4$。若将两个线圈接成如图 5-25b 所示，此时两个线圈反向并联，或者将两个线圈接成如图 5-25c 所示，此时两线圈反向串联，这两种接线方式得到的极数均为 $2p=2$。由此可见，改变极对数的关键在于使每相定子绕组中一半绕组内的电流改变方向，即改变半相绕组的电流方向，可使磁极对数减少一半，从而使转速上升一倍，这就是变极调速的原理。

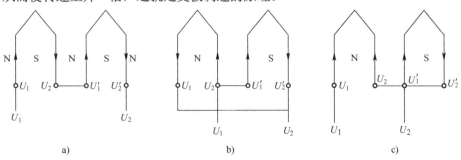

图 5-25　三相绕组中某一相绕组的示意图

a) 顺向串联 2p=4　b) 反向并联 2p=2　c) 反向串联 2p=2

2. 变频调速

由于三相异步电动机的同步转速 n_1 与电源频率 f_1 成正比，因此，改变三相异步电动机的

电源频率，可以实现平滑的调速。在进行变频调速时，可以从电动机额定频率向下调节或向上调节。当 f_1 下调时为了保证电动机的电磁转矩不变，就要保证电动机内旋转磁场的磁通量不变。异步电动机与变压器类似，$U_1 = 4.44 f N \Phi_{\mathrm{m}}$，因此，在调节频率 f_1 的同时，为保持磁通不变，必须同时改变电源电压 U_1，使比值 U_1 / f_1 保持不变，称为恒磁变频调速。当 f_1 上调时，由于供电电压不允许超过电动机的额定电压，因此 f_1 上调时，Φ_{m} 减少，称为弱磁变频调速。

由上述可知，连续改变电源频率时，异步电动机的转速可以平滑地调节，这种调速方法可以实现异步电动机的无级调速，由于电网的交流电频率为 50Hz，因而改变频率 f_1 需要专门的变频装置。例如，采用图 5-26 所示的变频调速原理，它由整流器和逆变器组成，整流器先将 50Hz 的交流电变换为直流电，再由逆变器变换为频率、电压可调的三相交流电，供给异步电动机，连续改变电源频率可以实现大范围的无级调速，而且电动机机械特性的硬度基本不变，这是一种比较理想的调速方法。近年来，随着晶闸管变流技术的发展，为获得变频电源提供了新的途径，使变频调速的方法得到越来越多的应用。

图 5-26　变频调速原理

3．变转差率调速

变转差率调速是在不改变同步转速 n_1 的条件下进行的调速。

（1）绕线转子异步电动机转子串电阻调速

绕线转子异步电动机工作时，如果在转子回路中串入电阻，改变电阻的大小，即可调速。转子串电阻调速的机械特性如图 5-27 所示。设负载转矩为 T_{L}，当转子电路的电阻为 R_{a} 时，电动机稳定运行在 a 点，转速为 n_{a}；若 T_{L} 不变，转子电路电阻增大为 R_{b}，则电动机机械特性变软，工作点由 a 点移至 b 点，于是转速降低为 n_{b}，转子电路串接的电阻越大，则转速越低。

转子串电阻调速的优点是设备简单、成本低；缺点是低速时机械特性软、转速不稳定、调速范围有限、电能损耗多、电动机的效率低、轻载时调速效果差。它主要用于恒转矩负载，如起重运输设备中。

（2）降低电源电压调速

三相异步电动机的同步转速 n_1 与电压无关，s_{m} 保持不变，最大转矩与电压的平方成正比，因此，降低电压的机械特性如图 5-28 所示。

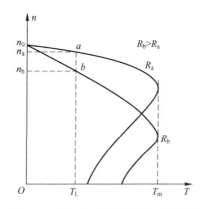

图 5-27　转子串电阻调速的机械特性

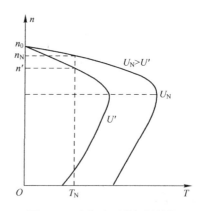

图 5-28　降低电压的机械特性

从机械特性曲线可以看出，负载转矩一定时，电压越低，转速也越低。所以降低电压也能调节转速。降压调速的优点是电压调节方便，对于通风机型负载，调速范围较大。因此，目前，大多数的电风扇都采用串电抗器或双向晶闸管降压调速。其缺点是对于常见的恒转矩负载调速范围很小，实用价值不大。

5.3.6 三相异步电动机的制动

电动机的制动分机械制动和电气制动两种，这里只讨论电气制动。所谓电气制动，就是指使电动机产生一个与转速方向相反的电磁转矩 T_{em}，起到阻碍运动的作用。

电动机的制动有两方面的意义：一是使拖动系统迅速减速停车。这时的制动是指电动机从某一转速迅速减速到零的过程，在制动过程中电动机的电磁转矩 T_{em} 起着制动的作用，从而缩短停车时间，以提高生产效率；二是限制位能性负载的下降速度。这时的制动是指电动机处于某一稳定的制动运行状态，此时电动机的电磁转矩 T_{em} 起到与负载转矩相平衡的作用。例如，起重机下放重物时，若不采取措施，由于重力作用，重物下降速度将越来越快，直到超过允许的安全下放速度。为防止这种情况发生，就可以采用电气制动的方法，使电动机的电磁转矩与重物产生的负载转矩平衡，从而使下放速度稳定在某一安全下放速度上。三相异步电动机的电气制动方法有能耗制动、反接制动和回馈制动。

1. 能耗制动

能耗制动方式是在切断定子绕组三相交流电源的同时，立即给-相定子绕组接通直流电源，在定子与转子之间形成一个恒定的磁场，转子由于惯性仍按原方向转动，转子导体切割此恒定磁场，从而产生感应电动势和感应电流，可以判定，这时由转子电流和恒定磁场作用所产生的电磁转矩的方向与转子旋转方向相反，所以是制动转矩。

转速下降，使电动机迅速停转。停转后，转子与磁场相对静止，制动转矩随之消失。这种制动方法是把转子的动能转换为电能，消耗在转子电阻上，故称为能耗制动。其优点是制动能且消耗小、制动平稳，虽需要直流电源，但随着电子技术的迅速发展，很容易从交流电整流获得直流电，这种制动一般用于要求迅速平稳停车的场合。

2. 反接制动

反接制动有电源反接制动和倒拉反接制动两种形式。

（1）电源反接制动

电源反接制动的方法是将接到电源的三相导线中的任意两相对调。此时旋转磁场反转，而转子由于惯性仍按原方向转动，因而产生的电磁转矩方向与电动机转动方向相反，电动机因制动转矩的作用而迅速停转，电源反接制动如图 5-29 所示。当转速接近于零时，需及时切断三相电源，否则电动机会自动反向起动。由于制动时旋转磁场与转子的相对转速为（n_1+n），所以制动电流也会很大，因此定子绕组中要串入制动电阻及以限制制动电流。

电源反接制动的优点是制动电路比较简单、制动转矩较大、停机迅速。但制动瞬间电流较大、消耗也较大、机械冲击强烈、易损坏传动部件。

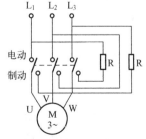

图 5-29 电源反接制动

（2）倒拉反接制动

倒拉反接制动用于绕线转子异步电动机拖动具有势能的负载下放重物时，以获得稳定下放速度。

绕线转子异步电动机转子电路串入大电阻后，转子电流下降，电磁转矩下降，小于所吊重物的负载转矩，转速下降到零，但此时电磁转矩仍小于负载转矩，重物将迫使电动机转子反转，直到电磁转矩等于负载转矩，重物将以一较低转速下放。

3．回馈制动

若三相异步电动机原工作在电动状态，由于某种原因，如当起重机下放重物时，因重力的作用，电动机的转速 n 超过旋转磁场的转速 n_1，因为 $n > n_1$，所以 $s < 0$，这是回馈制动的特点。因为转差率 $s < 0$，所以转子电动势 $E_2 < 0$，转子电流 I_2 反向，电磁转矩反向，为制动转矩。电动机将原电动机输入的机械功率转换成电功率输出回馈电网，成为一台发电机，将重物的势能转换为电能，再回送到电网，所以称为回馈制动或发电制动。

思考与练习

1．三相异步电动机的额定电压是线电压还是相电压？额定电流是线电流还是相电流？额定功率是输入功率还是输出功率？

2．三相异步电动机在满载和空载起动时，起动电流和起动转矩是否相等？起动时电动机轴上的负载大小对起动过程有什么影响？

3．额定电压为 380V/220V，接法为 Y-△ 的三相笼型电动机，当电源电压为 380V 时，能否采用 Y-△ 换接起动方法？为什么？

4．异步电动机采用 Y-△ 换接起动时，每相定子绕组承受的电压、起动电流以及起动转矩分别降多少？

5．三相异步电动机的调速有哪几种方法？各适用哪种类型的电动机？

6．三相异步电动机的电气制动方法有哪几种？

5.4 技能训练 异步电动机定子绕组首末端的判定及连接

1．训练目的

1）掌握异步电动机定子绕组首末端的判断方法。

2）掌握异步电动机定子绕组的连接方法。

2．训练器材

三相异步电动机（4kW）1 台，万用表 1 块，绝缘电阻表（500V）1 块，36V 交流电源装置 1 台，负载电灯（2kW）1 组，电池 1 组，导线若干。

3．训练内容

当电动机接线板损坏、定子绕组的 6 个线头分不清时，不可盲目接线，以免因此而引起三相电流不平衡，电动机定子绕组过热，转速降低，甚至不转，熔丝烧断或烧毁定子绕组。

因此，必须分清 6 个线头的首末端后，才可接线。

（1）剩磁法判断电动机定子首末端

剩磁法判断电动机定子首末端，是利用电动机的剩磁测量出激磁电压或电流，观察万用表指针是否摆动，判断电动机定子首末端，具体步骤如下。

1）用绝缘电阻表或万用表电阻档分别找出三相定子绕组的各两个线头。

2）给各相绕组假设编号为 U₁、U₂；V₁、V₂；W₁、W₂。

3）按图 5-30 所示剩磁法判断电动机定子首末端接线。

4）用手转动电动机转子，如万用表（直流微安档）指针不动，则证明假设的编号是正确的；若指针有偏转，说明其中有一相首末端编号不对，应逐相对调重测直至正确为止。

（2）电池法判断电动机定子首末端

此方法是利用电磁感应原理实现的，具体步骤如下。

1）分清三相绕组各相的两个线头，并进行假设编号。

2）按图 5-31 所示电池法判断电动机定子首末端方法接线。

3）选用直流 0～10V 电压档注视万用表指针摆动的方向，合上开关瞬间，若指针摆向大于零的一边（正偏），则接电池正极的线头与万用表黑表笔的线头同为首端或末端。

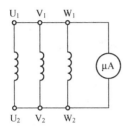

图 5-30　剩磁法判断电动机定子绕组首末端

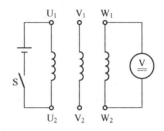

图 5-31　电池法判断电动机定子绕组首末端

4）再将电池和开关接另一相两个线头进行测试，即可正确判断各相的首末端。

（3）交流法判断电动机定子绕组首末端

交流法判断电动机定子绕组首末端如图 5-32 所示。

1）用绝缘电阻表或万用表的电阻档分别找出三相绕组的各相两个线头。

2）先给三相绕组的线头作假设编号 U₁、U₂；V₁、V₂；W₁、W₂；并把 V₁、W₂ 连接在一起，构成两相绕组串联。

3）在 W₁、V₂ 两线头上接一只白炽灯。

4）U₁、U₂ 端通入 36V 交流电源，如果白炽灯发光，说明线头 W₁、W₂ 和 V₁、V₂ 的编号正确。

5）再按上述方法对 U₁、U₂ 进行判别即可。

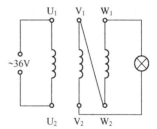

图 5-32　交流法判断电动机定子绕组首末端

5.5　习题

1．有一交流铁心线圈接在 220V、50Hz 的正弦交流电源上，线圈的匝数为 733 匝，铁心截面积为 13cm²。求：

1）铁心中的磁通最大值和磁感应强度最大值是多少？

2）若在此铁心上再套一个匝数为 60 的线圈，则此线圈的开路电压是多少？

2．已知某单相变压器的一次绕组电压为 3000V，二次绕组电压为 220V，负载是一台 220V、25kW 电阻炉，试求一、二次绕组的电流各为多少？

3．在收音机的变压器输出电路中，其最佳负载为 1024Ω，而扬声器的电阻 R_L=16Ω，若要使电路匹配，该变压器的变压比应为多大？

4．单相变压器一次绕组匝数 N_1=1000 匝，二次绕组匝数 N_2=500 匝，现一次侧加电压 U_1=220V，二次侧接电阻性负载，测得二次电流 I_2=4A，忽略变压器内阻及损耗，试求：

1）一次等效阻抗。

2）负载消耗的功率。

5．三相异步电动机的额定转速为 980r/min，这台电动机的同步转速是多少?有几对磁极？转差率是多少?

6．有一台四极三相异步电动机，电源频率为 50Hz，带负载运行时转差率为 0.03，求同步转速和实际转速。

7．两台三相异步电动机的电源频率为 50Hz，额定转速分别为 1430r/min 和 2900r/min，试问它们各是几极电动机？额定转差率是多少？

8．一台额定电压为 380V 的三相异步电动机带负载运行，已知输入功率为 4kW，线电流为 10A，求此时电动机的功率因数。若此时测得输出功率为 3.2kW，电动机的效率有多大？

9．有一台三相电动机，它的额定输出功率为 10kW，额定电压为 380V，效率为 87.5%，功率因数为 0.88，问在额定功率下，取用电源的电流是多少？

10．同一台异步电动机在空载和满载两种情况下起动时，其起动电流或起动转矩是否一样?为什么?

11．有一台 220V/380V、△/丫联结的三相异步电动机，拖动恒转矩负载工作在下列情况是否可以?为什么?

1）三相定子绕组接成△，接到 380V 电源上。

2）三相定子绕组接成丫，接到 380V 电源上。

3）三相定子绕组接成丫，接到 220V 电源上。

第6章 放大电路

实际生活中，经常会把一些微弱的信号放大到便于测量和利用的程度，这就要用到放大电路。基本放大电路是构成各种复杂放大电路和线性集成电路的基本单元。无论是日常使用的收音机、电视机，还是精密的测量仪器或复杂的自动控制系统，其中都有各种各样的放大电路。放大电路是由基本电子元器件构成的，特别是半导体元器件，如二极管、晶体管等，因此本章首先介绍半导体的基本知识。

6.1 半导体
基本知识

6.1 半导体基本知识

自然界的大部分物质都可以根据其导电能力的差别分为导体、绝缘体和半导体三大类。在外电场作用下，物质内部能形成电流的粒子称为载流子，导体（如铜、铁等金属）内部有大量载流子——自由电子，因而导电性能很好，绝缘体内部几乎没有可以自由移动的电荷——载流子很少，因此导电性能很差。半导体的导电性能居于二者之间，导电性能取决于内部载流子的多少。

6.1.1 本征半导体

根据所含杂质的多少，半导体分为纯净半导体和杂质半导体，纯净半导体几乎不含杂质，它是通过一定的工艺过程将半导体提纯制成的晶体。完全纯净的、具有晶体结构的半导体又称为本征半导体，如单晶硅和单晶锗。

本征半导体的原子结构与其他元素的原子结构一样，绕原子核旋转的电子是分层排布的，最外层的电子称为价电子。硅和锗的最外层都有 4 个价电子，称其为 4 价元素，当原子最外层达到 8 个价电子时，物质的结构最稳定。在硅和锗的原子中，除去价电子后的其余部分称为惯性核。硅和锗的原子均可表示为由一个带 4 个基本正电荷的惯性核和周围的 4 个价电子组成，硅（锗）原子结构简图如图 6-1 所示。

在本征半导体内部，每个原子与其相邻的 4 个原子利用共用电子对的方式，形成共价键结构，硅（锗）晶体共价键结构如图 6-2 所示。

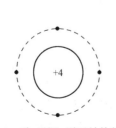

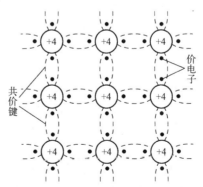

图 6-1　硅（锗）原子结构简图　　　图 6-2　硅（锗）晶体共价键结构

共价键中的价电子由于热运动而获得一定的能量，其中少数能够摆脱共价键的束缚而成为自由电子，同时必然在共价键中留下空位，称为空穴。空穴带正电，本征半导体中的自由电子和空穴如图 6-3 所示。

在一定的温度下，由于热运动转化为电子的动能，少数价电子由于热激发获得足够的能量从而挣脱共价键的束缚成为自由电子，在共价键中留下一个空穴。原子因失掉一个价电子而带正电，或者说空穴带正电。自由电子和空穴都是运载电荷的粒子，称为载流子。同时，自由电子在运动过程中也会填补空位，称为复合。在一定温度下，激发和复合处于动态平衡，在本征半导体中，自由电子与空穴是成对出现的，即自由电子与空穴数目相等。如图 6-3 所示。这样，若在本征半导体两端外加一电场，则一方面自由电子产生定向移动，形成电子电流；另一方面由于空穴的存在，价电子将沿一定的方向移动，形成空穴电流。

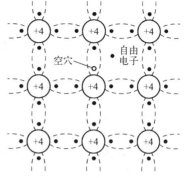

图 6-3　本征半导体中的自由电子和空穴

由于自由电子和空穴所带电荷极性不同，所以它们的运动方向相反，本征半导体中的电流是由电子电流和空穴电流两部分组成的。

导体导电只有一种载流子参与，即自由电子导电；而本征半导体有两种载流子，即自由电子和空穴均参与导电，这是半导体导电的特殊性质。

本征半导体受热或光照后产生电子空穴对的物理现象称为本征激发。由于常温下本征激发所产生的电子空穴对数目很少，所以本征半导体导电性能很差。当温度升高或光照增强时，本征半导体内原子运动加剧，本征激发的电子空穴对增多，与此同时，又使复合的机会相应增多，最后达到一个新的相对平衡，这时电子空穴对的数目自然比常温时多，所以电子空穴对的数目与温度或光照有着密切的关系。温度越高或光照越强，本征半导体内载流子数目越多，导电性能越好，这就是本征半导体的热敏性和光敏性。

本征半导体的导电能力会随温度或光照的变化而变化，但是它的导电能力是很弱的。如果在本征半导体中掺入其他微量元素（这些微量元素的原子称为杂质），就使半导体的导电能力大大加强，掺入的杂质越多，半导体的导电能力越强，这就是半导体的掺杂特性。

6.1.2　杂质半导体

在本征半导体中掺入微量的杂质就形成杂质半导体，根据掺入的元素的价电子不同，杂质半导体又分为 N 型半导体和 P 型半导体。

1. N 型半导体

在本征半导体硅（或锗）中，用特殊的工艺方法，有目的地掺入微量的 5 价元素，如磷（P）元素，就形成了 N 型半导体。

N 型半导体的晶体结构如图 6-4 所示。掺入的磷原子取代了晶格中某些硅原子，仍然与周围的 4 个硅原子利用共用电子对形成共价键结构。由于磷是 5 价元素，原子最外层有 5 个价电子。用 4 个价电子与周围的硅原子形成共价键结构后，还剩余一个价电子，该价电子受原子核的束缚很微弱，在一般温度下，均可脱离原子核的束缚而成为自由电子。磷原子失去一个价电子后，就成了带正电的离子，通常将其称为施主离子。综上所述，在本征半导体中，每掺入一个磷原子，就会产生一个自由电子和一个施主离子。

在 N 型半导体中，除了因掺杂产生的大量自由电子和相同数量的带正电的施主离子外，还有少量的、本征激发产生的电子空穴对。施主离子牢牢地束缚在晶格中，不能定向移动形成电流，所以它不是载流子。因此，在 N 型半导体中有两种载流子——自由电子和空穴，自由电子的数量多，被称为多数载流子，简称为多子；而空穴的数量少，故被称为少数载流子，简称为少子。N 型半导体中的载流子分布情况如图 6-5 所示。

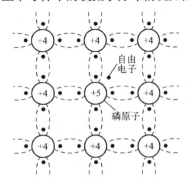
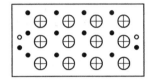

图 6-4　N 型半导体的晶体结构　　　　图 6-5　N 型半导体中的载流子分布情况

在外加电场作用下，N 型半导体中的载流子都能定向移动形成电流，所以 N 型半导体的导电性能大大好于本征半导体。N 型半导体主要是靠其中的多子——自由电子导电的，所以 N 型半导体又称为电子型半导体。

在 N 型半导体中，正电荷和负电荷的电量相等，所以 N 型半导体是电中性的。

2．P 型半导体

在本征半导体硅（或锗）中，用特殊的工艺方法，有目的地掺入微量的 3 价元素，如硼（B）元素，就形成了 P 型半导体。

硼是 3 价元素，当硼原子与周围的 4 个硅原子形成共价键结构时，尚缺少一个价电子，这样，就在共价键中产生了一个空位，这个空位就是空穴。由于空穴带正电，所以硼原子去除一个基本正电荷，就变成了带负电的离子，通常称为受主离子。P 型半导体的形成，P 型半导体的晶体结构如图 6-6 所示。

在本征半导体中，每加入一个硼原子，就会产生一个空穴和一个受主离子。在 P 型半导体中仍然有空穴和自由电子（本征激发产生的）两种载梳子。但是与 N 型半导体不同的是，P 型半导体主要靠多子——空穴导电。所以 P 型半导体又称为空穴型半导体。P 型半导体也是电中性的。P 型半导体中的载流子分布情况如图 6-7 所示。

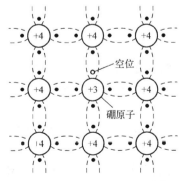
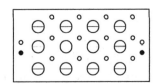

图 6-6　P 型半导体的晶体结构　　　　图 6-7　P 型半导体中的载流子分布情况

6.1.3 PN 结

1. PN 结的形成

如果采用特定的工艺方法，使一块半导体的一边形成 P 型半导体，另一边形成 N 型半导体，那么在 P 型和 N 型半导体分界面的附近就会形成一个具有特殊物理性质的区域。

在这个特殊区域的一侧是 P 型半导体，简称为 P 区；另一侧是 N 型半导体，简称为 N 区。单位体积（cm^3）半导体中含有的自由电子或空穴的数目，分别称为电子浓度或空穴浓度。显然，P 区的空穴浓度远大于 N 区的空穴浓度。而 N 区的电子浓度远大于 P 区的电子浓度。这样，空穴和自由电子都要从浓度高的地方向浓度低的地方运动（载流子由浓度高的地方向浓度低的地方的运动称为扩散），载流子的扩散如图 6-8 所示。

当 P 区的空穴扩散到 N 区后，便与 N 区的自由电子相遇复合掉了。同理，N 区的自由电子扩散到 P 区，又与 P 区的空穴复合了。这样，P 区一侧因为失去空穴而剩下受主离子，带负电；N 区一侧因为失去自由电子而剩下不能移动的施主离子，带正电。于是，形成了一个空间电荷区，产生了一个方向由 N 区指向 P 区的电场，通常称为内电场。内电场的作用，一是阻碍多子的扩散运动，二是有助于少子向对方运动。在内电场作用下，P 区的少子（自由电子）要向 N 区运动，N 区的少子（空穴）要向 P 区运动（如图 6-8）。少子的上述运动称为漂移。载流子的扩散和漂移是相反的运动。开始时空间电荷较少，内电场较弱，扩散运动占优势；随着扩散运动的进行，空间电荷区不断加宽，内电场不断加强，对多数载梳子扩散运动的阻力不断增大，但使少数载流子的漂移运动不断增强，最后扩散运动和漂移运动达到动态平衡。即在相同的时间内由 N 区扩散到 P 区的自由电子和由 P 区漂移到 N 区的自由电子数量相等，由 P 区扩散到 N 区的空穴和由 N 区漂移到 P 区的空穴数量相等。这时，空间电荷区的宽度相对稳定，这个稳定的空间电荷区就称为 PN 结，如图 6-9 所示。

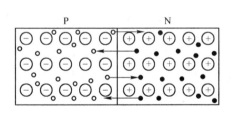

图 6-8　载流子的扩散

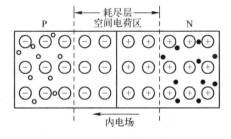

图 6-9　PN 结

2. PN 结的主要物理特性

1）在 PN 结中没有载流子，所以 PN 结又称为耗尽层。

2）PN 结有内电场，其方向由 N 区指向 P 区，即 PN 结的 N 区一侧电位高，P 区一侧电位低。PN 结两端的电压称为接触电压，其值约为零点几伏。内电场阻碍多子的扩散，所以 PN 结也称为阻挡层。

3）PN 结中，载流子的扩散运动和漂移运动达到动态平衡，所以在没有外加电场的条件下，流过 PN 结的电流为零。

值得指出的是，PN 结除了具有上述物理特性外，还有其他特性，其中最为重要的是 PN 结具有单向导电性。

3．PN 结的单向导电性

在 PN 结的 P 区接电源正极，N 区接电源负极，如图 6-10a 所示，这时称为给 PN 结加正向电压，也称为使 PN 结正向偏置，简称为正偏。由于正向电压产生的电场称为外电场，正偏时外电场方向与 PN 结的内电场方向相反，削弱了内电场。当外电场足够强时，综合电场的方向与外电场的方向相同。这样 P 区的多子空穴和 N 区的多子自由电子就会在上述综合电场的作用下向对方扩散，形成同一方向的电流，这种电流是由 P 区流向 N 区，即与外加电压的方向相同，故称为 PN 结导通了。显然，PN 结导通的条件是正偏。

另外，当 PN 结的 P 区接电源的负极，N 区接电源的正极时，如图 6-10b 所示，即给 PN 结外加反向电压，则称为 PN 结反向偏置，简称反偏。这时外加电场的方向与 PN 结内电场的方向相同，使得内电场加强，综合电场的方向与内电场方向相同。在这样的电场作用下，P 区和 N 区的多子不可能向对方扩散，而 P 区和 N 区的少子可能向对方漂移而形成同一方向的电流，该电流是由 N 区流向 P 区，方向与所加的反向电压方向相同，称为反向电流。但是，值得指出的是，由于 P 区和 N 区的少子数量很少，所以反向电流一定很小，常为几微安，通常略而不计，认为反向电流的值为零。若通过 PN 结的反向电流为零，则称 PN 结截止。可见，PN 结反偏截止。

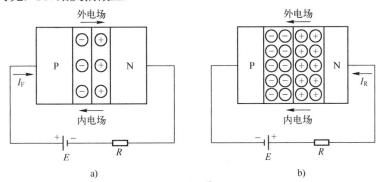

图 6-10　PN 结单向导电特性

a) PN 结正向偏置　b) PN 结反向偏置

综上所述，PN 结加正向电压时导通，加反向电压时截止，即 PN 结具有单向导电性。

思考与练习

1．什么是本征半导体？它的主要特性是什么？
2．什么是 P 型半导体？什么是 N 型半导体？它们是如何形成的？
3．什么是 PN 结的单向导电性？

6.2　半导体器件

6.2.1　半导体二极管

6.2.1　半导体
二极管

1．二极管的结构及特性

用管壳将一个 PN 结封装起来，并由 P 区和 N 区分别引出一条引线，就构成了一只二极管。由 P 区引出的引线，称为正极（也称为阳极）；由 N 区引出的引线，称为负极（也称为阴极）。二极管的结构如图 6-11a 所示，符号如图 6-11b 所示。

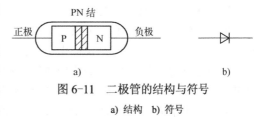

图 6-11 二极管的结构与符号
a) 结构 b) 符号

二极管内部有一个 PN 结，当二极管的正极接电源正极，负极接电源负极时，二极管正偏导通，有正向电流流过二极管。反之，当二极管正极接电源负极，负极接电源正极时，二极管反偏截止，没有电流流过二极管。二极管的单向导电性，也可以这样理解，即正偏时二极管的电阻很小，反偏时二极管的电阻极大。

二极管的单向导电性，可用下面的演示实验说明。当二极管正偏导通时，指示灯亮；当二极管反偏截止时，指示灯灭，二极管的单向导电性如图 6-12 所示。

2．二极管的伏安特性曲线

在二极管两端加电压，可以测得其电流。将电压和电流的关系绘制成函数图线，即可得到二极管的伏安特性曲线。

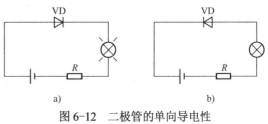

图 6-12 二极管的单向导电性
a) 正偏导通 b) 反偏截止

二极管正偏时的伏安特性曲线，称为正向特性曲线；二极管反偏时的伏安特性曲线，称为反向特性曲线。由实验得出，二极管的伏安特性曲线如图 6-13 所示。

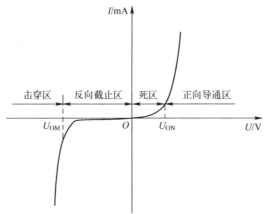

图 6-13 二极管的伏安特性曲线

（1）二极管的正向特性曲线

由正向特性曲线可以看到，当正向电压 U 较小时，由于外电场不足以克服 PN 结内电场对多子扩散运动所产生的阻力，二极管呈现的正向电阻较大，这时的正向电流很小，近似为零，称为死区。当二极管两端的正向电压达到某一数值（U_{ON}）以后，内电场大大被削弱，二极管正向电阻变得很小，正向电流增加很快，这时二极管导通。二极管导通以后，尽管正向电流在较大范围内变化，但二极管两端的正向电压变化很小，此电压称为正向导通电压（U_{ON}）。硅管的正向导通电压为 0.5～0.7V，锗管的正向导通电压为 0.1～0.3V。在近似计算中，对于硅管取 0.7V，对于锗管取 0.3V。

（2）二极管的反向特性曲线

当二极管反偏时，外加电场方向与内电场方向相同，内电场被加强，多子的扩散完全受阻，二极管呈现的反向电阻极大。多子扩散运动形成的正向电流为零，而少子漂移形成的反向电流很小，近似为零，这时二极管截止。但当反向电压增加到某一数值（U_{OM}）以后，反向电流会突然急剧增加，这种现象叫作二极管的反向击穿。电压 U_{OM} 称为二极管的反向击穿电压。在二极管的反向特性曲线中，电压小于 U_{OM} 的部分称为反向截止区，电压大于 U_{OM} 的部分称为反向击穿区。

3．主要技术参数

1）最大正向电流 I_F。I_F 指二极管长期工作时，允许通过的最大正向平均电流。使用时通过二极管的平均电流不能大于这个值，否则将导致二极管损坏。

2）最大反向工作电压 U_{RM}。U_{RM} 指正常工作时，二极管所能承受的反向电压的最大值。一般手册上给出的最高反向工作电压约为击穿电压的一半，以确保二极管安全运行。

3）最高工作率 f_M。f_M 指晶体二极管能保持良好工作性能条件下的最高工作频率。

4）反向饱和电流 I_S。I_S 指二极管未击穿时流过二极管的最大反向电流。反向饱和电流越小，二极管的单向导电性能越好。

4．二极管的应用

（1）限幅电路

限幅电路也称为削波电路，它是一种能把输入电压的变化范围加以限制的电路，常用于波形变换和整形。

通常，将输出电压 u_o 开始不变的电压阈值称为限幅电平。当输入电压高于限幅电平时，输出电压保持不变的限幅称为上限幅。当输入电压低于限幅电平时，输出电压保持不变的限幅称为下限幅。

上限幅电路如图 6-14a 所示。当 $u_i \geqslant 2.7V$ 时，二极管 VD 导通，$u_o =2.7V$，即将 u_o 的最大电压限制为 2.7V；当 $u_i < 2.7V$ 时，二极管 VD 截止，二极管支路开路，$u_o = u_i$。图 6-14b 画出了输入-5V 的正弦波时，该电路的输出波形。

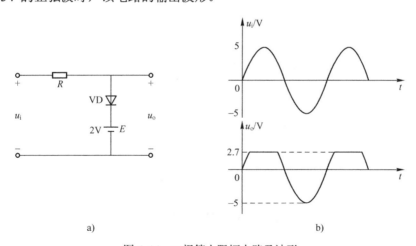

　　　　　a)　　　　　　　　　　　　　　　　　　　b)

图 6-14　二极管上限幅电路及波形

a) 电路　b) 输入和输出波形关系

（2）二极管整流电路

把交流电变为直流电称为整流。一个简单的二极管半波整流电路如图 6-15a 所示。若二极管为理想二极管，当输入一正弦波时，由图可知：正半周时，二极管导通（相当于开关闭合），

$u_o=u_i$；负半周时，二极管截止（相当于开关打开），$u_o=0$。其输入和输出波形见图 6-15b。整流电路可用于信号检测，也是直流电源的一个组成部分。

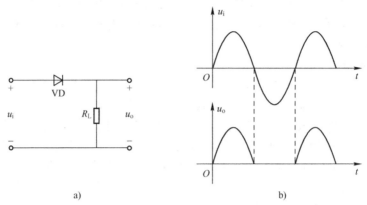

a)　　　　　　　　　　　　b)

图 6-15　二极管半波整流电路及波形

a) 电路　b) 输入和输出波形关系

6.2.2　特殊二极管

1. 稳压二极管

稳压二极管是一种用特殊工艺制作的半导体二极管。稳压二极管伏安特性及符号如图 6-16所示。从特性曲线可以看出，其正向特性与普通二极管相似，而反向击穿特性曲线很陡，即电流在很大范围内变化，而电压基本保持恒定，说明它具有稳压特性。

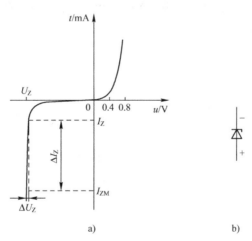

a)　　　　　　　　　　　b)

图 6-16　稳压二极管伏安特性及符号

a) 稳压二极管伏安特性　b) 符号

稳压二极管的稳定电压就是其反向击穿电压。由于采用特殊制造工艺，稳压二极管并不因击穿而损坏。但如果反向电流过大，超过允许的最大值，管子也会产生不可逆的热击穿，稳压二极管就烧坏了。因此，稳压二极管在使用时，必须串联一个限流电阻。

稳压二极管的主要参数如下所述。

1）稳定电压 U_z。指稳压二极管反向击穿后稳定工作的电压。稳定电压是选择稳压二极管的主要依据之一。

2）稳定电流 I_z。指工作电压等于稳定电压时的电流。

3）动态电阻 r_z。在稳定工作范围内，稳压二极管两端电压的变化量与相应电流的变化量之比，即

$$r_z = \frac{\Delta U_z}{\Delta U_z}$$

稳压二极管的动态电阻值越小越好。

4）额定功率 P_z。指在稳压管允许结温下的最大功率损耗。额定功率取决于稳压二极管允许的温升。

2．发光二极管

发光二极管是一种能把电能转换成光能的特殊器件。这种二极管不仅具有普通二极管的正、反向特性，而且当给二极管施加正向偏压时，二极管还会发出可见光和不可见光（即电致发光）。目前应用的有红、黄、绿、蓝、紫等颜色的发光二极管。此外，还有变色发光二极管，即当通过二极管的电流改变时，发光颜色也随之改变。图 6-17a 所示为发光二极管的图形符号。

发光二极管常用来作为显示器件，除单个使用外，也常做成七段式或矩阵式器件。发光二极管的另一个重要的用途是将电信号变为光信号，通过光缆传输，然后再用光电二极管接收，再现电信号。图 6-17b 所示为发光二极管发射电路通过光缆驱动的光电二极管电路。在发射端，一个 0～5V 的脉冲信号通过 500Ω 的电阻作用于发光二极管（LED），这个驱动电路可使 LED 产生一数字光信号，并作用于光缆。由 LED 发出的光约有 20% 耦合到光缆。在接收端，约有 80% 传送的光耦合到光电二极管，以致在接收电路的输出端复原为 0～5V 电压的脉冲信号。

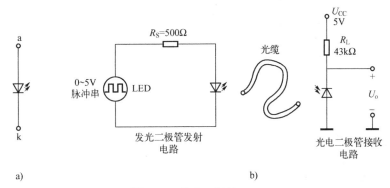

图 6-17　发光二极管

a) 图形符号　b) 光电传输系统

3．光电二极管

光电二极管的结构与普通二极管的结构基本相同，只是在它的 PN 结处，通过管壳上的一个玻璃窗口能接收外部的光照。光电二极管的 PN 结在反向偏置状态下运行，其反向电流随光照强度的增加而上升。图 6-18a 是光电二极管的图形符号，图 6-18b 是它的等效电路，而图 6-18c 是它的特性曲线。光电二极管的主要特点是其反向电流与光照度成正比。

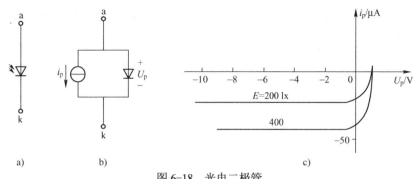

图 6-18 光电二极管

a) 图形符号 b) 等效电路 c) 特性曲线

6.2.3 半导体晶体管

6.2.3 半导体晶体管

1. 晶体管的结构、分类

半导体晶体管是组成各电子电路的核心器件，是由两个 PN 结、三个电极构成的，又称为双极型晶体管。

晶体管的种类很多，按照工作频率的不同，可分为高频管和低频管；按照功率的不同，可分为小功率管和大功率管；按照半导体材料的不同，分为硅管和锗管；无论采用何种材料，按照晶体管的结构不同，都可分为 NPN 型和 PNP 型两种类型，晶体管的组成及符号如图 6-19 所示。

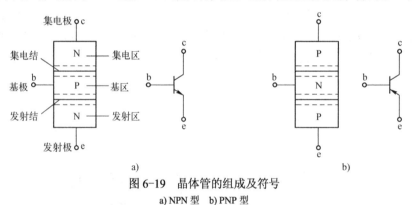

图 6-19 晶体管的组成及符号

a) NPN 型 b) PNP 型

不论是 NPN 型还是 PNP 型晶体管，都有三个区：发射区、基区和集电区。分别从三个区引出三个电极：发射极、基极和集电极。两个 PN 结分别是发射区与基区的发射结和集电区与基区的集电结。箭头方向表示发射结加正向电压时的电流方向。

为使晶体管具有电流放大作用，在制造过程中必须满足实现放大的内部结构条件，即：

1）发射区掺杂浓度远大于基区的掺杂浓度，以便于有足够的载流子供"发射"。

2）基区很薄，掺杂浓度很低，以减少载流子在基区的复合机会，这是晶体管具有放大作用的关键所在。

3）集电区比发射区体积大且掺杂少，以利于收集载流子。

由此可见，晶体管并非两个 PN 结的简单组合，所以不能用两个二极管来代替；在放大电路中也不可将发射极和集电极对调使用。

2．晶体管的电流分配和放大作用

（1）晶体管的工作电压

晶体管要实现放大作用必须满足的外部条件：发射结加正向电压，集电结加反向电压，即发射结正偏，集电结反偏，晶体管电源的接法如图 6-20 所示，其中 VT 为晶体管，U_{CC} 为集电极电源电压，U_{BB} 为基极电源电压，两类晶体管外部电路所接电源极性正好相反，R_b 为基极电阻，R_c 为集电极电阻。若以发射极电压为参考电压，则晶体管发射结正偏，集电结反偏这个外部条件也可用电压关系来表示：对于 NPN 型，$U_C > U_B > U_E$；对于 PNP 型，$U_E > U_B > U_C$。

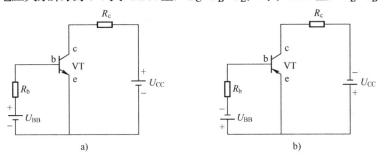

图 6-20　晶体管电源的接法

a) NPN 型　b) PNP 型

（2）电流放大原理

为了分析晶体管的电流分配和放大作用，下面以 NPN 型晶体管实验为例讨论，所得结论同样适用于 PNP 型晶体管。

晶体管放大作用实验电路如图 6-21 所示。若使晶体管工作在放大状态，必须满足一定的外部条件：加电源电压 U_{BB}，使发射结正偏，而电源电压 $U_{CC} > U_{BB}$，保证集电结反偏。

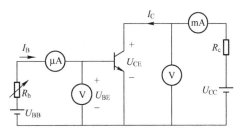

图 6-21　晶体管放大作用实验电路

改变电阻 R_b，则基极电流 I_B、集电极电流 I_C 和发射极电流 I_E 都会发生变化。通过实验数据可得出如下结论：

1）$I_E = I_B + I_C$，晶体管三个电流之间的关系符合基尔霍夫定律。

2）$I_C \approx I_E$。I_B 虽然很小，但对 I_C 有控制作用，I_C 随 I_B 的变化而变化。两者在一定范围内保持比例关系，即 $\beta = I_C / I_B$，即基极电流较小的变化可以引起集电极电流较大的变化。这表明基极电流对集电极具有小量控制大量的作用，这就是晶体管的放大作用。

3．晶体管的特性曲线

晶体管的特性曲线反映了晶体管各极电压与电流之间的关系，是分析和设计晶体管各种电路的重要依据。由于晶体管有三个电极，因此，要用两种特性曲线来表示，即输入特性曲线和输出特性曲线。

（1）共发射极输入特性曲线

共发射极输入特性曲线是以 U_{CE} 为参变量时，I_B 与 U_{BE} 间的关系曲线，其输入特性曲线如图 6-22 所示。

1）当 $U_{CE} = 0V$ 时，从输入端看，相当于两个 PN 结并联且正向偏置，此时的特性曲线类似于二极管的正向伏安特性曲线。

2）当 $U_{CE} \geqslant 1V$ 时，从图中可见，$U_{CE} \geqslant 1V$ 的曲线比 $U_{CE}=0$ 时的曲线稍向右移，不同的 U_{CE} 有不同的输入特性曲线，但当 $U_{CE} \geqslant 1V$ 以后，曲线基本保持不变。

（2）共发射极输出特性曲线

共发射极输出特性曲线是 I_B 为参变量时，I_C 与 U_{CE} 间的关系曲线，其输出特性曲线如图 6-23 所示。

固定一个 I_B 值，可得到一条输出特性曲线，改变 I_B 值，可得到一族输出特性曲线，由图可见，输出特性可以划分为放大、饱和、截止三个区域，对应于三种工作状态。

1）放大区。当 $U_{CE} > 1V$ 以后，晶体管的集电极电流 I_C 与基极电流 I_B 成正比而与 U_{CE} 关系不大。所以输出特性曲线几乎与横轴平行，当 I_B 一定时，I_C 的值基本不随 U_{CE} 变化，具有恒流特性。I_B 等量增加时，输出特性曲线等间隔地平行上移。这个区域的工作特点是发射结正向偏置，集电结反向偏置，$I_C \approx \beta I_B$。由于工作在这一区域的晶体管具有放大作用，因而把该区域称为放大区。

由图 6-23 可以看出，基极电流对集电极电流有很强的控制作用，当 I_B 有很小的变化量 ΔI_B 时，I_C 就会有很大的变化量 ΔI_C。

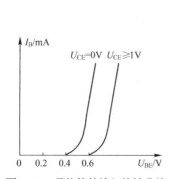

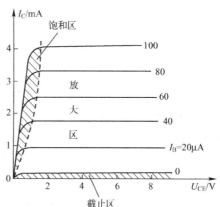

图 6-22 晶体管的输入特性曲线　　　　图 6-23 共发射极输出特性曲线

为此，可用共发射极交流电流放大系数来表示这种控制能力。

$$I_B = f(U_{BE})\big|_{U_{CE}=常数}$$

2）饱和区。发射结和集电结均处于正偏的区域为饱和区。通常把 $U_{CE}=U_{BB}$（即集电结零偏）的情况称为临界饱和，对应点的轨迹为临界饱和线。当 $U_{CE}<U_{BB}$ 时，I_C 与 I_B 不成比例，它随 U_{CE} 的增加而迅速上升。此时，晶体管工作在饱和状态。晶体管的集电极、发射极间呈现低电阻，相当于开关闭合。

3）截止区。发射结和集电结均处于反偏的区域为截止区。在特性曲线上，通常把 $I_B=0$ 输出特性曲线以下的区域称为截止区。此时因不满足放大条件所以没有电流放大作用，各电极电流几乎全为零，相当于晶体管内部各极开路，即相当于开关断开。

4. 晶体管的主要参数

晶体管的参数是表征管子性能和安全运用范围的物理量，是正确使用和合理选择晶体管的依据。下面介绍晶体管的几个主要的参数。

（1）电流放大系数

电流放大系数的大小反映了晶体管放大能力的强弱。

1）共发射极交流电流放大系数 β。β 指集电极电流变化量与基极电流变化量之比，其大小体现了共射接法时，晶体管的放大能力。即

$$\beta = \frac{\Delta I_C}{\Delta I_B}\bigg|_{U_{CE}=常数} \tag{6-1}$$

2）共发射极直流电流放大系数 $\overline{\beta}$。$\overline{\beta}$ 为晶体管集电极电流与基极电流之比，即

$$\overline{\beta} = \frac{I_C}{I_B} \tag{6-2}$$

因 $\overline{\beta}$ 与 β 的值几乎相等，故在应用中不再区分，均用 β 表示。

（2）极间反向电流

1）集电极-基极间的反向电流 I_{CBO}。I_{CBO} 是指发射极开路时，集电极-基极间的反向电流，也称为集电结反向饱和电流。温度升高时，I_{CBO} 急剧增大，温度每升高 $10{}^{\circ}C$，I_{CBO} 增大一倍。选管时应选 I_{CBO} 小且 I_{CBO} 受温度影响小的晶体管。

2）集电极-发射极间的反向电流 I_{CEO}。I_{CEO} 是指基极开路时，集电极-发射极间的反向电流，也称为集电结穿透电流。它反映了晶体管的稳定性，其值越小，受温度影响也越小，晶体管的工作就越稳定。

（3）极限参数

晶体管的极限参数是指在使用时不得超过的极限值，以此保证晶体管的安全工作。

1）集电极最大允许电流 I_{CM}。集电极电流 I_C 过大时，β 将明显下降，I_{CM} 为 β 下降到规定允许值（一般为额定值的 $1/2 \sim 2/3$ 时）的集电极电流。使用中，若 $I_C > I_{CM}$，晶体管不一定会损坏，但 β 明显下降。

2）集电极最大允许功率损耗 P_{CM}。晶体管工作时，U_{CE} 的大部分降在集电结上，因此集电极功率损耗 $P_C = U_{CE}I_C$，近似为集电结功耗，它将使集电结温度升高而使晶体管发热致使晶体管损坏。工作时的 P_C 必须小于 P_{CM}。

3）反向击穿电压 $U_{(BR)CEO}$。$U_{(BR)CEO}$ 为基极开路时集电结不致击穿，施加在集电极-发射极之间允许的最高反向电压。

根据三个极限参数 I_{CM}、P_{CM}、$U_{(BR)CEO}$ 可以确定晶体管的安全工作区，晶体管的安全工作区如图 6-24 所示。晶体管工作时必须保证工作在安全区内，并留有一定的余量。

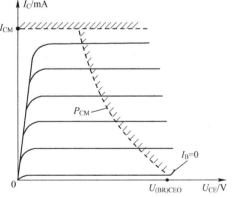

图 6-24　晶体管的安全工作区

6.2.4　场效应晶体管

场效应晶体管（Field Effect Transistor，FET）是利用输入电压产生的电场效应来控制输出电流的，所以又称之为电压控制型器件。它工作时只有一种载流子（多数载流子）参与导电，故也叫单极型半导体晶体管。因它具有很高的输入电阻，能满足高内阻信号源对放大电路的要求，所以是较理想的前置输入级器件。它还具有热稳定性好、功耗低、噪声低、制造工艺简单、便于集成等优点，因而得到了广泛的应用。

根据结构不同，场效应晶体管可以分为结型场效应晶体管（JFET）和绝缘栅型场效应晶

体管（IGFET）或称 MOS 型场效应晶体管两大类。根据场效应管制造工艺和材料的不同，又可分为 N 沟道场效应晶体管和 P 沟道场效应晶体管。下面简单介绍绝缘栅型场效应晶体管（简称 MOS 管）。

1．场效应晶体管的结构

（1）N 沟道增强型 MOS 管的结构

如图 6-25a 所示，N 沟道增强型 MOS 管基本上是一种左右对称的结构，它是在 P 型硅半导体上生成一层 SiO₂ 绝缘层，然后用光刻工艺扩散两个高掺杂的 N 型区，从 N 型区引出漏极 D 和源极 S 两个电极。在漏极和源极之间的绝缘层上镀一层金属铝作为栅极 G。P 型半导体称为衬底，用符号 B 表示。

可以看出，栅极与其他电极之间是绝缘的，工作时，漏极与源极之间形成导电沟道，称为 N 沟道。如图 6-25b 所示为 N 沟道增强型 MOS 管符号，其箭头方向由 P（衬底）指向 N（导电沟道）；若箭头方向由 N（导电沟道）指向 P（衬底），则为 P 沟道增强型 MOS 管符号，如图 6-25c 所示。

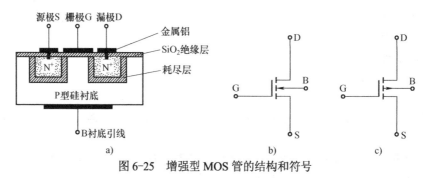

图 6-25　增强型 MOS 管的结构和符号

a) N 沟道增强型 MOS 管结构　b) N 沟道增强型 MOS 管符号　c) P 沟道增强型 MOS 管符号

（2）N 沟道耗尽型 MOS 管的结构

N 沟道耗尽型 MOS 管的结构如图 6-26a 所示。它也是在 P 型硅衬底上形成一层 SiO₂ 绝缘层，与增强型所不同的是，它在 SiO₂ 绝缘层中掺有大量的正离子，不需要外电场作用，这些正离子所产生的电场也能在 P 型硅衬底与绝缘层的交界面上感应出大量或足够多的电子，形成 N 型导电沟道。N 沟道耗尽型 MOS 管符号如图 6-26b 所示，P 沟道耗尽型 MOS 管符号如图 6-26c 所示。

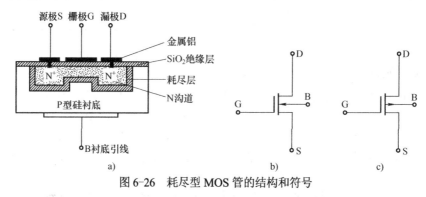

图 6-26　耗尽型 MOS 管的结构和符号

a) N 沟道耗尽型 MOS 管结构　b) N 沟道耗尽型 MOS 管符号　c) P 沟道耗尽型 MOS 管符号

2．MOS 管的工作原理

（1）N 沟道增强型 MOS 管的工作原理

1）栅源电压 U_{GS} 的控制作用。

当 $U_{GS}=0$ 时，漏源之间相当于两个背靠背的二极管，在 D、S 之间加上电压，不管极性如何，总有一个 PN 结反向，所以不存在导电沟道，不会形成漏极电流 I_D。

当 $0<U_{GS}<U_{GS(th)}$（$U_{GS(th)}$ 称为开启电压）时，即栅极有一定的较小电压时，通过栅极和衬底间的电容作用，在靠近栅极下方，P 型半导体中的空穴将会被向下排斥，从而出现一薄层电子的耗尽层。耗尽层中的电子将向表层运动，但数量有限，不足以形成沟道，将漏极和源极沟通，所以漏极电流 I_D 仍为零。

当 $U_{GS}>U_{GS(th)}$ 时，栅极电压较强，在靠近栅极下方的 P 型半导体表层中聚集了较多的电子，可以形成沟道，将漏极和源极沟通。如果此时加有漏源电压 U_{DS}，就可以形成漏极电流 I_D。栅极下方的导电沟道，因其载流子（电子）与 P 型区载流子（空穴）的极性相反，所以又称为反型层。随 U_{GS} 的继续增加，导电沟道变宽，沟道电阻变小，I_D 将不断增加。

2）漏源电压 U_{DS} 对漏极电流 I_D 的控制作用。

当 $U_{GS}>U_{GS(th)}$，且为某一固定值时，在漏极和源极之间加上正电压 U_{DS}，会有 I_D 形成。如图 6-27 所示为不同的漏源电压 U_{DS} 对沟道的影响。根据此图可得如下关系：

$$U_{DS} = U_{DG}+U_{GS} = -U_{GD}+U_{GS}$$
$$U_{GD} = U_{GS} - U_{DS} \tag{6-3}$$

在 U_{DS} 为 0 或较小时，沟道电阻一定，I_D 随 U_{DS} 的增大而线性增大。

当 U_{DS} 较大，且 $U_{GD}>U_{GS(th)}$ 时，靠近漏极的耗尽层变宽，沟道变窄，出现楔形，沟道电阻增大，I_D 增大缓慢。

当 U_{DS} 继续增大到使 $U_{GD}=U_{GS(th)}$ 时，沟道在漏极出现预夹断。若 U_{DS} 继续增大，沟道的夹断区将逐渐延长，增大部分的 U_{DS} 都降在夹断区上，I_D 趋于饱和，不再随 U_{DS} 增大。

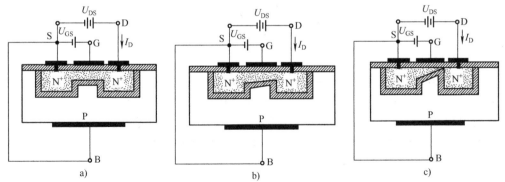

图 6-27　漏源电压 U_{DS} 对沟道的影响

a）$U_{DS}\approx0$　b）$U_{GD}>U_{GS(th)}$　c）$U_{GD}=U_{GS(th)}$

（2）N 沟道耗尽型 MOS 管的工作原理

由于耗尽型 MOS 管自身能形成导电沟道，所以只要有 U_{DS} 存在，就会有 I_D 产生。如果加上正向电压 U_{GS}，则吸引到反型层中的电子增加，沟道加宽，I_D 增大。如果加上反向电压 U_{GS}，则此电场将会削弱原来绝缘层中正离子的电场，使吸引到反型层中的电子减少，沟道变窄，I_D 减小。若负 U_{GS} 达到某一值，则沟道中的电荷将耗尽，反型层消失，MOS 管截止，此时的值称为夹断电压 $U_{GS(off)}$。

P 沟道 MOS 管的工作原理与 N 沟道 MOS 管完全相同，只不过导电的载流子不同，供电电压的极性不同而已。

3. MOS 管的特性曲线

（1）N 沟道增强型 MOS 管的特性曲线

MOS 管的特性曲线包括转移特性曲线和输出特性曲线。如图 6-28 所示为 N 沟道增强型 MOS 管的特性曲线。

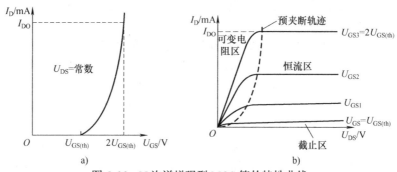

图 6-28　N 沟道增强型 MOS 管的特性曲线

a) 转移特性曲线　b) 输出特性曲线

1）转移特性曲线。

转移特性曲线又称为输入特性曲线，是指漏极电压 U_{DS} 一定时，漏极电流 I_D 与栅极电压 U_{GS} 之间的关系曲线 $I_D=f(U_{GS})$。

转移特性曲线的斜率 g_m 的大小反映了栅极电压 U_{GS} 对漏极电流 I_D 的控制作用。g_m 的量纲为 mA/V，所以，g_m 又称为跨导，其定义为

$$g_m = \frac{\Delta I_D}{\Delta U_{GS}} \quad (U_{DS} 为常数) \tag{6-4}$$

2）输出特性曲线。

输出特性曲线是指栅源电压 U_{GS} 一定时，漏极电流 I_D 与漏极电压 U_{DS} 之间的关系曲线 $I_D=f(U_{DS})$。它可分为三个区：可变电阻区、恒流区和截止区。

可变电阻区是输出特性曲线的最左侧部分。在这个区域，U_{DS} 较小，沟道尚未夹断，I_D 随 U_{DS} 的增大而线性增大，此时，MOS 管近似为一个线性电阻。当 U_{GS} 不同时，直线的斜率不同，相当于电阻的阻值不同，所以这个区域称为可变电阻区。

恒流区又称为线性放大区，是输出特性曲线的中间部分。在这个区域，沟道预夹断，I_D 基本上不随 U_{DS} 发生变化，只受 U_{GS} 的控制。当组成 MOS 管放大电路时，应使其工作在该区域。

截止区又称为夹断区，是输出特性曲线下面靠近横坐标的部分。在这个区域，沟道完全夹断，$I_D=0$。

（2）N 沟道耗尽型 MOS 管的特性曲线

N 沟道耗尽型 MOS 管的特性曲线如图 6-29 所示。耗尽型 MOS 管工作时，其栅源电压 U_{GS} 可以为零，也可以取正值或负值，在应用中有较大的灵活性。U_{DS} 为一定值，$U_{GS}=0$ 时，对应的漏极电流称为饱和漏极电流 I_{DSS}。

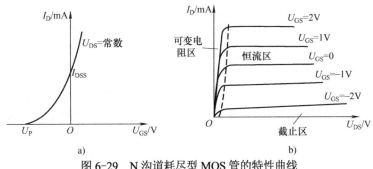

图 6-29　N 沟道耗尽型 MOS 管的特性曲线

a) 转移特性曲线　b) 输出特性曲线

4. 使用 MOS 管时的注意事项

1）由于 MOS 管栅源之间的电阻很高，极间电容很小，栅极的感应电荷不易泄放，因此电荷的累积会产生瞬时的高压而使绝缘栅极击穿。所以保存 MOS 管时应使三个电极短接，避免栅极悬空。焊接时，电烙铁的金属外壳应有良好的接地，或烧热电烙铁后切断电源再焊。测试 MOS 管时，应先接好线路再去除电极之间的短接，测试结束后应先短接各电极。测试仪器应有良好的接地。

2）有些 MOS 管将衬底引出，故有 4 个引脚，这种 MOS 管漏极与源极可互换使用。但多数 MOS 管在内部已将衬底与源极接在一起，只引出三个电极，这种 MOS 管的漏极与源极不能互换。

思考与练习

1. 简述二极管的导电特性。
2. 稳压二极管为什么能稳压？
3. 简述晶体管输入和输出特性的主要特点。
4. 简述晶体管处于放大、饱和和截止工作状态的特点。
5. 使用 MOS 管时应注意哪些事项？

6.3　基本放大电路

在电子设备中，经常要把微弱的电信号放大，以便推动执行元器件工作。晶体管组成的基本放大电路是电子设备中应用最为广泛的单元电路，也是分析其他复杂电子电路的基础。

基本放大器通常是指由一个晶体管构成的单极放大器。根据输入、输出回路公共端所接的电极不同，有共射极、共集电极和共基极三种基本放大器。

6.3.1　共射极放大电路

6.3.1　共射极
放大电路

1. 电路组成及作用

共射极放大电路如图 6-30 所示。图 6-30 中采用 NPN 型硅管，是放大电路的核心，具有电流放大作用，在放大工作状态。

图 6-30 中基极电阻 R_b 又称为偏置电阻，它和电源 U_{CC} 一起给基极提供一个合适的基极

直流电压，使晶体管能工作在特性曲线的放大区域。

图 6-30 中 R_c 为集电极偏置电阻，当晶体管的集电极电流受基极电流控制而发生变化时，R_c 上电压产生变化，从而引起 U_{CE} 的变化，这个变化的电压就是输出电压 U_o。

图 6-30 中耦合电容 C_1 和 C_2 起到一个"隔直通交"的作用，它把信号源与放大电路之间、放大电路与负载之间的直流隔开。输入回路、输出回路右边只有交流而无直流，放大器晶体管有直流和交流信号。耦合电容一般多采用电解电容，在使用时，应注意其极性与加在其两端的工作电压极性相一致，即电解电容正极接高电位，负极接低电位。

2. 电路分析

任何放大电路都是由直流通路和交流通路两部分组成的。直流通路的作用是为晶体管处在放大状态提供发射结正向偏压和集电结反向偏压，即为静态工作情况。交流通路的作用是把交流信号输入放大后输出，由具有"隔直通交"功能的电容器和变压器等元器件完成。

当 $U_i=0$ 时，放大电路中没有交流信号，只有直流成分，称为静态工作状态，可用直流通路进行分析，直流通路如图 6-31 所示，这时耦合电容 C_1、C_2 视为开路。其中基极电流 I_B、集电极电流 I_C、集电极与发射极间电压 U_{CE} 为直流成分，可用 I_{BQ}、I_{CQ}、U_{CEQ} 表示。它们在晶体管特性曲线上可确定一个点，称为静态工作点，用 Q 表示，静态工作点如图 6-32 所示。

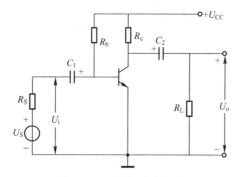

图 6-30　共射极放大电路

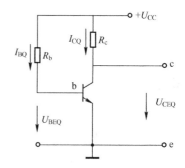

图 6-31　直流通路

输入端加上正弦交流信号电压 u_i 时，放大电路的工作状态称为动态。这时电路中既有直流成分，又有交流成分，各极的电流和电压都是在静态值的基础上再叠加交流分量。

在分析电路动态性能时，一般只关心电路中的交流成分，这时用交流通路来研究交流量及放大电路的动态性能。所谓交流通路，就是交流电流流通的途径，在画图时遵循两条原则：①将原理图中的耦合电容 C_1、C_2 视为短路；②电源 U_{CC} 的内阻很小，对交流信号视为短路，交流通路如图 6-33 所示。

3. 共射基本放大电路静态工作点估算方法

共射基本放大电路的静态分析，是指根据直流通路求解电压、电流和元器件参数之间的关系。在图 6-31 所示的直流偏置电路中，直流通路有两个回路，一是由电源-基极-发射极组成，此回路中通常 U_{BE} 为已知值，硅管取 0.7V 锗管取 0.3V。另一个回路由电源-集电极-发射极组成。

由图 6-31 可以求出固定偏置电阻共发射极放大电路的静态工作点为

$$I_{BQ}=\frac{U_{CC}-U_{BEQ}}{R_b} \tag{6-5}$$

$$I_{CQ} = \beta I_{BQ} \qquad\qquad\qquad (6\text{-}6)$$

$$U_{CEQ} = U_{CC} - I_{CQ}R_C \qquad\qquad (6\text{-}7)$$

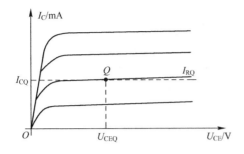

图 6-32　静态工作点　　　　　　　　　图 6-33　交流通路

设置静态工作点的目的是给晶体管的发射结预先加上适当的正向电压，即预先给基极提供一定的偏流以保证在输入信号的整个周期中，放大电路都工作在放大状态，避免信号在放大过程中产生失真。

【例 6-1】　已知图 6-30 中，$U_{CC}=10\text{V}$、$R_b=250\text{k}\Omega$、$R_c=3\text{k}\Omega$，硅材料晶体管的 $\beta=50$，试求该放大电路的静态工作点 Q。

解：电路的直流通路如图 6-31 所示，所以电路的静态工作点为

$$I_{BQ} = \frac{U_{CC} - U_{BEQ}}{R_b} = \frac{10 - 0.7}{250 \times 10^3}\text{A} = 37.2\mu\text{A}$$

$$I_{CQ} = \beta I_{BQ} = 50 \times 37.2\mu\text{A} = 1.86\text{mA}$$

$$U_{CEQ} = U_{CC} - I_{CQ}R_c = (10 - 1.86 \times 3)\text{V} = 4.42\text{V}$$

4. 微变等效电路法分析交流性能

当放大电路工作在小信号范围内时，可利用微变等效电路来分析放大电路的动态指标，即输入电阻 r_i、输出电阻 r_o 和电压放大倍数 A_u。

（1）晶体管的微变等效电路

晶体管是非线性器件，在一定的条件（输入信号幅度小，即微变）下，可以把晶体管看成一个线性器件，用一个等效的线性电路来代替它，从而把放大电路转换成等效的线性电路，使电路的动态分析和计算大大简化。

首先，从晶体管的输入与输出特性曲线入手来分析其线性电路。由输入特性曲线可以看出，当输入信号很小时，在静态工作点 Q 附近的曲线可以认为是直线，如图 6-34a 所示。这表明在微小的动态范围内，基极电流 Δi_B 与发射结电压 Δu_{BE} 成正比，为线性关系。

因而可将晶体管输入端（即基极与发射极之间）等效为一个电阻 r_{be}。

$$r_{be} = \frac{\Delta u_{BE}}{\Delta i_B}$$

常用下式估算

$$r_{be} \approx 300 + (1+\beta)\frac{26\text{mV}}{I_{EQ}\text{mA}} \qquad (6\text{-}8)$$

式中，I_{EQ} 是发射极电流的静态值，单位为 mA。一般小功率晶体管在 I_{EQ} 为 1mA 时，其 r_{be} 约为 1kΩ。

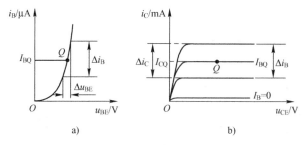

图 6-34 从晶体管特性曲线求 r_{be}、β

a) 求 r_{be} b) 求 β

图 6-34b 所示是晶体管的输出特性曲线，在线性工作区是一组近似等距离的平行直线。这表明集电极电流 i_C 的大小与集电极电压 u_{CE} 的变化无关，这就是晶体管的恒流特性；i_C 的大小仅取决于 i_B 的大小，这就是晶体管的电流放大特性。由这两个特性，可以将 i_C 等效为一个受 i_B 控制的恒流源，$i_C=\beta i_B$。

所以，晶体管的集电极与发射极之间可用一个受控恒流源代替。因此，晶体管电路可等效为一个由输入电阻和受控恒流源组成的线性简化电路，晶体管等效电路模型如图 6-35 所示。但应当指出，在这个等效电路中，忽略了 u_{CE} 对 i_C 及输入特性的影响，所以又称为晶体管简化的微变等效电路。

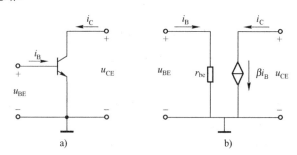

图 6-35 晶体管等效电路模型

a) 交流通路 b) 微变等效电路

（2）微变等效电路法分析

1）先画出放大电路的交流通路，再用简化的微变等效电路代替其中的晶体管，标出电压的极性和电流的方向，就得到放大电路的微变等效电路，共射电路的微变等效电路如图 6-36 所示。

2）输入电阻 r_i。显而易见，放大电路是信号源的一个负载，这个负载电阻就是从放大器输入端看进去的等效电阻。从图 6-36 所示电路可知

$$r_i = \frac{u_i}{i_i} = R_b // r_{be} \tag{6-9}$$

3）输出电阻 r_o。对负载电阻 R_L 来说，放大器相当于一个信号源。放大电路的输出电阻就是从放大电路的输出端看进去的交流等效电阻。从图 6-36 所示电路可知，放大电路接上

负载后要向负载（后级）提供能量，所以，可将放大电路看作是一个具有一定内阻的信号源，这个信号源的内阻就是放大电路的输出电阻。

$$r_{\mathrm{o}} = \frac{u_{\mathrm{o}}}{i_{\mathrm{o}}} = R_{\mathrm{c}} \qquad\qquad (6\text{-}10)$$

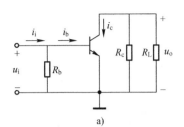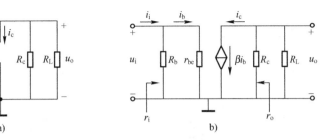

图 6-36　共射电路的微变等效电路

a) 交流通路　b) 微变等效电路

4）电压放大倍数 A_{u}。A_{u} 定义为放大器输出电压 u_{o} 与输入电压 u_{i} 之比，是衡量放大电路电压放大能力的指标。即

$$A_{\mathrm{u}} = \frac{u_{\mathrm{o}}}{u_{\mathrm{i}}}$$

如图 6-35 所示，有

$$A_{\mathrm{u}} = -\frac{i_{\mathrm{C}}(R_{\mathrm{c}} /\!/ R_{\mathrm{L}})}{i_{\mathrm{b}} r_{\mathrm{be}}} = -\frac{\beta(R_{\mathrm{c}} /\!/ R_{\mathrm{L}})}{r_{\mathrm{be}}} = -\frac{\beta R_{\mathrm{L}}'}{r_{\mathrm{be}}} \qquad\qquad (6\text{-}11)$$

式中，$R_{\mathrm{L}}' = R_{\mathrm{c}} /\!/ R_{\mathrm{L}}$，负号表示输出电压与输入电压的相位相反。当不接负载 R_{L} 时，电压放大倍数为

$$A_{\mathrm{u}} = -\frac{\beta R_{\mathrm{c}}}{r_{\mathrm{be}}} \qquad\qquad (6\text{-}12)$$

由式（6-12）可知，接上负载 R_{L} 后，电压放大倍数 A_{u} 将有所下降。

【例 6-2】　在图 6-37 所示的电路中，$\beta = 50$，$U_{\mathrm{BE}} = 0.7\mathrm{V}$，试求：

1）静态工作点参数 I_{BQ}、I_{CQ}、U_{CEQ} 值。

2）计算动态指标 r_{i}、r_{o}、A_{u}。

解：1）静态工作点参数 I_{BQ}、I_{CQ}、U_{CEQ} 值。

$$I_{\mathrm{BQ}} = \frac{U_{\mathrm{CC}} - U_{\mathrm{BEQ}}}{R_{\mathrm{B}}} = \frac{12 - 0.7}{280 \times 10^{3}}\mathrm{A} \approx 40\mu\mathrm{A}$$

$$I_{\mathrm{CQ}} = \beta I_{\mathrm{BQ}} = 50 \times 40\mu\mathrm{A} = 2\mathrm{mA}$$

$$U_{\mathrm{CEQ}} = U_{\mathrm{CC}} - I_{\mathrm{CQ}} R_{\mathrm{c}} = (12 - 2 \times 3)\mathrm{V} = 6\mathrm{V}$$

2）计算动态指标。

画出微变等效电路，如图 6-38 所示。

$$r_{\mathrm{be}} \approx 300 + (1 + \beta)\frac{26\mathrm{mV}}{I_{\mathrm{EQ}}\mathrm{mV}} \approx 0.96\mathrm{k}\Omega$$

$$r_i = R_b // r_{be} \approx r_{be} = 0.96\text{k}\Omega$$

$$r_o \approx R_c = 3\text{k}\Omega$$

$$A_u = \frac{\beta R'_L}{r_{be}} = \frac{-50 \times (3//3)}{0.96} \approx -78.1$$

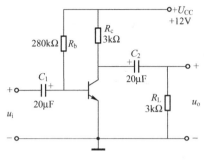 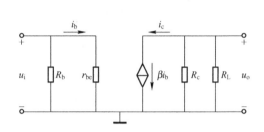

图 6-37 例 6-2 电路图   图 6-38 微变等效电路

6.3.2 分压式偏置放大电路

前面介绍的固定偏置式共射极放大电路的结构比较简单，电压和电流放大作用都比较大，但其突出的缺点是静态工作点不稳定，电路本身没有自动稳定静态工作点的能力。

造成静态工作点不稳定的原因很多，如电源电压波动、电路参数变化、晶体管老化等，但主要原因是晶体管特性参数随温度的变化而变化，造成静态工作点偏离原来的数值。

为了克服上述问题，可以从电路结构上采取措施，采用分压式偏置稳定电路，分压式偏置放大电路如图 6-39 所示。

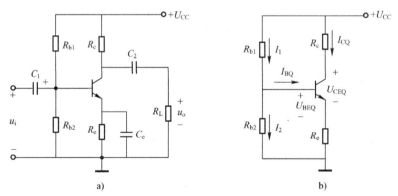

图 6-39 分压式偏置放大电路

a) 电路图   b) 直流通路

设流过 R_{b1}、R_{b2} 支路的电流远大于基极电流，可近似的把 R_{b1}、R_{b2} 视为串联，根据分压公式可以确定基极电位

$$V_B \approx \frac{R_{b2}}{R_{b1} + R_{b2}} U_{CC} \tag{6-13}$$

当温度变化时，只要 U_{CC}、R_{b1}、R_{b2} 的值不变，基极电位就是确定的，不受温度变化

影响。

分压式偏置共射极放大电路中，在发射极串入一个反馈电阻 R_e 和一个射极旁路电容 C_e 的并联组合，其目的就是稳定静态工作点。当温度上升，使集电极电流 I_{CQ} 增大，I_{EQ} 随之增大，发射极电阻上流过的电流增大，使发射极对地电位 V_E 增大。因基极电位 V_B 基本不变，故 $U_{BE}=V_B-V_E$ 减小。由晶体管的输入特性曲线可知，U_{BE} 的减小必然引起基极电流 I_B 的减小，因此，集电极电流 I_C 也将随之下降。稳定过程可归纳为

$$\text{温度上升}\rightarrow I_C\uparrow \rightarrow I_E\uparrow \rightarrow V_E\uparrow \rightarrow U_{BE}\downarrow \rightarrow I_B\downarrow \rightarrow I_C\downarrow \rightarrow\text{静态工作点维持稳定发射极}$$

电阻 R_e 不但对直流信号产生负反馈，也对交流信号产生负反馈作用，从而造成电压增益下降过多。为了不使交流信号削弱，一般在 R_e 两端并联一个几十微法的电容 C_e，电容具有隔直流作用，对静态工作点不产生影响，相当于开路；其通交流的特性，可对交流信号视为短路。

【例 6-3】 放大电路如图 6-40 所示，已知晶体管 $\beta=40$，$U_{CC}=12\text{V}$，$R_{b1}=20\text{k}\Omega$，$R_{b2}=10\text{k}\Omega$，$R_L=4\text{k}\Omega$，$R_c=2\text{k}\Omega$，$R_e=2\text{k}\Omega$，试求：

1）静态值 I_{CQ} 和 U_{CEQ}。

2）电压放大倍数 A_u。

3）输入电阻 r_i 和输出电阻 r_o。

解： 1）静态值 I_{CQ} 和 U_{CEQ}。

$$V_B\approx\frac{R_{b2}}{R_{b1}+R_{b2}}U_{CC}=\frac{10}{10+20}\times 12\text{V}=4\text{V}$$

$$I_{CQ}\approx I_{EQ}=\frac{V_B-U_{BEQ}}{R_e}=\frac{4-0.7}{2000}\text{A}\approx 2\text{mA}$$

$$U_{CEQ}=U_{CC}-I_{CQ}(R_e+R_c)=12\text{V}-2\text{mA}\times(2+2)\text{k}\Omega=4\text{V}$$

2）估算电压放大倍数 A_u。

由图 6-40 可画出其微变等效电路如图 6-41 所示。

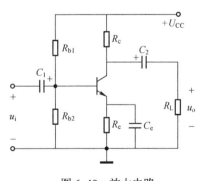

图 6-40　放大电路

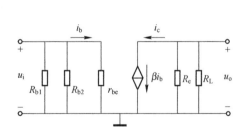

图 6-41　微变等效电路

由于

$$r_{be}\approx 300+(1+\beta)\frac{26\text{mV}}{I_{EQ}\text{mA}}=300+41\times\frac{26\text{mA}}{2\text{mA}}=833\Omega$$

$$R_L'=R_c//R_L=\frac{2\times 4}{2+4}\text{k}\Omega\approx 1.33\text{k}\Omega$$

故

$$A_u = -\frac{\beta R'_L}{r_{be}} = \frac{-40 \times 1.33}{0.83} \approx -64$$

3）输入电阻 r_i，输出电阻 r_o：

$$r_i = R_{b1} /\!/ R_{b2} /\!/ r_{be} \approx r_{be} = 0.83\text{k}\Omega$$

$$r_o = R_c = 2\text{k}\Omega$$

6.3.3 共集电极放大电路

1．电路组成

共集电极放大电路如图 6-42a 所示，它是由基极输入信号、发射极输出信号组成的，所以称为射极输出器。由图 6-42b 所示的交流通路可知，集电极是输入回路与输出回路的公共端，所以又称为共集放大电路。

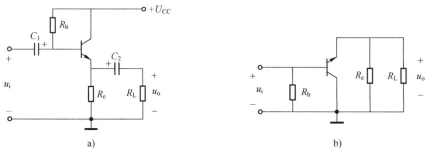

图 6-42　共集电极放大电路

a) 放大电路　b) 交流通路

2．静态分析

由图 6-43a 所示的共集电极放大电路的直流通路可知

$$U_{CC} = I_{BQ}R_b + U_{BEQ} + I_{EQ}R_e$$

$$I_{BQ} = \frac{I_{EQ}}{1+\beta} \tag{6-14}$$

于是得

$$I_{CQ} \approx I_{EQ} = \frac{U_{CC} - U_{BEQ}}{R_e + \dfrac{R_b}{1+\beta}} \tag{6-15}$$

故

$$U_{CEQ} = U_{CC} - I_{CQ}R_e \tag{6-16}$$

射极电阻 R_e 具有稳定静态工作点的作用。

3．动态分析

（1）电压放大倍数近似等于 1

射极输出器的微变等效电路如图 6-43b 所示，由图可知

$$A_u = \frac{u_o}{u_i} = \frac{i_e R_L}{i_b r_{be} + i_e R'_L} = \frac{(1+\beta)i_b R_L}{i_b r_{be} + (1+\beta)i_b R'_L} = \frac{(1+\beta)R_L}{r_{be} + (1+\beta)R'_L} \tag{6-17}$$

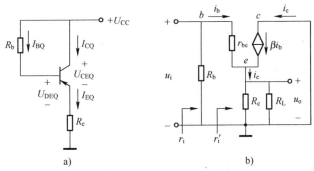

图 6-43 共集电极放大电路的静态分析

a) 直流通路   b) 微变等效电路

式中，$R'_L = R_e /\!/ R_L$，通常 $(1+\beta)R'_L \gg r_{be}$，于是得

$$A_u \approx 1$$

电压放大倍数约为 1 并为正值，可见输出电压 u_o 随着输入电压 u_i 的变化而变化，大小近似相等，且相位相同，因此，射极输出器又称为射极跟随器。

应该指出，虽然射极输出器的电压放大倍数约等于 1，但它仍具有电流放大和功率放大的作用。

（2）输入电阻高

由图 6-43b 可知

$$r_i = R_b /\!/ r'_i = R_b /\!/ [r_{be} + (1+\beta)R'_L] \tag{6-18}$$

由于 R_b 和 $(1+\beta)R'_L$ 值都比较大，因此，射极输出器的输入电阻 r_i 很高，可达几十千欧到几百千欧。

（3）输出电阻低

由于射极输出器 $u_o \approx u_i$，当 u_i 保持不变时，u_o 就保持不变。可见，输出电阻对输出电压的影响很小，说明射极输出器带负载能力极强。输出电阻的估算公式为

$$r_o \approx \frac{r_{be}}{1+\beta} \tag{6-19}$$

通常 r_o 很低，一般只有几十欧。

4．射极输出器的应用

（1）用作输入级

在要求输入电阻较高的放大电路中，常用射极输出器作为输入级，利用其输入电阻很高的特点，可减少对信号源的衰减，有利于信号的传输。

（2）用作输出级

由于射极输出器的输出电阻很低，常用作输出级。输出级在接入负载或负载变化时，对放大电路的影响小，使输出电压更加稳定。

（3）用作中间隔离级

将射极输出器接在两级共射电路之间，利用其输入电阻高的特点，可提高前级的电压放大倍数；利用其输出电阻低的特点，可减小后级信号源内阻，提高后级的电压放大倍数。由于其隔离了前后两级之间的相互影响，因而也称为缓冲级。

6.3.4 多级放大电路

前面分析的放大电路都是由一个晶体管组成的单级放大电路，它们的放大倍数是有限的。在实际应用中，例如通信系统、自动控制系统及检测装置中，输入信号都是极微弱的，必须将微弱的输入信号放大到几千乃至几万倍才能驱动执行机构（如扬声器、伺服机构和测量仪器等）进行工作，所以实用的放大电路都是由多个单级放大电路组成的多级放大电路。

1. 放大电路的级间耦合方式

（1）直接耦合

前级的输出端直接与后级的输入端相连，这种连接方式称为直接耦合，如图 6-44a 所示。直接耦合放大电路既能放大直流与缓慢变化的信号，也能放大交流信号。由于没有隔直电容，故前后级的静态工作点互相影响，使调整发生困难。在集成电路中因无法制作大容量电容而必须采用直接耦合。

（2）阻容耦合

级与级之间通过耦合电容与下级输入电阻连接的方式称为阻容耦合，如图 6-44b 所示。由于耦合电容有"隔直通交"的作用，故可使各级的静态工作点彼此独立，互不影响。若耦合电容的容量足够大，对交流信号的容抗则很小，前级输出信号就能在一定频率范围内几乎无衰减地传输到下一级。但阻容耦合放大电路不能放大直流与缓慢变化的信号，不适合于集成电路。

（3）变压器耦合

级与级之间采用变压器进行连接的方式称为变压器耦合，如图 6-44c 所示。由于变压器一、二次侧在电路上彼此独立，因此这种放大电路的静态工作点也是彼此独立的。而变压器具有阻抗变换的特点，可以起到前后级之间的阻抗匹配的作用。变压器耦合放大电路主要用于功率放大电路。

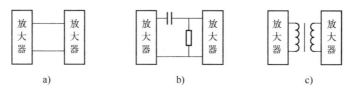

图 6-44 多级放大电路的耦合方式

a) 直接耦合 b) 阻容耦合 c) 变压器耦合

除上述方式外，在信号电路中还有光耦合方式，用于提高电路的抗干扰能力。

2. 多级放大电路的分析

（1）电压放大倍数

电压放大倍数可用方框图表示，多级放大电路的级联如图 6-45 所示。

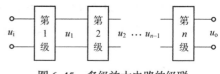

图 6-45 多级放大电路的级联

由图 6-45 可知

$$u_1=A_{u1}u_0 ， u_2=A_{u2}u_1 ， \cdots， u_n=A_{un}u_{n-1}$$

$$A_u=A_{u1}A_{u2}\cdots A_{un} \tag{6-20}$$

其中，n 为多级放大电路的级数。在计算电压放大倍数时，应把后一级的输入电阻作为前一级的负载电阻。

（2）输入电阻和输出电阻

多级放大电路的输入电阻就是第一级的输入电阻，而多级放大电路的输出电阻则等于末级放大电路的输出电阻，即

$$r_i = r_{i1} \tag{6-21}$$

$$r_o = r_{in} \tag{6-22}$$

思考与练习

1. 放大电路有哪三种基本连接方式？
2. 分压式偏置电路与单管放大电路相比，在结构和功能上有什么不同？
3. 共集电极放大电路结构和功能上有什么特点？
4. 多级放大电路有哪几种耦合方式？各有什么特点？

6.4　功率放大电路

功率放大电路在多级放大电路中处于最后一级，又称为功率输出级。其目的是向负载提供足够大的信号功率，以驱动诸如扬声器、记录仪以及伺服电动机等功率负载。

就放大信号而言，功率放大器和电压放大器没有本质的区别，都是利用晶体管的控制作用将直流电源的直流功率转换为输出信号的交流功率。但电压放大器是小信号放大器，要求电压放大倍数大、工作点稳定；而功率放大器是大信号放大器，要求输出功率大、效率高、失真小。

6.4.1　功率放大电路的基本要求

1．功率放大电路的基本要求

一个性能良好的功率放大电路应满足以下几点基本要求：

1）输出功率足够大。为了获得足够的输出功率，要求功率放大电路的晶体管的输出电压和电流尽量大，但不得超过晶体管的极限参数 I_{CM}、P_{CM}。

2）效率要高。功率放大电路的效率是指输出功率 P_O 与电源提供的功率 P_E 之比，用 η 表示，即

$$\eta = \frac{P_O}{P_E} \times 100\% \tag{6-23}$$

3）非线性失真要小。在功率放大电路中，晶体管处于大信号工作状态，U_{CE} 和 i_C 的变化幅度较大，有可能超出晶体管特性曲线的线性范围而产生失真。要求功率放大电路的非线性失真尽量小。

4）晶体管散热要好。功率放大电路有一部分电能以热能的形式消耗在晶体管上，使晶体管温度升高，从而影响功率放大电路的性能，严重时还可能使晶体管烧毁。为了避免上述情况发生，要求晶体管散热要好，必要时需给晶体管安装散热片和采取过载保护措施。

2．功率放大电路的分类

根据功率放大电路静态工作点 Q 的位置不同，功率放大电路可分为甲类、乙类、甲乙类三种。

甲类功率放大电路的静态工作点设置在交流负载线的中点。在整个工作过程中，晶体管始终处在导通状态。这种电路失真小，但功率损耗较大，效率较低，最高只能达 50%，如图 6-46a 所示。

乙类功率放大电路的静态工作点设置在交流负载线的截止点，晶体管仅在输入信号的半个周期导通。这种电路功率损耗减到最少，输出功率大，效率大大提高，可达到 78.5%，但失真较大，如图 6-46b 所示。

甲乙类功率放大电路的静态工作点介于甲类和乙类之间，晶体管的导通时间大于半个周期而小于一个周期。晶体管有不大的静态偏流，其失真情况和效率介于甲类和乙类之间，如图 6-46c 所示。

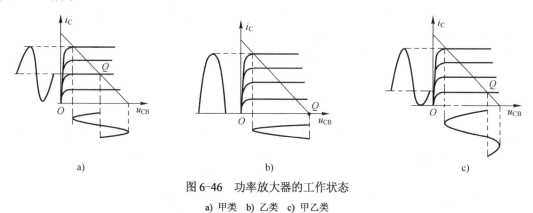

图 6-46 功率放大器的工作状态

a) 甲类 b) 乙类 c) 甲乙类

6.4.2 OCL 互补对称功率放大电路

1. 电路组成

图 6-47 为双电源互补对称功率放大电路，VT_1 是 NPN 型晶体管，VT_2 是 PNP 型晶体管，要求两管的特性一致，采用正、负两组电源供电。由图 6-47 可见，两管的基极和发射极分别接在一起，信号由基极输入，发射极输出，负载接在公共发射极上，因此，它是由两个射极输出器组合而成的。尽管射极输出器不具有电压放大作用，但有电流放大作用，所以，仍具有功率放大作用，并可使负载电阻和放大电路输出电阻之间较好地匹配。

2. 电路分析

静态 $u_i=0$ 时，$U_B=0$ 偏置电压为零，VT_1、VT_2 均处于截止状态，负载中没有电流，电路工作在乙类状态。

$u_i \neq 0$ 时，在 u_i 的正半周，VT_1 导通，VT_2 截止，电流 i_{C1} 通过负载 R_L；在 u_i 的负半周，VT_2 导通，VT_1 截止，电流 i_{C2} 通过负载 R_L，波形及交越失真如图 6-48 所示。可见在输入信号 u_i 的整个周期内，VT_1、VT_2 两管轮流交替地工作，互相补充。使负载获得完整的信号波形，故称为互补对称电路或无输出电容功率放大器，简称为 OCL 功率放大电路。

从工作波形可以看到，在波形过零的一个小区域内输出波形产生了失真，这种失真称为交越失真。

产生交越失真的原因是由于 VT_1、VT_2 发射结静态偏压使放大电路工作在乙类状态。当输入信号 u_i 小于晶体管的发射结死区电压时，两个晶体管都截止，在这一区域内输出电压为零，使波形失真。

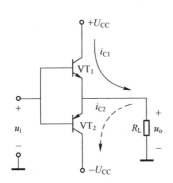

图 6-47 双电源互补对称功率放大电路

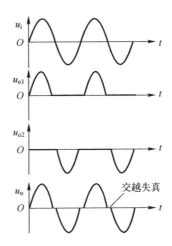

图 6-48 波形及交越失真

为减小交越失真，可给 VT_1、VT_2 发射结增加适当的正向偏压，以便产生一个不大的静态偏流，使 VT_1、VT_2 导通时间稍微超过半个周期，即工作在甲乙类状态，甲乙类互补对称功率放大电路如图 6-49 所示。图中二极管 VD_1、VD_2 用来提供偏置电压。静态时晶体管 VT_1、VT_2 虽然都已基本导通，但是由于它们对称，U_E 仍为零，负载中仍无电流流过。

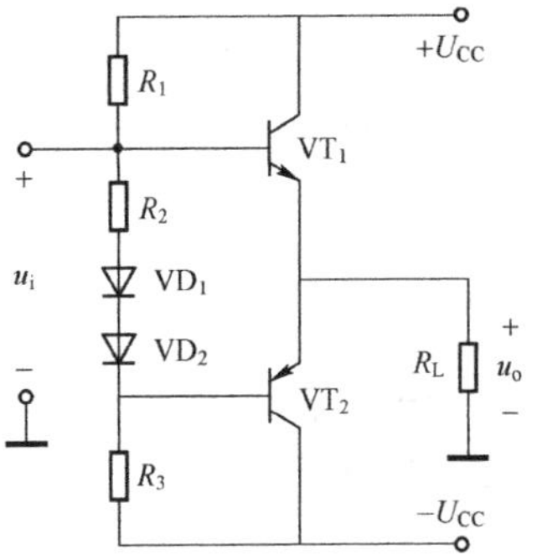

6.4.3 OTL 互补对称功率放大电路

OCL 功率放大电路采用双电源供电，给使用和维修

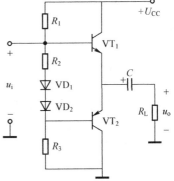

图 6-49 甲乙类互补对称功率放大电路

带来不便，因此，可在放大电路输出端接入一个大电容 C，利用这个大电容 C 的充、放电来代替负电源，称为单电源互补对称功率放大电路或无输出变压器功率放大器，简称为 OTL 电路，如图 6-50 所示。

因电路对称，静态时两个二极管发射极连接点电位为电源电压的一半，负载中没有电流。动态时，在 u_i 的正半周，VT_1 导通，VT_2 截止，VT_1 以射极输出器的形式将正半周信号输出给负载，同时对电容 C 充电；在 u_i 的负半周，VT_2 导通，VT_1 截止，电容 C 通过 VT_2、R_L 放电，VT_2 以射极输出器的形式将负半周信号输出给负载，电容 C 在这时起到负电源的作用。为了使输出波形对称，必须保持电容 C 上的电压基本维持在 $U_{CC}/2$ 不变，因此，电容 C 的容量必须足够大。

图 6-50 OTL 电路

6.4.4 集成功率放大器

集成功率放大器是把大部分电路及包括功率放大管在内的元器件集成制作在一块芯片上。为了保证器件在大功率状态下安全、可靠地工作，通常设有过电流、过电压及过热保护等电路。

目前，已生产出多种不同型号、可输出不同功率的集成功率放大器，如 LM380、

LM384、LM386 等。它们的电路结构是由输入级、中间级和输出级组成的，输入级是复合管的差动放大电路，有同相和反相两个输入端，它的单端输出信号传送到中间共发射极放大级，以提高电压放大倍数。输出级是甲乙类互补对称的功率放大电路。

集成功率放大器都具有外接元件少、工作稳定、易于安装和调试等优点。只要了解其外部特性和正确的连接方法即可。

LM386 是音频小功率集成放大器，频响宽、功耗低、电源电压适应范围宽，常称为万用放大器。

图 6-51 为 LM386 的外形及引脚排列。其额定工作电压为 4～16V，当电源电压为 6V 时，静态工作电流为 4mA，因而极适合用电池供电。1 脚和 8 脚间外接电阻、电容元件以调整电路的电压增益。电路的频响范围可达到数百 kHz，最大允许功耗为 660mW（25℃），使用时不需散热片，工作电压为 6V，负载阻抗为 8Ω 时，输出功率约为 325mW；工作电压为 9V，负载阻抗为 8Ω 时，输出功率可达 1.3W。LM386 两个输入端的输入阻抗都为 50kΩ，而且输入端对地的直流电位接近于 0，即使与地短路，输出直流电平也不会产生大的偏离。

图 6-52 为 LM386 组成的 OTL 电路。图中 7 脚接耦合电容 C_2，其容量通过调试确定，防止电路产生自激振荡。LM386 用于音频功率放大时，最简电路只需经一个输出电容接扬声器。

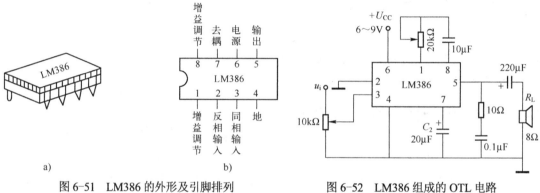

图 6-51　LM386 的外形及引脚排列　　　　图 6-52　LM386 组成的 OTL 电路

a) 外形　b) 引脚排列

思考与练习

1. 功率放大电路的要求是什么？
2. 功率放大电路分为哪几类？它们工作时的静态工作点如何设置？
3. 简述 OCL 功率放大电路的特点及工作原理。
4. 简述 OTL 功率放大电路的特点及工作原理。

6.5　技能训练　基本放大电路测试

1. 训练目的

1）学会放大器静态工作点的调试方法。

2）掌握放大器电压放大倍数的测试方法。

3）分析静态工作点对放大器件的影响。

2．训练器材

直流稳压电源一台，双踪示波器一台，万用表一块，电路用电子元器件一套。

3．训练内容与步骤

1）按图 6-53 共射极单管放大电路连接电路，检查无误后，方可以通电。

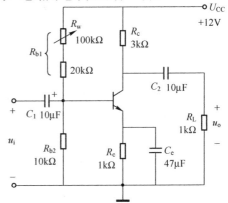

2）调试静态工作点。接通直流电源前，先将 R_w 调至最大，信号发生器输出旋钮旋于零。接通+12V 电源，调节 R_w 使 $I_c=1.5mA$（即 $V_e=1.5V$），用直流数字电压表测量 V_b、V_e、V_c，并用万用表测 R_{b1} 值，将实验数据记入表 6-1。注意，测量 R_{b1} 的阻值时，应断开 R_{b1} 与电路的连接。

3）测量电压放大倍数。

在放大器输入端输入频率为 1kHz 的正弦信号

图 6-53　共射极单管放大电路

u_i，调节信号发生器的输出旋钮使放大器输入电压有效值 $U_i=10mV$，同时用示波器观察放大器输出电压 u_o 波形，在波形不失真的条件下，用交流毫伏表测量下述三种情况下输出电压有效值 U_o，并用双踪示波器观察 u_o、u_i 的相位关系，将实验数据记入表 6-2 中。

4）观察静态工作点对输出波形失真的影响。

$R_c=3k\Omega$，$R_L=\infty$，$u_i=0$，调节 R_w 使 $I_c=1.5mA$，测出 U_{ce} 值，再逐步加大输入信号，使输出电压 u_o 足够大但不失真。然后保持输入信号不变，分别增大和减小 R_w，使波形出现失真，绘出 u_o 的波形。

注意，每次测 I_c 和 U_{CE} 时都要将信号发生输出旋钮旋至零，每次测 R_{b1} 时都要断开 R_{b1} 与电路的连接。

4．数据记录

将所测数据分别记录在表 6-1 所示调试静态工作点数据和表 6-2 所示测量电压放大倍数中。

表 6-1　调试静态工作点数据

测量值				计算值		
V_b	V_e	V_c	R_{b1}	U_{BE}	U_{CE}	I_c

表 6-2　测量电压放大倍数

R_e	R_L	U_o	A_u	u_o波形	u_i波形

6.6　习题

1. 电路如图 6-54 所示，设二极管为理想的，试判断下列情况下，电路中二极管是导通还是截止，并求出 AB 两端电压 U_o。

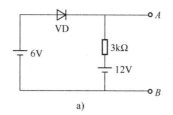 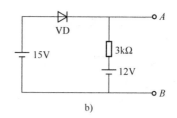

图 6-54　题 1 图

2. 电路如图 6-55 所示，已知 $u_i = 5\sin\omega t(\text{V})$，二极管导通电压为 0.7V，试画出 u_i 和 u_o 的波形，并标出幅值。

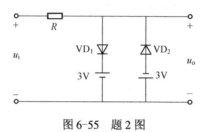

图 6-55　题 2 图

3. 在电路中测得晶体管各极对地的电位如图 6-56 所示，试判断晶体管处于哪种工作状态，并简要说明理由。

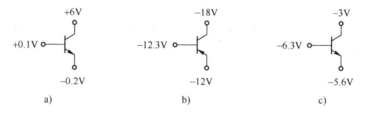

图 6-56　题 3 图

4. 试判断图 6-57 所示电路能否放大交流信号？为什么？

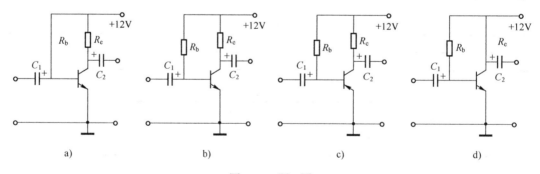

图 6-57　题 4 图

5. 晶体管放大电路如图 6-58 所示，已知 U_{CC}＝12V、R_c＝3kΩ、R_b＝240kΩ，晶体管 β＝40、U_{BE}＝0.7V。试估算静态值。

6. 在图 6-58 中，改变 R_b 使 $U_{CE}=3V$，R_b 应等于多少？改变 R_b 使 $I_c=1.5mA$，R_b 又应等于多少？

7. 画出第 5 题电路的微变等效电路，分别求以下两种情况的电压放大倍数 A_u：

1）负载电阻 R_L 开路；

2）$R_L=6k\Omega$。

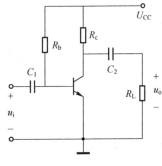

图 6-58　题 5、6 图

8. 第 5 题电路在实验时，发现在以下两种情况下，输入正弦信号后，输出电压波形均出现失真，这两种情况是：① U_{CE} ≤1V，② $U_{CE}≈U_{CC}$。试分别说明这两种情况输出电压波形出现的是什么失真？画出各自的输出电压 u_o 波形，并说明可以怎样调节 R_b 来改善失真。

9. 电路如图 6-59 所示，已知 $U_{CC}=12V$、$R_{b1}=68k\Omega$、$R_{b2}=22k\Omega$、$R_c=3k\Omega$、$R_e=2k\Omega$、$R_L=6k\Omega$，晶体管 $\beta=60$、$U_{BE}=0.7V$，求：

1）计算静态值 I_B、I_C、U_{CE}；

2）画出微变等效电路，求电压放大倍数 A_u 输入电阻 r_i 和输出电阻 r_o。

10. 射极输出器如图 6-60 所示，已知 $U_{CC}=12V$、$R_b=100k\Omega$、$R_e=2k\Omega$、$R_L=4k\Omega$，晶体管 $\beta=50$、$U_{BE}=0.7V$，求：

1）计算静态值 I_B、I_C、U_{CE}；

2）画出微变等效电路，求电压放大倍数 A_u 输入电阻 r_i 和输出电阻 r_o。

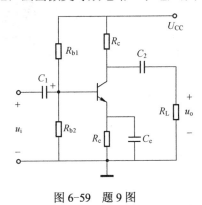

图 6-59　题 9 图

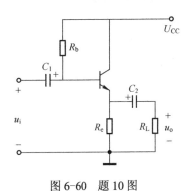

图 6-60　题 10 图

第7章 集成运算放大器

集成运算放大器是集成电路的一种。前面所讲的电路基本上是以电阻、电容等独立的电子元器件构成的，这种独立存在的电子元器件称为分立元器件，所构成的电路称为分立电路。而现代电子工艺的发展，早已实现把许多电子元件采用特殊制造工艺集成在一个微小的半导体晶片上，形成了一种新的器件——集成电路。它是包含许多分立元器件的电路整体组合，可实现一定的电路功能。

7.1 集成运算放大器基本知识

集成运算放大器，最初应用于模拟计算机对模拟信号进行加法、减法、微分和积分等数学运算，并由此而得名，其实质是多级放大电路的直接耦合电路。随着集成运算放大器技术的发展，目前它的应用几乎渗透到了电子技术的各个领域，它成为组成电子系统的基本功能单元，配以不同外电路可实现信号放大、模拟运算、滤波、波形产生和稳压等应用。

7.1.1 集成运算放大器组成

集成运算放大器的内部主要电路可分为输入级、中间级、输出级和偏置电路 4 个基本组成部分，集成运算放大器的组成框图如图 7-1 所示。

7.1.1 集成运算放大器组成

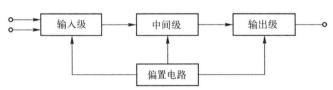

图 7-1 集成运算放大器的组成框图

输入级由差动放大电路组成，目的是为了减小放大电路的零漂、提高输入阻抗。它的性能（如输入阻抗、共模抑制比、输入电压范围等）对整个集成电路的质量起决定性作用。

中间级通常由共发射极放大电路构成，目的是为了获得较高的电压放大倍数。一般由共射极放大电路组成。

输出级由互补对称功率放大电路构成，目的是为了减小输出电阻，提高电路的带负载能力。

偏置电路一般由各种恒流源电路构成，作用是为上述各级电路提供稳定、合适的偏置电流，决定各级的静态工作点。

集成运算放大器是一种多端电子器件，常用的集成运算放大器 μA741 的引脚排列及集成运算放大器的图形符号如图 7-2 所示。各引脚用途如下：

1）输入和输出端。引脚 2 为反相输入端 u_-，引脚 3 为同相输入端 u_+，引脚 6 为输出

端 u_o。

2）电源端。引脚 7 为正电源端$+U_{CC}$，引脚 4 为负电源端$-U_{EE}$。μA741 的电源电压范围为$\pm 9 \sim \pm 18V$。

3）调零端。引脚 1 和引脚 5 为外接调零电位器端，调零时要外接调零电位器，以保证在零输入时有零输出。

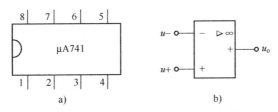

图 7-2　μA741 的引脚排列和集成运算放大器的图形符号

a) 引脚排列　b) 图形符号

7.1.2　差动放大电路

集成运算放大器实质上是一种高增益的直接耦合的多级放大器，输入级的性能对整个运算放大器件能的影响至关重要。运算放大器的输入级一般都采用高性能的差动放大电路，以克服温度带来的零点漂移问题。

1. 零点漂移

零点漂移指的是当放大器的输入端短路时，输出端还有缓慢变化的电压产生，即输出电压偏离零点上下漂动的现象，简称为"零漂"。

在直接耦合的放大器中，由于级与级之间没有隔断直流的电容，所以第一级静态工作点的微小偏移就会逐级被放大，致使放大器的输出端产生较大的漂移电压，严重时，可能把输出的有用信号淹没，导致放大器无法正常工作。

引起零点漂移的主要原因是温度的变化，当温度变化时，晶体管的参数β、U_{BE}、I_{CBO} 都会变化，从而使静态工作点发生变化，引起输出电压的漂移。

克服零漂的措施通常有三种：一是采用热敏元器件（如热敏电阻、半导体二极管等）进行温度补偿；二是采用直流调制型放大电路；三是采用差动放大电路。由于差动放大电路的温度补偿效果好、成本低、易集成化，所以一般都采用差动放大电路。

2. 差动放大电路

（1）差动放大电路的基本结构

差动放大电路（又称为差分放大电路）的基本结构如图 7-3 所示。可以看出，差动放大电路有两个输入端和两个输出端，输出端的电位差为输出信号，是对两个输入信号之差的放大结果，所以叫作差动放大器。

图 7-3 所示差动放大电路采用了双极性电源，即正直流电源$+U_{CC}$ 和负直流电源$-U_{EE}$，电路中的 R_o 具有温度稳定和降低共模信号放大增益的作用。

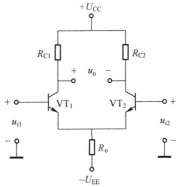

图 7-3　差动放大电路的基本结构

（2）差动放大电路的特点

1）电路具有对称性，即两个晶体管的所有参数相同，电子元器件的阻值相同。

2）输入信号分为差模输入信号和共模输入信号两部分。差模输入信号是指两输入端的输入信号大小相同，极性相反，即 $u_{i1}=-u_{i2}$。共模输入信号是指两输入端的输入信号大小相同，极性也相同，即 $u_{i1}=u_{i2}$。

由于

$$u_{i1} = \frac{1}{2}(u_{i1} - u_{i2}) + \frac{1}{2}(u_{i1} + u_{i2}) \tag{7-1}$$

$$u_{i2} = -\frac{1}{2}(u_{i1} - u_{i2}) + \frac{1}{2}(u_{i1} + u_{i2}) \tag{7-2}$$

所以一般输入信号都可分解为差模输入信号和共模输入信号两部分。

3）放大器具有两个输出端，放大器的指出信号分为双端输出信号和单端输出信号两种。双端输出信号为两个输出信号之差；单端输出信号以两个输出端之一的输出信号作为输出信号。

4）两个晶体管工作在线性区。

（3）差动放大电路抑制零点漂移和共模输入信号

静态时，$u_{i1}=u_{i2}=0$，由于电路对称，两管静态工作点相同，则 $u_{c1}=u_{c2}$，所以输出电压 $u_{o1}=u_{c1}-u_{c2}=0$。当温度变化时，两管都产生零漂，由于对称的原因，$\Delta u_o=\Delta u_{c1}-\Delta u_{c2}=0$，实现了零输入时零输出，即电路的对称性抑制了零漂。

共模信号输入时，若电路完全对称，则输出电压为零。所以，在电路完全对称的情况下，差动放大电路能完全抑制共模信号和零点漂移（所有零点漂移信号都属于共模信号）。但在实际中，完全对称的差动放大电路是不存在的，所以零点漂移并不能完全抑制，只能减少。

（4）差动放大电路放大差模输入信号

差模信号输入时，电路的两个输出电压大小相等，极性相反，即 $u_{o1}=-u_{o2}$，双端输出电压 $\Delta u_o=\Delta u_{o1}-\Delta u_{o2}=2u_{o1}$。差模电压放大倍数 A_{ud} 为

$$A_{ud} = \frac{\Delta u_o}{\Delta u_i} = \frac{u_{o1} - u_{o2}}{u_{i1} - u_{i2}} = \frac{2u_{o1}}{2u_{i1}} = A_{u1} \tag{7-3}$$

A_{u1} 为单管放大电路的电压放大倍数。由此可见，差动放大电路对差模输入信号有放大作用。

7.1.3　集成运算放大器的主要参数

集成运算放大器性能的好坏常用一些参数表征，这些参数是选用集成运算放大器的主要依据。

1）开环差模电压增益 A_{uo}。它是指运算放大器输入与输出之间未接任何反馈元器件，即运算放大电路开路情况下的差模电压放大倍数。它等于输出电压 u_o 与输入电压 u_i（$u_i=u_+-u_-$）之比，它体现了集成运算放大器的电压放大能力，增益一般用对数形式表示，单位为分贝（dB），即 $20\lg A_{ud}$（dB），集成运算放大器的一般为 $80\sim140$dB。

2）差模输入电阻 r_{id} 和输出电阻 r_{od}。r_{id} 指差模信号作用下集成运算放大器的输入电阻，即运算放大器两输入端之间的电阻。数值越大对信号源的影响越小。通常为几十千欧至几十

兆欧。r_{od} 为输入差模信号是运算放大器的输出电阻，数值越小，说明运算放大器的带负载能力越大，通常为 $100\sim300\Omega$。

3）共模抑制比 K_{CMR}。共模抑制比用来综合衡量集成运算放大器的放大能力和抗温漂、抗共模干扰的能力，一般应大于 80dB，且越大越好。

4）输入失调电压 U_{IO}。一个理想的集成运算放大器应实现零输入时输出为零。但实际的集成运算放大器，当输入电压为零时，存在一定输出电压。为了使输出电压为零，在两输入端之间需加的直流补偿电压定义为输入失调电压。它反映差动放大部分参数的不对称程度，显然越小越好，一般为毫伏级。

5）输入失调电流 I_{IO}。一个理想的集成运算放大器的两输入端的静态电流应该完全相等。实际上，当集成运算放大器输出电压为零时，流入两输入端的电流不相等，这两静态电流差 $I_{IO}=I_{B1}-I_{B2}$ 就是失调电流。该值越小越好，一般为纳安级。

6）输入偏置电流 I_{IB}。当输入信号为零时，两输入端静态偏置电流的平均值定义为输入偏置电流，该值越小越好。

7）转换速率 S_R。它是反映运算放大器对于高速变化的输入信号的响应能力。S_R 越大，说明运算放大器的高频特性越好。

7.1.4 集成运算放大器的分析

1. 集成运算放大器的两种工作状态

在电路中，运算放大器的工作状态只有两种，即线性工作状态和非线性工作状态。线性工作状态指的是运算放大器电路的输出信号与输入信号呈线性关系，而非线性工作状态指的是运算放大器电路的输出信号与输入信号不呈线性关系。运算放大器的工作状态取决于外围电路的设计。

2. 集成运算放大器的传输特性

集成运算放大器的传输特性是指描述其输出电压和输入电压之间关系的特性曲线，集成运算放大器的传输特性如图 7-4 所示，集成运算放大器的传输特性可分为线性区和饱和区（非线性区）。

3. 理想集成运算放大器

在大多数情况下，可以将实际运算放大器看成理想运算放大器，即将运算放大器的各项技术指标理想化。理想集成运算放大器满足下列条件：

1）开环电压放大倍数 $A_{ud}\to\infty$。

2）开环差模输入电阻 $r_{id}\to\infty$。

3）开环差模输出电阻 $r_o\to0$。

4）共模抑制比 $K_{CRM}\to\infty$。

5）失调电压、失调电流及它们的温漂均为0。

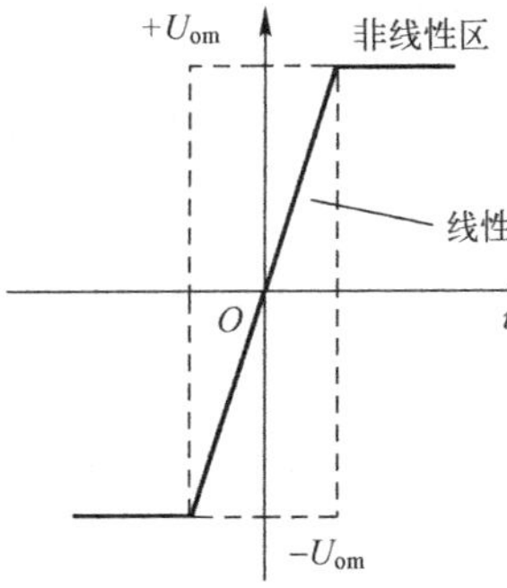

图 7-4 集成运算放大器的传输特性

4. 理想集成运算放大器的两个重要结论

集成运算放大器可以工作在线性区，也可以工作在非线性区。在直流信号放大电路中，使用的集成运算放大器是工作在线性区的。把集成运算放大器作为一个线性放大元件应用，它的输出和输入之间应满足如下关系式

$$u_o = A_{ud}u_i = A_{ud}(u_+ - u_-)$$

为了使集成运算放大器工作在线性区，通常把外部电阻、电容、半导体器件等跨接在集成运算放大器的输出端，与反相输入端之间构成闭环工作状态，限制其电压放大倍数。

（1）集成运算放大器工作在线性区

1）集成运算放大器同相输入端和反相输入端的电位相等（虚短）。

因为运算放大器工作在线性区时，其输出电压与输入电压之间满足关系式

$$u_o = A_{ud}u_i = A_{ud}(u_+ - u_-)$$

这是由于理想运算放大器的 $A_{ud} \to \infty$，而输出电压 u_o 为有限值，所以有

$$u_i = u_+ - u_- \approx 0$$

即

$$u_+ = u_- \tag{7-4}$$

集成运算放大器同相输入端和反相输入端的电位相等，因此两个输入端之间好像短路，但又不是真正的短路（即不能用一根导线把同相输入端和反相输入端短接起来），故这种现象称为虚短。

2）集成运算放大器同相输入端和反相输入端的输入电流等于零（虚断）。

由于理想运算放大器的差模输入电阻 $r_{id} \to \infty$，可知流入两个输入端的电流为零。即

$$i_+ \approx i_- \approx 0 \tag{7-5}$$

理想集成运算放大器的两个输入端不从外部电路取用电流，两个输入端间好像断开一样，但又不能真正的断开，故这种现象通常称为虚断。

（2）运算放大器工作在非线性区

由于集成运算放大器的开环差模电压放大倍数 A_{uo} 很大，当它工作在开环状态（即未接深度负反馈）或加有正反馈，只要有很小的差模信号输入，集成运算放大器都将进入非线性区，输出电压立即达到正饱和值 U_{om} 或负饱和值 $-U_{om}$。理想运算放大器工作在非线性区时，可以得到以下两条结论：

1）输入电压 u_+ 与 u_- 可以不等，输出电压 u_o 不是正饱和就是负饱和。

当 $u_+ - u_- < 0$ 时，$u_o = -U_{om}$

当 $u_+ - u_- > 0$ 时，$u_o = +U_{om}$

2）两个输入端的输入电流为零，即

$$i_+ \approx i_- \approx 0$$

可见，在非线性区，"虚短"的概念不再成立，但"虚断"仍然成立。

思考与练习

1．集成运算放大器由哪几部分组成？各部分的主要作用是什么？

2．集成运算放大器的级间为什么要采用直接耦合方式？

3．什么是零点漂移？引起零点漂移的原因有哪些因素？其中最主要的因素是什么？

4．理想集成运算放大器的两个重要结论是什么？

7.2 放大电路中的负反馈

7.2 放大电路中的负反馈

反馈技术在放大电路中应用十分广泛。在放大电路中应用负反馈，可以改善放大电路的工作性能，在自动调节系统中，也可以通过负反馈来实行自动调节。运算放大器的各种运算功能，也与反馈系统的特性密切相关。因此，研究反馈是非常重要的。

7.2.1 负反馈的概念

反馈是将放大电路输出信号（电压或电流）的一部分或全部，通过某种电路（反馈电路）送回到输入回路，从而影响（增强或削弱）输入信号的过程。输出回路反馈到输入回路的信号称为反馈信号。

为实现反馈，必须有一个连接输出回路和输入回路的中间环节，称为反馈网络，一般由电阻和电容元件组成。引入反馈的放大器叫作反馈放大器，也叫作闭环放大器；而没有引入反馈的放大器叫作开环放大器，也称为基本放大器。

反馈放大器的原理框图如图 7-5 所示，反馈放大器通常由基本放大器和反馈网络构成。图中 X_i、X_o、X_f 分别表示放大器的输入信号、输出信号和反馈信号，X_d 则是 X_i 与 X_f 叠加后得到的净输入信号，可以是电压，也可以是电流。A 为开环放大器的放大倍数，F 为反馈网络的反馈系数，由图可得各信号量之间的基本关系式。

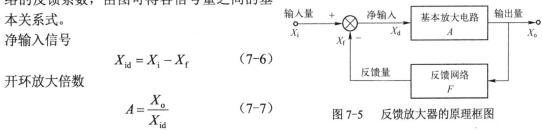

图 7-5　反馈放大器的原理框图

净输入信号

$$X_{id} = X_i - X_f \tag{7-6}$$

开环放大倍数

$$A = \frac{X_o}{X_{id}} \tag{7-7}$$

反馈系数

$$F = \frac{X_f}{X_o'} \tag{7-8}$$

闭环放大倍数（或闭环增益）

$$A_f = \frac{X_o}{X_i} = \frac{X_o}{X_{id} + X_f} = \frac{A}{1 + FA} \tag{7-9}$$

7.2.2 反馈的类型及其判别

1. 判断有无反馈

实际电路的形式是多种多样的，在确定电路的反馈类型及组态时，首先要判断电路有无反馈。判断方法是看放大电路中是否存在反馈网络，如果存在反馈网络，并由此影响了放大电路的净输入信号，则表明电路引入了反馈；否则电路中就没有引入反馈。

2. 正反馈和负反馈及其判别

根据反馈信号对输入信号作用的不同，反馈可分为正反馈和负反馈两种类型。反馈信号加强了输入信号的，叫作正反馈；相反，反馈信号削弱了输入信号的，叫作负反馈。

正、负反馈通常采用瞬时极性法来判别。首先假定输入信号的瞬时极性为正，然后确定输出信号的瞬时极性，再由输出端通过反馈网络送回输入端，确定反馈信号的瞬时极性（用"⊕"表示瞬时极性为正，用"⊖"表示瞬时极性为负），最后判别反映到输入端的作用是加强还是削弱了输入信号。加强为正反馈，削弱为负反馈。

晶体管、场效应晶体管及集成运算放大器的瞬时极性如图 7-6 所示。晶体管的基极（或栅极）和发射极（或源极）瞬时极性相同，而与集电极（或漏极）瞬时极性相反。集成运算放大器的同相输入端与输出端瞬时极性相同，而反相输入端与输出端瞬时极性相反。

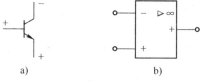

图 7-6 晶体管、场效应晶体管及集成运算放大器的瞬时极性

a) 晶体管 b) 集成运算放大器

【例 7-1】 判断如图 7-7 所示电路的反馈极性。

解： 设基极输入信号 u_i 的瞬时极性为正，则发射极反馈信号的瞬时极性也为正，发射结上实际得到的信号 $u_{be} = u_i - u_f$ （净输入信号）与没有反馈时相比减小了，即反馈信号削弱了输入信号的作用，故可确定为负反馈。

【例 7-2】 判断如图 7-8 所示电路的反馈极性。

解： 设输入信号 u_i 瞬时极性为正，则输出信号 u_o 的瞬时极性为负，经 R_f 返回同相输入端，反馈信号 u_f 的瞬时极性为负，净输入信号 u_d 与没有反馈时相比增大了，即反馈信号加强了输入信号的作用，故可确定为正反馈。

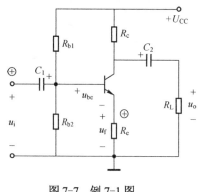

图 7-7 例 7-1 图

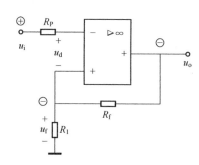

图 7-8 例 7-2 图

【例 7-3】 判断如图 7-9 所示电路的反馈极性。

解： 设输入信号 u_i 瞬时极性为正，则输出信号 u_o 的瞬时极性为正，经 R_f 返回反相输入端，反馈信号 u_f 的瞬时极性为正，净输入信号 u_d 与没有反馈时相比减小了，即反馈信号削弱了输入信号的作用，故可确定为负反馈。

3. 直流反馈和交流反馈及其判别

根据反馈信号的交直流性质，可分为直流反馈和交流反馈。可以通过判别反馈元件出现在哪种电流通路中，来确定是直流反馈还是交流反馈。若出现在交流通路中，则为交流反馈；若出现在直流通路中，则为直流反馈。直流负反馈常用于稳定静态工作点，而交流负反馈主要用于改善放大电路的性能。

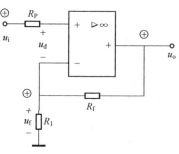

图 7-9 例 7-3 图

4. 电压反馈和电流反馈及其判别

根据输出端取样对象的不同，可分为电压反馈和电流反馈，如图 7-10 所示。如果反馈信号取自输出电压，称为电压反馈，反馈信号正比于输出电压，它取样的输出电路为并联连接；如果反馈信号取自输出电流，称为电流反馈，反馈信号正比于输出电流，它取样的输出电路为串联连接。

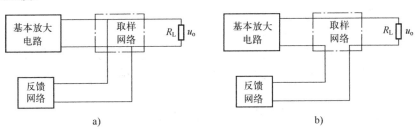

图 7-10　电压反馈和电流反馈

a) 电压反馈　b) 电流反馈

常采用负载电阻 R_L 短路法来进行判别。假设将负载电阻 R_L 短路，则输出电压为零，即 $u_o=0$，而 $i_o\neq0$，此时若反馈信号也随之为 0，则说明反馈与输出电压成正比，为电压反馈；若反馈仍然存在，则说明反馈不与输出电压成正比，为电流反馈，图 7-7 所示电路为电流反馈，图 7-8 和图 7-9 所示电路都为电压反馈。

5. 串联反馈和并联反馈及其判别

根据反馈网络与基本放大电路在输入端的连接方式，可分为串联反馈和并联反馈，如图 7-11 所示。串联反馈的反馈信号和输入信号以电压串联方式叠加，即基本放大电路的输入电压 $u_d=u_i-u_f$。并联反馈的反馈信号和输入信号以电流并联方式叠加，即基本放大电路的输入电流 $i_d=i_i-i_f$。

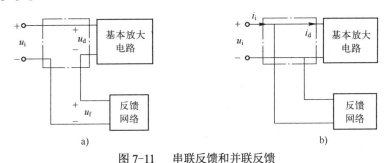

图 7-11　串联反馈和并联反馈

a) 串联反馈　b) 并联反馈

串联反馈和并联反馈可以根据电路结构判别。当反馈信号和输入信号接在放大电路的同一点（另一点往往是接地点）时，一般可判定为并联反馈；而接在放大电路的不同点时，一般可判定为串联反馈。图 7-7～图 7-9 所示电路均为串联反馈。

7.2.3　负反馈的4种组态

按上面的分类，可构成电压串联、电压并联、电流串联和电流并联 4 种不同类型的负反馈放大电路。

1. 电压串联负反馈

图 7-12 是由集成运算放大电路构成的反馈放大电路。集成运算放大电路就是基本放大器，R_f 是连接输出回路和输入回路的反馈元件，R_1 和 R_f 组成反馈网络。

设输入电压 u_i 瞬时极性为正，则输出电压 u_o 的瞬时极性为正，经 R_f 返回反相输入端，反馈电压 u_f 的瞬时极性为正，净输入电压 u_d 与有反馈时相比减小了，即反馈信号削弱了输入信号，故为负反馈。

将输出端交流短路，R_f 直接接地，反馈电压 $u_f=0$，即反馈信号消失，故为电压反馈。

输入电压 u_i 加在集成运算放大器的同相输入端和地之间，而 u_f 加在集成运算放大器的反相输入端和地之间，不在同一点。因此，输入电压 u_i 与反馈网络的输出电压 u_f 以电压的形式串联叠加，$u_d=u_i-u_f$，故为串联反馈。

综上所述，这个电路的反馈组态是电压串联负反馈。

2. 电压并联负反馈

电压并联负反馈如图 7-13 所示，设 $u_i(i_i)$ 瞬时极性为正，则 u_o 的瞬时极性为负，i_f 的方向与图示参考方向相同，即 i_f 瞬时极性为正，i_d 与没有反馈时相比减小了，即反馈信号削弱了输入信号的作用，故为负反馈。

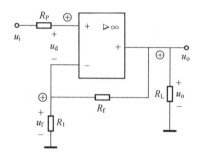

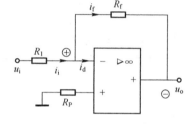

图 7-12　集成运算放大电路构成的反馈放大电路　　　　图 7-13　电压并联负反馈

将输出端交流短路，R_f 直接接地，反馈电流 $i_f=0$，即反馈信号消失，故为电压反馈。

i_i 加在集成运算放大器的反相输入端和地之间，而 i_f 也加在集成运算放大器的反相输入端和地之间，在同一点，$i_d=i_i-i_f$，故为并联反馈。

综上所述，这个电路的反馈组态是电压并联负反馈。

3. 电流串联负反馈

电流串联负反馈如图 7-14 所示，设 u_i 瞬时极性为正，则 u_o 的瞬时极性为正，经 R_f 返回反相输入端，u_f 的瞬时极性为正，u_d 与没有反馈时相比减小了，即反馈信号削弱了输入信号的作用，故为负反馈。

将输出端交流短路，尽管 $u_o=0$，但 i_o 仍随输入信号而改变，在 R_f 上仍有反馈电压 u_f 产生，故可判定不是电压反馈，而是电流反馈。

u_i 加在集成运算放大器的同相输入端和地之间，而 u_f 加在集成运算放大器的反相输入端和地之间，不在同一点，故为串联反馈。

综上所述，这个电路的反馈组态是电流串联负反馈。

4. 电流并联负反馈

电流并联负反馈如图 7-15 所示，设 $u_i(i_i)$ 瞬时极性为正，则 u_o 的瞬时极性为负，i_f 的方向与图示参考方向相同，即 i_f 瞬时极性为正，i_d 与没有反馈时相比减小了，即反馈信号削弱了输入信号的作用，故为负反馈。

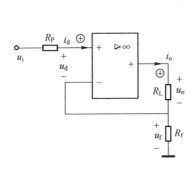

图 7-14 电流串联负反馈

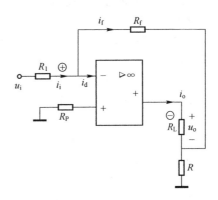

图 7-15 电流并联负反馈

将输出端交流短路，尽管 $u_o=0$，但 i_o 仍随输入信号而改变，在 R 上仍有反馈电压 u_i 产生，故可判定不是电压反馈，而是电流反馈。

i_i 加在集成运算放大器的反相输入端和地之间，而 i_f 也加在集成运算放大器的反相输入端和地之间，在同一点，故为并联反馈。

综上所述，这个电路的反馈组态是电流并联负反馈。

7.2.4　负反馈对放大电路的影响

在放大器中引入负反馈，其主要目的是使放大器的工作稳定，在输入量不变的条件下使输出量保持不变。放大器工作的稳定是通过降低放大倍数换来的。

1. 降低了放大电路的放大倍数，提高了放大倍数的稳定性

没有加反馈时的放大倍数为 A（开环增益），引入负反馈后的放大倍数为 A_f（闭环增益），得

$$A_f = \frac{A}{1+AF}$$

$$dA_f = \frac{(1+AF) \cdot dA - AF \cdot dA}{(1+AF)^2} = \frac{dA}{(1+AF)^2}$$

$$\frac{dA_f}{A_f} = \frac{1}{(1+AF)} \cdot \frac{dA}{A}$$

由此可见，引入负反馈后，闭环放大倍数降低了（$1+AF$）倍，但闭环放大倍数的相对变化率为开环放大倍数相对变化率的 $1/(1+AF)$，因 $1+AF>1$，所以，闭环放大倍数的稳定性优于开环放大倍数。

负反馈越深，放大倍数越稳定。在深度负反馈条件下，即 $1+AF \gg 1$ 时，有

$$A_f = \frac{A}{1+FA} \approx \frac{1}{F} \tag{7-10}$$

式（7-10）表明深度负反馈时的闭环放大倍数仅取决于反馈系数 F，而与开环放大倍数 A 无关。通常反馈网络仅由电阻构成，反馈系数 F 十分稳定。所以，闭环放大倍数必然是相

当稳定的，诸如温度变化、参数改变、电源电压波动等明显影响开环放大倍数的因素，都不会对闭环放大倍数产生多大影响。

2．减小非线性失真

由于晶体管输入和输出特性曲线呈非线性，放大电路的输出波形不可避免地存在一些非线性失真，这种现象叫作放大电路的非线性失真。

假设在一个开环放大电路中输入一正弦信号，因电路中元件的非线性，输出信号产生了失真，且失真的波形是正半周幅值大、负半周幅值小，如图 7-16a 所示。

引入负反馈后，如图 7-16b 所示，失真了的信号经反馈网络又送回到输入端，与输入信号反相叠加，得到的净输入信号为正半周小而负半周大。这样正好弥补了放大器的缺陷，使输出信号比较接近于正弦波。

从本质上讲，负反馈只能减小失真，不能完全消除失真，并且对输入信号本身的失真也不能减小。

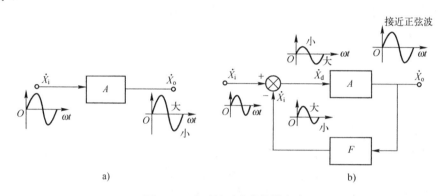

图 7-16　负反馈减小非线性失真

3．展宽通频带

负反馈展宽通频带如图 7-17 所示，因为放大电路在中频段的开环放大倍数 A 较高，反馈信号也较大，因而净输入信号降低得较多，闭环放大倍数 A_f 也随之降低较多；而在低频段和高频段开环放大倍数 A 较低，反馈信号较小，因而净输入信号降低得较少，闭环放大倍数 A_f 也降低较少。这样使放大倍数在比较宽的频段上趋于稳定，即展宽了通频带。

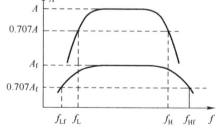

图 7-17　负反馈展宽通频带

4．改变输入电阻

对于串联负反馈，由于反馈网络和输入回路串联，总输入电阻为基本放大电路本身的输入电阻与反馈网络的等效电阻两部分串联相加，故可增大放大电路的输入电阻。

对于并联负反馈，由于反馈网络和输入回路并联，总输入电阻为基本放大电路本身的输入电阻与反馈网络的等效电阻两部分并联，故可减小放大电路的输入电阻。

5．改变输出电阻

对于电压负反馈，由于反馈信号正比于输出电压，反馈的作用是使输出电压趋于稳定，使其受负载变动的影响减小，即使放大电路的输出特性接近理想电压源特性，故而可减小输出电阻。

对于电流负反馈，由于反馈信号正比于输出电流，反馈的作用是使输出电流趋于稳定，使其受负载变动的影响减小，即使放大电路的输出特性接近理想电流源特性，故而可增大输出电阻。

负反馈对放大电路性能的改善程度都与反馈深度（$1+AF$）有关，反馈深度越大，对放大电路放大性能的改善程度越大。

思考与练习

1．什么是负反馈？什么是正反馈？
2．负反馈放大器有哪几种类型？
3．引入负反馈对放大器的性能有哪几方面的影响？

7.3 集成运算放大器的应用

本节主要介绍集成运算放大器工作在线性区和非线性区的应用电路。集成运算放大器工作在线性区，其主要应用是构成各种运算电路，完成包括比例运算、加减运算、积分和微分运算等。集成运算放大器工作在非线性区，其主要应用是作电压比较。

7.3.1 比例运算放大电路

比例运算是指电路的输出电压与输入电压成正比例关系，分为反相比例运算电路和同相比例运算电路。

1．反相比例运算电路

反相比例运算电路如图 7-18 所示，输入信号 u_i 经电阻 R_1 加到集成运算放大器反相输入端，同相输入端经电阻 R_2 接地，输出电压 u_o 经反馈元件 R_f 回送到反相输入端，引入了电压并联负反馈，因此该集成运算放大器电路工作在线性区。

根据集成运算放大器工作在线性区域的两条依据"虚短"（$i_+ \approx i_- \approx 0$）和"虚断"（$u_+ \approx u_-$），有

$$u_+ = u_- = 0$$
$$i_i = i_f + i_- \approx i_f$$

由电路可知

$$i_i = \frac{u_i - u_-}{R_1} = \frac{u_i}{R_1}$$

$$i_f = \frac{u_- - u_o}{R_f} = \frac{-u_o}{R_f}$$

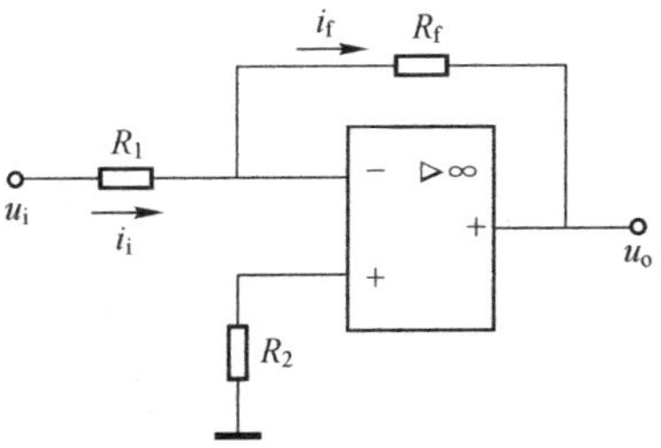

综合分析可得

图 7-18　反相比例运算电路

$$\frac{u_i}{R_1} = -\frac{u_o}{R_f}$$

$$u_o = -\frac{R_f}{R_1}u_i \tag{7-11}$$

因此，闭环（引入反馈后的）电压放大倍数为

$$A_{\mathrm{uf}} = \frac{u_{\mathrm{o}}}{u_{\mathrm{i}}} = -\frac{R_{\mathrm{f}}}{R_1} \tag{7-12}$$

式（7-12）表明，该电路的输出与输入之间符合比例运算关系，负号表示 u_{o} 与 u_{i} 相位相反，故称为反相比例运算电路。改变 R_{f} 与 R_1 的比值，即可改变 A_{uf} 的值。若取 $R_1 = R_{\mathrm{f}}$，则 $A_{\mathrm{uf}} = -1$，这时输出电压与输入电压数值相等、相位相反，即 $u_{\mathrm{o}} = -u_{\mathrm{i}}$，称此电路为反相器。

在反相比例运算电路中，只要 R_1 和 R_{f} 的阻值足够精确，就可保证比例运算的精度和工作稳定性。与晶体管构成的电压放大电路相比，显然，用集成运算放大器设计电压放大电路既方便，性能又好，且可以按比例缩小。

图 7-19 中的 R_2 称为静态平衡电阻，其作用是为了使静态运算放大器的输入级差动放大器的偏置电流保持平衡，即运算放大器的两输入端对地静态电阻应相等，所以要求 $R_2 = R_1 /\!/ R_{\mathrm{f}}$。

2. 同相比例运算电路

同相比例运算电路如图 7-19 所示，输入信号 u_{i} 通过外接电阻 R_2 输送到同相输入端，而反相输入端经电阻 R_1 接地。反馈电阻 R_{f} 跨接在输出端和反相输入端之间，形成电压串联负反馈，集成运算放大器工作在线性区。

根据电路平衡性，设计电路时，要求 $R_1 = R_2 /\!/ R_{\mathrm{f}}$。

根据集成运算放大器工作在线性区域时的两条依据"虚短"（$u_+ \approx u_-$）和"虚断"（$i_+ \approx i_- \approx 0$），可得

$$u_+ \approx u_- = u_{\mathrm{i}}$$

$$i_{\mathrm{f}} + i_- \approx i_{\mathrm{f}} \approx i_1 = \frac{u_{\mathrm{i}}}{R_1}$$

由图可列出等式

$$\frac{0 - u_{\mathrm{i}}}{R_1} = \frac{u_{\mathrm{i}} - u_{\mathrm{o}}}{R_{\mathrm{f}}}$$

可解得

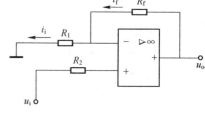

图 7-19　同相比例运算电路

$$u_{\mathrm{o}} = \left(1 + \frac{R_{\mathrm{f}}}{R_1}\right) u_{\mathrm{i}} \tag{7-13}$$

因此得闭环电压放大倍数为

$$A_{\mathrm{uf}} = \frac{u_{\mathrm{o}}}{u_{\mathrm{i}}} = 1 + \frac{R_{\mathrm{f}}}{R_1} \tag{7-14}$$

由式（7-14）可见，u_{o} 与 u_{i} 成正比且同相，故称此电路为同相比例运算电路。也可认为 u_{o} 与 u_{i} 之间的比例关系与集成运算放大器本身无关，只取决于电阻，其精度和稳定度非常高。A_{uf} 为正值，这表示 u_{o} 与 u_{i} 同相。且 A_{uf} 总是大于或等于 1，即只能放大信号，这点与反相比例运算电压跟随器电路不同。

当图中的 $R_1 = \infty$（断开）或 $R_{\mathrm{f}} = 0$ 时，则 $A_{\mathrm{uf}} = u_{\mathrm{o}}/u_{\mathrm{i}} = 1$，输出电压与输入电压始终相同，这时电路称为电压跟随器。

7.3.2　加减运算电路

1. 加法运算电路

集成运算放大器完成加法运算，主要有反相加法和同相加法两种电路形式，常用的是反

相加法电路，下面予以介绍。

如果在反相比例运算电路的输入端增加若干输入电路，反相加法电路如图 7-20 所示。则构成反相加法运算电路。

利用"虚断"以及节点电流定律得

$$i_f = i_1 + i_2 + i_3$$

依据 $u_+ \approx u_- \approx 0$ 有

$$i_1 = \frac{u_{i1}}{R_1}, i_2 = \frac{u_{i2}}{R_2}, i_3 = \frac{u_{i3}}{R_3}$$

利用反相比例运算关系

$$u_o = -\frac{R_f}{R_1} u_i$$

整理可得

$$u_o = -\left(\frac{R_f}{R_1} u_{i1} + \frac{R_f}{R_2} u_{i2} + \frac{R_f}{R_3} u_{i3} \right) \tag{7-15}$$

当 $R_1 = R_2 = R_3 = R$ 时，则上式可变为

$$u_o = -\frac{R_f}{R} (u_{i1} + u_{i2} + u_{i3}) \tag{7-16}$$

在此，平衡电阻为

$$R_4 = R_1 /\!/ R_2 /\!/ R_3 /\!/ R_f$$

同理，如果在同相比例运算电路的输入端增加若干输入电路，同相加法电路如图 7-21 所示。

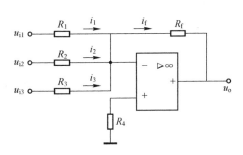

图 7-20 反相加法电路

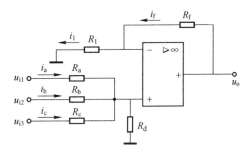

图 7-21 同相加法电路

根据同相加法运算电路，推导可得输出电压和输入电压关系为

$$u_o = \left(1 + \frac{R_f}{R_1} \right) \left(\frac{R_+}{R_a} u_{i1} + \frac{R_+}{R_b} u_{i2} + \frac{R_+}{R_c} u_{i3} \right) \tag{7-17}$$

其中，电阻间满足平衡条件 $R_+ = R_a /\!/ R_b /\!/ R_c /\!/ R_d$。

2. 减法运算电路

如果运算放大器的两个输入端都有信号输入，则为差分输入减法运算，电路如图 7-22 所示。根据叠加原理可知，u_o 为 u_{i1} 和 u_{i2} 分别单独在反相比例运算电路和同相比例运算电路上产生的响应之和，即 u_{i1} 单独作用时（u_{i1}=0）为反相输入比例

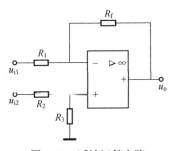

图 7-22 减法运算电路

运算电路，其输出电压为

$$u_{o1} = -\frac{R_f}{R_1}u_{i1}$$

u_{i2} 单独作用时（$u_{i1}=0$）为同相输入比例运算，其输出电压为

$$u_{o2} = \left(1+\frac{R_f}{R_1}\right)\frac{R_3}{R_2+R_3}u_{i2}$$

故可得两者共同作用时的输出电压为

$$u_o = u_{o1} + u_{o2} = -\frac{R_f}{R_1}u_{i1} + \left(1+\frac{R_f}{R_1}\right)\frac{R_3}{R_2+R_3}u_{i2} \tag{7-18}$$

可见，此电路输出电压与两输入电压之差成比例，故称其为差动运算电路或减法运算电路。其差模放大倍数只与电阻 R_1 与 R_f 的取值有关。当 $R_1=R_f$、$R_2=R_3$ 时，则得 $u_o=u_{i2}-u_{i1}$。

7.3.3 微分和积分电路

1. 微分运算电路

在反相比例运算电路中，将反馈电阻 R_1 用电容 C 代替，就组成了微分运算电路，如图 7-23 所示。

依据 $i_+ \approx i_- \approx 0$，$u_+ \approx u_- \approx 0$ 可得

$$i_R = i_C$$

而

$$i_C = C\frac{d(u_i - u_-)}{dt} = C\frac{du_i}{dt}$$

$$i_R = \frac{u_- - u_o}{R} = -\frac{u_o}{R}$$

所以

$$u_o = -RC\frac{du_i}{dt} \tag{7-19}$$

可见 u_o 与 u_i 的微分成比例，因此称为微分运算电路，负号表示输出与输入反相。RC 为微分时间常数，其值大小决定微分作用的强弱。

2. 积分运算电路

微分与积分互为逆运算，只需要将电容 C 和反馈电阻 R_f 互换位置即可，积分运算电路基本形式如图 7-24 所示。

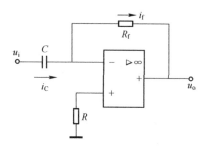

图 7-23　微分运算电路

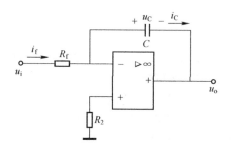

图 7-24　积分运算电路基本形式

由电路可得

$$u_o = -u_c + u_- = -u_c$$

而

$$u_c = \frac{1}{C}\int i_c \mathrm{d}t + u_c(0)$$

式中，$u_c(0)$是积分前时刻电容 C 上的电压，称为电容端电压的初始值。

所以

$$u_o = -u_c = -\frac{1}{C}\int i_c \mathrm{d}t - u_c(0)$$

可得

$$u_o = -\frac{1}{RC}\int u_1 \mathrm{d}t - u_c(0) \tag{7-20}$$

当 $u_c(0)=0$ 时

$$u_o = -\frac{1}{RC}\int u_1 \mathrm{d}t \tag{7-21}$$

可见，u_o 与 u_i 的积分成比例，因此称为积分运算电路。

7.3.4 电压比较器

电压比较器的功能是将一个输入电压和另一个基准电压的大小进行比较，并将比较结果在输出端用高或低电平表示出来。它通常应用于越限报警、数模转换、波形产生等方面。

在电压比较器中，集成运算放大器工作在开环或正反馈形式的非线性状态，所以运算放大器此时的输出电压只有两个电平值，即$+U_{OH}$ 和$-U_{OL}$，输出电压由一个电平跳到另一个电平的临界条件是两个输入端电位相等，即$u_+ = u_-$。因此，分析电压比较器的步骤如下。

1）根据临界条件 $u_+ = u_-$，求出比较器的输出电压从一个电平跳到另一个电平时所对应的输入电压值，该输入电压叫作"阈值电压"，简称为阈值，用 U_{TH} 表示。

2）根据输出与输入的对应关系，画出比较器的传输特性。

简单电压比较器通常采用开环形式，其阈值电压 U_{TH} 为某一固定值。当输入电压加在运算放大器的同相输入端时称为同相电压比较器；当输入电压加在运算放大器的反相输入端时称为反相电压比较器。简单电压比较器如图 7-25 所示，图中 u_i 为输入电压，U_R 为基准电压。

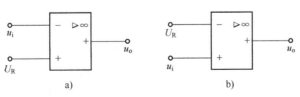

图 7-25　简单电压比较器

a）反相比较器　b）同相比较器

下面以同相电压比较器为例分析。

由理想运算放大器工作在非线性状态的虚断概念 $i_+ = i_- = 0$，可知

$$u_-=U_\mathrm{R}$$
$$u_+=u_\mathrm{i}$$

根据临界条件 $u_+ = u_-$，得阈值电压 $U_\mathrm{TH} = U_\mathrm{R}$，当 $u_\mathrm{i}>U_\mathrm{R}$ 时，$u_+ > u_-$，$u_\mathrm{o} = +U_\mathrm{OH}$；当 $u_\mathrm{i}<U_\mathrm{R}$ 时，$u_+< u_-$，$u_\mathrm{o} = -U_\mathrm{OL}$。由此可以画出其传输特性曲线，如图 7-26a 所示。

同理，可以分析并画出反相比较器的传输特性曲线，如图 7-26b 所示。

若改变基准电压 U_R 的大小，即可改变阈值电压 U_TH。若 $U_\mathrm{R} = 0$，则 $U_\mathrm{TH} = U_\mathrm{R}=0$，此时的比较器称为过零同相电压比较器。

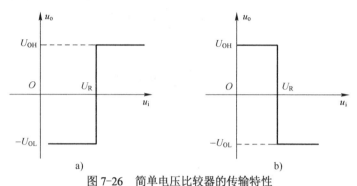

图 7-26　简单电压比较器的传输特性

a) 同相比较器的传输特性　b) 反相比较器的传输特性

同样，为了限制输出电压的最大值，可用双向稳压管来限幅，形成过零双向限幅比较器。稳压管的接入有两种方法：一是接在运算放大器的输出端，如图 7-27a 所示；二是接在输出和反相输入端之间，如图 7-27b 所示，从而形成过零限幅比较器。

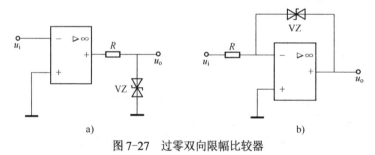

图 7-27　过零双向限幅比较器

a) 接在输出端　b) 接在输出和反相输入端之间

7.3.5　滞回比较器

简单电压比较器中的阈值电平是固定的，当输入电压达到阈值电压时，输出电平立即翻转，用简单电压比较器来检测未知电压，具有较高的灵敏度。但是它易受噪声或干扰的影响，造成误翻转。在自动控制系统中，若输入电压恰好在临界值附近变化，将使 u_o 不断由一个电平值翻转到另一个电平值，引起执行机构频繁动作，这是很不利的。为了克服此缺点，可以采用图 7-28 所示的同相滞回电压比较器，该电路的灵敏度虽然低一些，但抗干扰的能力比较强。

滞回电压比较电路是在简单电压比较器的基础上增加了正反馈元件 R_3。由于集成运算放大器工作在非线性区，那么它的输出只可能有两种状态：正向饱和电压+U_om 和负向饱和电压-U_om。由图 7-28 可知，集成运算放大器的同相端电压 u_+是由输出电压和参考电压共同作用叠加而成的，因此，集成运算放大器的同相端电压 u_+ 也有两个。

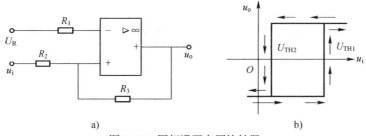

a)   b)

图 7-28　同相滞回电压比较器

a) 电路图　b) 传输特性

从图 7-28a 可得

$$u_- = U_R$$

$$u_+ = \frac{R_2}{R_2 + R_3}u_o + \frac{R_3}{R_2 + R_3}u_i$$

当 $u_- = u_+$ 时，阈值所对应的 u_i 值就是临界阈值电压，联立上式可得

$$U_{TH} = u_i = \left(1 + \frac{R_2}{R_3}\right)U_R - \frac{R_2}{R_3}u_o$$

由于 u_o 的取值有两种可能（正向最大与反相最大），因此 U_{TH} 的值也有两种可能：

1）当输出电压为负最大时，即 $u_o = U_{OL} = -U_{om}$ 时，可得上阈值

$$U_{TH1} = \left(1 + \frac{R_2}{R_3}\right)U_R - \frac{R_2}{R_3}U_{OL} = \left(1 + \frac{R_2}{R_3}\right)U_R + \frac{R_2}{R_3}U_{om} \tag{7-22}$$

2）当输出电压为正最大时，即 $u_o = U_{OH} = +U_{om}$ 时，可得下阈值

$$U_{TH2} = \left(1 + \frac{R_2}{R_3}\right)U_R - \frac{R_2}{R_3}U_{OH} = \left(1 + \frac{R_2}{R_3}\right)U_R - \frac{R_2}{R_3}U_{om} \tag{7-23}$$

显然，$U_{TH1} > U_{TH2}$，其中 U_{TH1} 称上限阈值电压，U_{TH2} 称下限阈值电压。

电路的传输特性曲线如图 7-28b 所示。由图可以看出，随着输入信号 u_i 的不断增大过程中，当输入信号小于 U_{TH2} 时，输出为负向最大；当输入信号大于 U_{TH1} 时，输出为正向最大；反之，随着信号的不断减小，只有当输入信号小于 U_{TH2} 后，输出才调回到反向最大。由传输特性曲线形状也可看出，曲线在阈值点处形成回环（类似于磁性材料的磁滞回线），因此称这种具有滞后回环特性的比较器为滞回比较器（又称为施密特触发器）。

滞回比较器有两个阈值，两阈值之差（$U_{TH1} - U_{TH2}$）称为回差电压，用 ΔU 表示。回差电压是滞回比较器的一个重要参数，回差电压越大，滞回比较器的抗干扰能力越强。在生产实践中，经常需要对温度、水位进行控制，这些都可以用滞回比较器来实现。

思考与练习

1. 集成运算放大器应用于信号运算时工作在什么区？

2. 作为电压比较器时，集成运算放大器工作在什么区？

3．什么是回差电压？

7.4 技能训练 基本运算放大电路功能验证

1．训练目的

1）熟悉集成运算放大器的电路连接。

2）掌握基本运算放大电路的运算关系。

2．训练器材

直流电源（±12V）一台，函数信号发生器一台，直流电压表一块，交流毫伏表一块，集成运算放大器 μA741一片，电阻器若干。

3．训练内容、步骤

（1）反相比例运算电路

1）调零。按图 7-29 所示反相比例运算电路接线并接通±12V 电路，输入端对地短路，用万用表直流档（量程要小）测量输出端的电压 u_o，并调节电位器 RP 使 $u_o \approx 0$ 为止（万用表的量程要逐渐减至最小）。至此，准备工作完毕。

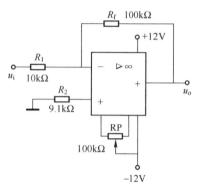

图 7-29 反相比例运算电路

2）输入 f=100Hz、u_i=0.5V 的正弦交流信号，测量相应的 u_o，用双踪示波器同时观察 u_i、u_o 波形并记录。

（2）同相比例运算电路

1）按图 7-30a 所示同相比例运算电路连接电路。调零操作内容及步骤同（1）中的 1）。

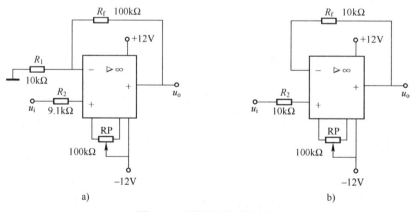

a)   b)

图 7-30 同相比例运算电路

2）将图 7-30a 中的 R_1 断开，得到图 7-30b 所示电压跟随器电路，重复内容 1）。

（3）反相加法运算电路

1）按图 7-31 所示反相加法运算电路连接实验电路，进行调零。

2）输入信号采用直流信号，图 7-32 所示电路为简易可调直流信号源，由实验者自行完成。实验时要注意选择合适的直流信号幅度以确保集成运算放大器工作在线性区。用直流电压表测量输入电压 U_{i1}、U_{i2} 及输出电压 U_o，并记录。

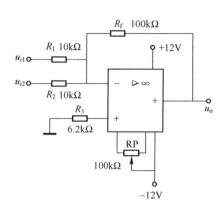

图 7-31　反相加法运算电路

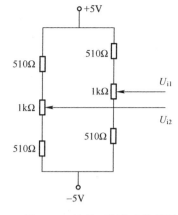

图 7-32　简易可调直流信号源

（4）减法运算电路

1）按图 7-33 所示减法运算电路连接实验电路，进行调零，操作内容及步骤同（1）中的 1）。

2）采用直流输入信号，实验步骤同内容（3）中的 2）。

4．数据分析与总结

1）分析数据，画出波形图。

2）分析 u_i、u_o 波形，从它们波形的峰值计算电压放大倍数，并与理想值比较。

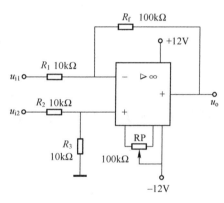

图 7-33　减法运算电路

7.5　习题

1．为什么运算电路中集成运算放大器必须引入负反馈？

2．判断图 7-34 所示电路中是否有反馈？如果有，是哪种反馈（直流还是交流）？是正反馈还是负反馈？

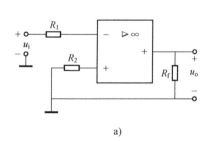

a)

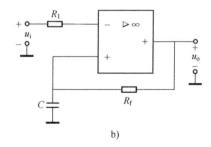

b)

图 7-34　题 2 图

3．理想运算放大器组成如图 7-35 所示，分别写出各自的输入、输出的关系式。

4．理想运算放大器组成如图 7-36 所示，试写出 u_o-u_i 的表达式。

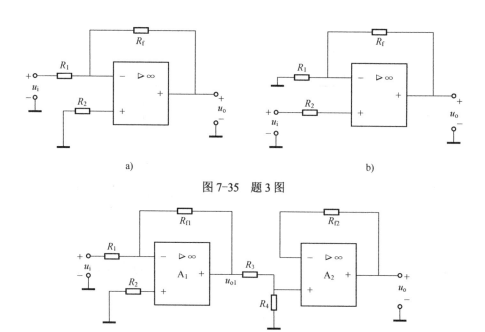

a)   b)

图 7-35 题 3 图

图 7-36 题 4 图

5. 如图 7-37 所示，已知 $u_{i1}=-0.1V$、$u_{i2}=-0.8V$、$u_{i3}=0.2V$、$R_{11}=60k\Omega$、$R_{12}=30k\Omega$、$R_{13}=20k\Omega$、$R_f=200k\Omega$，试计算电路的输出电压 u_o 及平衡电阻 R_2。

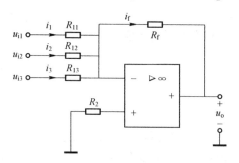

图 7-37 题 5 图

6. 写出图 7-38 所示的电路中 u_o-u_i 的关系式。

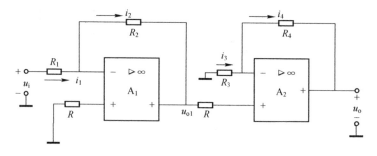

图 7-38 题 6 图

第8章　直流稳压电源

小功率直流电源一般由交流电源、变压器、整流、滤波和稳压电路几部分组成。在电路中，变压器将常规的交流电压（220V/380V）变换成所需要的交流电压；整流电路将交流电压变换成单方向脉动的直流电；滤波电路再将单方向脉动的直流电中所含的大部分交流成分滤掉，得到一个较平滑的直流电；稳压电路用来消除由于电网电压波动、负载改变对其产生的影响，从而使输出电压稳定。

8.1　整流与滤波电路

二极管具有单向导电性，利用二极管的这一特性可以组成整流电路。整流电路分为半波整流和全波整流。

8.1.1　单相半波整流电路

1. 电路组成与工作原理

图 8-1 所示电路为单相半波整流电路，主要由电源变压器、整流二极管和负载电阻组成。

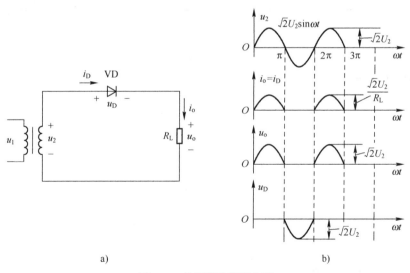

a)

b)

图 8-1　单相半波整流电路

a) 电路图　b) 波形图

将整流二极管视作理想二极管，正向电阻为 0，反向电阻为无穷大。u_2 为变压器二次侧交流电压，设 $u_2 = \sqrt{2}U_2\sin\omega t$，当输入电压 u_2 为正半周时，极性上正下负，二极管承受正向电压导通，此时负载上的电压为 u_o；当输入电压 u_2 为负半周时，极性上负下正，二极管承受反向电压截止，输出电压为 0。即 u_2 正半周，二极管 VD 导通；u_2 负半周，二极管 VD 截止。在一个周期内，R_L 上输出波形如图 8-2b 所示，i_D 电流和负载电压波形相似，二极管的电压和输出电压刚好相反。

由于流过负载的电流和加在负载两端的电压只有半个周期的正弦波，故称为半波整流。

2．参数计算

（1）输出电压的平均值 U_O

输出电压的平均值 U_O 是指一个周期内脉动电压的平均值，其式为

$$U_O = \frac{1}{2\pi} \int_0^\pi \sqrt{2}U_2 \sin \omega t d(\omega t) = \frac{\sqrt{2}U_2}{\pi} \approx 0.45U_2 \tag{8-1}$$

上式表示了半波整流电路的直流分量是交流电压有效值的 0.45 倍。

（2）流过负载上 R_L 上的电流平均值 I_O 为

$$I_O = I_D = \frac{U_O}{R_L} = 0.45\frac{U_2}{R_L} \tag{8-2}$$

（3）二极管的正向平均电流 I_D

由图 8-1 可知，流过二极管的平均电流与流过负载的电流相等，即

$$I_D = I_O = 0.45\frac{U_2}{R_L} \tag{8-3}$$

（4）二极管承受的最大反向电压 U_{RM}

在半波整流电路中，当二极管反向截止时，电压 u_2 负半周将全部加在二极管两端，且为反向电压。因此，这时二极管承受的反向峰值电压 U_{RM} 就是变压器二次侧电压的最大值，即

$$U_{RM} = \sqrt{2}U_2 \tag{8-4}$$

3．二极管的选择

选择二极管一般应根据整流电路中通过二极管的电流平均值 I_D 和所承受的最高反向电压 U_{RM} 来选择，即必须满足条件

$$I_F \geqslant I_D = 0.45\frac{U_2}{R_L}$$

$$U_{RM} = \sqrt{2}U_2$$

由以上分析可知，单相半波整流电路结构简单，所用二极管少，但其缺点是转换效率低，输出电压的平均值小，脉动大。

8.1.2 单相桥式整流电路

1．电路组成及工作原理

单相桥式整流电路由变压器和 4 个同型号的二极管组成，二极管接成电桥形式称为桥式整流，单相桥式整流电路如图 8-2 所示。为了计算方便，把二极管作为理想元件，即正向导通电阻为零，反向截止电阻为无穷大，图 8-2b 是桥式整流电路的简化画法。

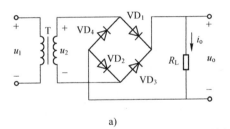 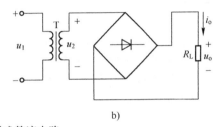

图 8-2　单相桥式整流电路

a) 电路组成　b) 简化画法

当变压器二次侧电压 $u_2 = \sqrt{2}U_2\sin\omega t$ 为正半周期（即上正下负）时，二极管 VD_1 和 VD_3 导通，VD_2 和 VD_4 截止，电流的通路为 $u_{2+} \to VD_1 \to R_L \to VD_3 \to u_{2-}$，这时负载电阻 R_L 上得到一个正弦半波电压。当变压器二次侧电压 u_2 为负半周期（即上负下正）时，二极管 VD_1 和 VD_3 反向截止，VD_2 和 VD_4 导通，电流的通路为 $u_{2-} \to VD_2 \to R_L \to VD_4 \to u_{2+}$，同样，在负载电阻上得到一个正弦半波电压，如图 8-3 所示为单相桥式整流电路波形图。显然，它是单方向全波脉动的直流波形。

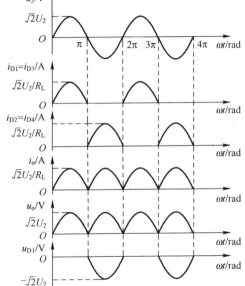

2. 参数计算

（1）整流电压平均值 U_O

从上面分析得知，桥式整流中负载所获得的直流电压比半波电路提高了一倍，即

$$U_O = 2 \times 0.45 U_2 = 0.9 U_2 \qquad (8\text{-}5)$$

式（8-5）表示了桥式整流电路的直流分量是交流电压有效值的 0.9 倍。

（2）负载电流平均值

流过负载上的电流平均值为

$$I_O = 0.9 \frac{U_2}{R_L} \qquad (8\text{-}6)$$

图 8-3　单相桥式整流电路波形图

（3）二极管的正向平均电流

在桥式整流电路中，二极管 VD_1、VD_3 和 VD_2、VD_4 轮流导通，分别与负载串联，因此，流过每个二极管的平均电流为 I_O 的一半，即

$$I_D = \frac{1}{2}I_O = 0.45\frac{U_2}{R_L}$$

（4）二极管承受的最大反向电压 U_{RM}

二极管承受的最大反向电压 U_{RM} 从图中可以看出，在 u_2 的正半周时，VD_1、VD_3 导通，这时 u_2 直接加在 VD_1、VD_3 上，因此 VD_2、VD_4 所承受的最大反向电压 U_{RM} 为 u_2 的峰值，即

$$U_{RM} = \sqrt{2}U_2$$

思考与练习

1. 直流稳压电源一般由哪几部分组成？各部分的作用是什么？
2. 在半波整流电路中，二极管承受的最大反向电压是多少？
3. 在单相桥式整流电路中，若有一只整流管接反会出现什么情况？
4. 在单相桥式整流电路中，若有一只二极管断开或击穿短路会出现什么情况？

8.2 滤波电路

8.2 滤波电路

整流电路的输出电压是单向脉动的直流电压，其中含有较大的脉动成分。当负载需要脉动很小的比较平滑的直流电压时，就必须在整流电路之后再加滤波电路，以减少输出电压中的脉动成分。

8.2.1 电容滤波电路

电容滤波电路如图 8-4 所示，它在整流电路输出端与负载之间并联了一个大容量的电容。

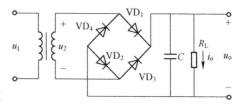

图 8-4　电容滤波电路

图 8-5 所示为电容滤波电路输入、输出波形。设电容器事先未充电，在 u_2 的正半周时，二极管 VD_1、VD_3 导通，忽略二极管正向压降，则 $u_o=u_2$，这个电压一方面给电容充电，一方面产生负载电流 i_o，电容 C 上的电压与 u_2 同步增长，当 u_2 达到峰值后开始下降，而 $u_C = u_{2max} > u_2$，二极管截止。如图 8-5 所示的峰值 A 点之后，电容 C 以指数规律经 R_L 放电，u_C 逐渐下降。当放电到 B 点时，u_2 经负半周后又开始上升，当 $u_2 > u_C$ 时，电容再次被充电并逐步跟随 u_2 达到峰值 C 点，然后又因 $u_C > u_2$ 二极管截止，电容 C 再次经 R_L 放电。这样，在输入正弦电压的一个周期内，电容器充电两次，放电两次，反复循环。通过这种周期性充放电，以达到滤波效果。

由于电容的不断充、放电，使得输出电压的脉动性减小，而且输出电压的平均值有所提高。输出电压平均值 u_o 的大小，显然与 R_L 和 C 的大小有关，R_L 越大，C 越大，电容放电越慢，u_o 越高。在极限情况下，当 $R_L=\infty$ 时，$u_o=u_C=u_{2max}$，不再放电，输出电压稳定在一个

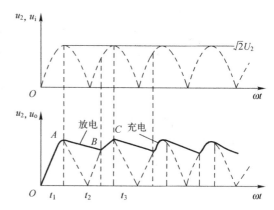

图 8-5　电容滤波电路输入、输出波形

很高的值。当 R_L 很小时，C 放电很快，甚至与 u_2 同步下降，则 $u_o=0.9u_2$，即 R_LC 对输出电压的影响很大，由此可见电容滤波电路适用于负载较小的场合。

在工程实际应用中，当满足 $R_LC \geqslant (3\sim5)T/2$ 时，可按下式估算带电容滤波器的桥式整流电路的输出直流电压

$$U_O = 1.2\,U_2 \qquad\qquad (8\text{-}7)$$

电容滤波简单，滤波效果较好，缺点是外电路特性较差，负载电流不能过大，否则会影响滤波效果，所以电容滤波适用于负载变动不大、电流较小的场合。另外，由于输出直流电压较高，整流二极管截止时间长，导通角小，故整流二极管冲击电流较大，所以在选择二极管时，要注意选整流电流 I_F 较大的二极管。

8.2.2　电感滤波电路

电感滤波电路如图 8-6 所示，电感 L 起着阻止负载电流变化使之趋于平缓的作用。在电路中，当负载电流 i_o 增加时，自感电动势将阻碍电流增加，同时把一部分能量存储于线圈的磁场中；当电流减小时，反电动势将阻止电流的减小，同时把存储的能量释放出来，从而使输出电压和电流的脉动成分减少，达到滤波的目的。

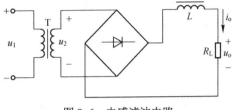

图 8-6　电感滤波电路

在整流电路输出的电压中，其直流分量由于电感 L 近似于短路而全部加到负载 R_L 的两端，即 $U_O = 0.9U_2$。交流分量由于电感 L 的感抗远大于负载电阻，从而大部分降落在电感上，负载 R_L 上只有很小的交流电压，这种电路一般只用于大电流、低电压的场合。

8.2.3　复式滤波电路

复式滤波电路是将电容滤波与电感滤波组合，可进一步减少脉动成分，提高滤波效果。常用的有 LC 滤波器、π型 LC 滤波器和π型 RC 滤波器等，复式滤波器如图 8-7 所示。

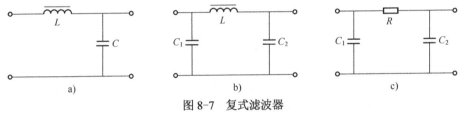

图 8-7　复式滤波器

a) LC 滤波器　b) π型 LC 滤波器　c) π型 RC 滤波器

1. LC 滤波器

图 8-7a 所示的 LC 滤波器是在经电感滤波的基础上又接了一级电容滤波，这样的双重滤波，使得输出的电压更加平缓。

2. π型 LC 滤波器

图 8-7b 所示的π型 LC 滤波器是在电容滤波的基础上又接了一级 LC 滤波，由于电容 C_1、C_2 对交流的容抗很小，电感对交流的感抗很大，所以π型 LC 滤波电路的输出电压比 LC 滤波电路的输出电压更加平滑。若负载 R_L 上的电流较小时，也可用电阻 R 代替电感 L，组成π型 RC 滤波器，如图 8-7c 所示。

思考与练习

1. 滤波电路的目的是什么？
2. 电容滤波和电感滤波各有什么特点？

3．常用的复式滤波电路有哪些？

8.3 稳压电路

经过整流和滤波后的电压往往会随交流电源电压的波动和负载的变化而改变，因此必须采取稳压措施，在整流滤波电路后加上稳压电路。

8.3.1 稳压管稳压电路

1. 电路组成

稳压二极管稳压电路是最简单的直流稳压电路，电路由稳压二极管 VZ 和限流电阻 R 组成，稳压二极管在电路中应为反向连接，它与负载电阻 R_L 并联后，再与限流电阻串联。图 8-8 所示为稳压管稳压电路，由于 VZ 与 R_L 并联，所以也称为并联型稳压电路。

图 8-9 所示波形为硅稳压管的伏安特性曲线。

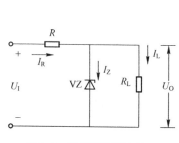

图 8-8　稳压管稳压电路

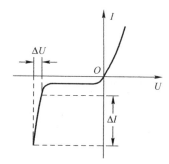

图 8-9　硅稳压管的伏安特性曲线

2. 稳压电路的工作原理

对于直流电源而言，引起输出电压不稳定的主要原因是交流电源电压的波动及负载电流的变化。为此，需要分别从以下两种情况分析稳压原理。

（1）负载电流变化

假设交流电源电压不变，负载电阻 R_L 减小，则负载电阻 R_L 上的端电压 U_O 下降，由稳压二极管的伏安特性曲线 8-9 可知，当 U_O 稍有下降时，稳压二极管的电流 I_Z 就会显著减小，结果通过限流电阻 R 的电流 I_R 减小，则 R 上的压降 U_R 减少，从而使已经降低的 U_O 回升，使 U_O 基本保持不变。这一稳压过程可表示为：$R_L\downarrow\rightarrow U_O\downarrow\rightarrow I_Z\downarrow\rightarrow I_R\downarrow\rightarrow U_R\downarrow\rightarrow U_O\uparrow$。

（2）交流电源电压波动

假设负载电阻 R_L 不变，交流电源电压 u 增加时，则负载电阻 R_L 上的端电压 U_O 增加，由稳压二极管的伏安特性可知，当 U_O 稍有增加时，稳压二极管的电流 I_Z 就会显著增加，结果通过限流电阻 R 的电流 I_R 增加，则 R 上的压降 U_R 增加，从而使已经增加的 U_O 降低，使 U_O 基本保持不变。这一稳压过程可表示为：$u\uparrow\rightarrow U_O\uparrow\rightarrow I_Z\uparrow\rightarrow I_R\uparrow\rightarrow U_R\uparrow\rightarrow U_O\downarrow$。

由此可见，硅稳压管电路利用稳压管的稳压特性可以使输出电压保持稳定。电阻 R 在稳压电路中起到了限流和调节的双重作用。这种稳压电路的优点是元器件少，电路简单，常用于小型电子设备和局部电路中。但它还存在两个缺点，一是受稳压管最大稳定电流的限制，负载电流不能太大；二是输出电压不能调节，并且电压的稳定度也不够高。因此，它适用于负载电流较小，稳定度要求不高的场合。当电网电压或负载电流变化太大或要求输出电压 U_O 大小可调节时，一般采用串联型晶体管稳压电路。

8.3.2 串联稳压电路

1. 电路组成

串联型晶体管稳压电路如图 8-10 所示，它由取样环节、基准电压环节、比较放大环节及调整环节 4 部分组成。

（1）取样环节

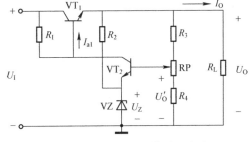

取样环节由 R_3、R_4、RP 组成的分压电路构成。取样电路取出输出电压 U_O 的一部分 U_O 送至比较放大环节与基准电压 U_Z 比较，调节电位器 RP 滑动端的位置则可改变 U'_O 的大小。

（2）基准电压环节

图 8-10　串联型晶体管稳压电路

基准电压环节由稳压管 VZ 和限流电阻 R_2 组成。它提供稳定的基准电压 U_Z，使 VT_2 的发射极电位固定不变。

（3）比较放大环节

晶体管 VT_2 和电阻 R_1 组成的直流放大电路构成比较放大环节。晶体管 VT_2 的基-射极电压 U_{BE2} 是取样电压 U'_O 与基准电压 U_Z 之差，这个电压差值经放大后去控制调整管 VT_1。R_1 既是调整管 VT_1 的基极偏置电阻，又是 VT_2 的集电极负载电阻。

（4）调整环节

调整环节由工作在线性放大区的调整管 VT_1 组成。它的基极电流 I_{b1} 受比较放大电路输出信号的控制，I_{b1} 的变化将使 VT_1 的压降 U_{CE1} 作相应的变化，从而使输出电压 U_O 接近变化前的数值。由于 VT_1 和负载 R_L 是串联的，所以这种电路被称为串联型晶体管稳压电路。

2. 工作原理

当输入电压 U_1 或负载电阻 R_L 增大引起输出电压 U_O 增加时，取样电压 U'_O 相应增加，与固定不变的基准电压 U_Z 比较后，使 VT_2 的基-射极电压 U_{BE2} 增大，基极电流 I_{B2} 增大，集电极电流 I_{C2} 上升，集-射极电压 U_{CE2} 下降，于是调整管 VT_1 的 U_{BE1} 降低，则 I_{B1}、I_{C1} 随之下降，而管压降 U_{CE1} 升高，下降，最终使 U_O 保持基本不变。电路自动调整过程如下：

$$U_1 \uparrow（或 R_L \uparrow）\rightarrow U_O \uparrow \rightarrow U'_O \uparrow \rightarrow U_{BE2} \uparrow \rightarrow I_{B2} \uparrow \rightarrow I_{C2} \uparrow \rightarrow U_{CE2} \downarrow$$

$$U_O \downarrow \leftarrow U_{CE1} \uparrow \leftarrow I_{C1} \downarrow \leftarrow I_{B1} \downarrow \leftarrow U_{BE1} \downarrow$$

同理，当 U_1 或 R_L 减小而使输出电压 U_O 降低时，调整过程相反，最后仍使 U_O 近似不变。

从上述调整过程可看出，该电路实质上是通过电压串联负反馈来稳定输出电压的。

3. 输出电压的调节范围

由图 8-10 所示电路可知，改变电位器 RP 滑动端的位置，输出电压 U_O 可以在一定范围内变化。其输出电压的调节范围确定如下：当 RP 的滑动端移到最上端时，取样电压 U'_O 为

$$U_O' = \frac{U_O}{(R_3 + R_{RP} + R_4)(R_{RP} + R_4)}$$

又

$$U_O = U_Z + U_{BEZ}$$

$$\frac{U_O}{R_3 + R_{RP} + R_4}(R_{RP} + R_4) = U_Z + U_{BE2}$$

求得

$$U_O = U_{Omin}\frac{U_Z + U_{BE2}}{RP + R_4}(R_3 + R_{RP} + R_4) \tag{8-8}$$

因此，输出电压 U_O 的变化范围是

$$\frac{U_Z + U_{BE2}}{R_{RP} + R_4}(R_3 + R_{RP} + R_4) \leqslant U_D \leqslant \frac{U_Z + U_{BE2}}{R_4}(R_3 + R_{RP} + R_4) \tag{8-9}$$

在实际应用中，由于调整管与负载近似为串联关系，流过调整管的电流 I_{E1} 与负载电流 I_O 近似相等，当负载过载或短路时，流过调整管的电流很大，容易损坏调整管，所以在电路中还加有过流保护等电路。另外，为了进一步提高稳压电路的稳压性能，使比较放大电路有尽可能小的零点漂移和足够的放大倍数，比较放大环节常采用差动放大电路或集成运算放大电路，这里就不再详述。

8.3.3 集成稳压电路

随着集成技术的发展，集成稳压电源的应用越来越广泛。集成稳压电源（或称为集成稳压器）是把稳压电路中的大部分元器件或全部元器件制作在一片硅片上，变成单片式稳压器。它具有体积小、重量轻、可靠性高、温度特性好、使用灵活、价格低廉等优点。

目前，大多数集成稳压电路都是采用串联型稳压电路，集成稳压电路框图如图 8-11 所示，除基本的稳压电路外，还包含有启动电路及各种保护电路。

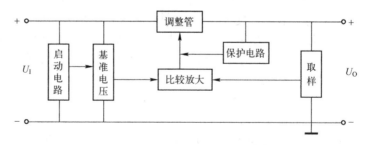

图 8-11　集成稳压电路框图

启动电路能保证集成稳压电路中的各个环节在开机时正常工作，各种保护电路能使集成稳压电路在过载（如输出电流过大，工作电压过高）时免于损坏。正常工作时，启动电路及各种保护电路都会自动断开或不影响稳压器的工作。

集成稳压器的种类很多，按工作方式可分为线性串联型和开关串联型；按输出电压方式可分为固定式和可调式；按输出电压的正负极性可分为正稳压器和负稳压器；按引出端的个数可分为三端和多端稳压器。下面主要介绍三端集成稳压电源。

所谓三端是指电压输入、电压输出和公共接地三端。三端集成稳压器分为固定式输出和可调式输出两种不同的类型。固定式三端集成稳压器可分为 78×× 正稳压和 79×× 负稳压两个系列。78×× 系列的型号有 7802、7808、7812、7815、7818 和 7824，型号的最后两位数字表示输出电压值。其额定电流以 78（79）后面的字母来区分。L 表示 0.1A，M 表示 0.5A，无字母表示 1.5A。如 7805 表示稳定电压为 5V、额定输出电流为 1.5A。

1. 固定式三端稳压器

（1）输出固定电压时的电路

1）输出正电压。采用 78×× 集成稳压器组成输出正电压稳压电路，如图 8-12 所示。图中的电容器 C_2 和 C_2 用来减少输入和输出电压的脉动，并改善负载的瞬态响应。

2）输出负电压。采用 79×× 集成稳压器，按图 8-13 所示输出负电压稳压电路接线，即可得到负的输出电压。

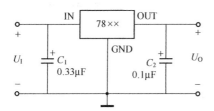

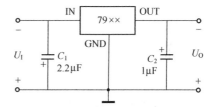

图 8-12 输出正电压稳压电路　　　　　　　　图 8-13 输出负电压稳压电路

3）输出正、负电压。在同时需要稳定的正、负直流输出电压的场合，可同时选用 78×× 和 79×× 集成稳压器，然后按图 8-14 所示同时输出正、负电压的稳压电路接线。

（2）提高输出电压的电路

78×× 系列集成稳压器的最大输出电压为 24V。当需要更大的输出电压时，可采用图 8-15 所示为提高输出电压的电路。其输出电压高于 78×× 稳压器的固定输出电压 U_{xx}，显然，$U_O=U_{xx}+U_z$。

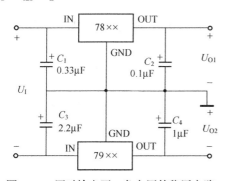

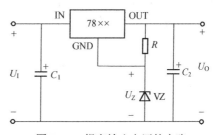

图 8-14 同时输出正、负电压的稳压电路　　　　　图 8-15 提高输出电压的电路

2. 三端可调集成稳压器

三端可调集成稳压器有正电压稳压器 317（117、217）系列和负电压稳压器 337（137、237）系列，如图 8-16 所示。三端可调集成稳压器的输出电压为 1.25～37V，输出电流可达 1.5A。使用这种稳压器非常方便，只要在输出端接两个电阻，就可得到所要求的输出电压值。

采用 317 集成稳压器组成的输出电压连续可调式稳压器电路如图 8-17 所示。它的三个端子除了输入端（In）和输出端（Out）以外，第三个端子不是公共端（接地端），而是电压调整端（Adj），通过调整端外接电阻 R_1 和电位器 RP 组成调压电路，只需调节电位器 RP 就能使输出电压在 1.2～37V 范围内连续可调。

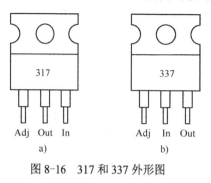

图 8-16　317 和 337 外形图

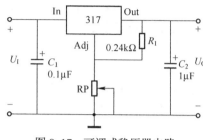

图 8-17　可调式稳压器电路

思考与练习

1. 稳压管在稳压电路中应如何连接？它是如何实现稳压的？
2. 串联型稳压电路由哪几部分组成？
3. 直流电源中的调整管工作在放大状态还是开关状态？

8.4　技能训练　直流稳压电路性能测试

1. 训练目的

1）研究单相桥式整流、电容滤波电路的特性。

2）掌握集成稳压器电路的特点和性能指标的测试方法。

2. 训练器材

可调工频电源、双踪示波器各一台，交流毫伏表、直流电压表（或万用表）、直流毫伏表各一块，整流桥 2W06、三端稳压器 W7812、电阻、电容若干。

3. 训练内容与步骤

（1）整流滤波电路测试

1）按图 8-18 所示整流滤波电路连接电路，取可调工频电源 14V 电压作为整流电路输入电压 u_2。

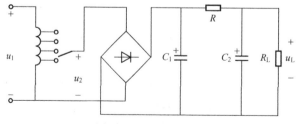

图 8-18　整流滤波电路

2）取 R_L=240Ω，不加滤波电容，测量直流输出电压 U_L 及波纹电压 $U_{L\sim}$，用示波器观察

u_2、u_L 的波形，并记入自拟表格中。

3）取 R_L=240Ω、C=470μF，重复 2）的过程，并记入自拟表格中。

4）取 R_L=120Ω、C=470μF，重复 2）的过程，并记入自拟表格中。

（2）集成稳压器性能测试

1）断开工频电源，按图 8-19 所示由 W7812 构成的串联型稳压电源改接电路，由 7812 构成串联型稳压电源，取负载 R_L=120Ω。

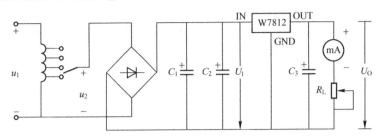

图 8-19　由 W7812 构成的串联型稳压电源

2）初测。接通工频 14V 电源，测量 U_2 的值，测量滤波电路输出电压 U_1（稳压器输出电压）、集成稳压器输出电压 U_O，它们的数值应与理论值大致符合，否则说明电路有故障。

3）测试输出电压 U_O 和最大输出电流 I_{omax}。

在负载 R_L=120Ω，7812 输出电压 U_O=12V，流过 R_L 的电流应为 I_{omax}=100mA，测试数值与理论值应基本符合。

4）测试稳压性能。取 I_O=100mA，改变整流电路输入电压 u_2（模拟电网电压波动）分别为 14V、16V、18V，测试相应的稳压输入电压 U_1 和输出直流电压 U_O，记录于自拟表格中。

8.5　习题

1．整流二极管反向电阻不够大，会对整流效果产生什么影响？

2．半波整流电路的变压器二次侧电压为 10V，负载电阻 R_L=500Ω，求流过二极管的电流平均值。

3．单相桥式整流电路变压器二次侧电压为 20V，每个二极管承受的最高反向电压为多少？

4．如图 8-20 所示电路中，已知 R_L=80Ω，直流电压表Ⓥ的读数为 110V，试求：

1）直流电流表Ⓐ的读数；

2）整流电流的最大值；

3）交流电压表Ⓥ₁的读数，变压器二次侧电流的有效值。

5．在图 8-21 所示的单相半波整流电路中，已知变压器二次侧电压的有效值 U=30V。负载电阻 R_L=100Ω。试问：

1）输出电压和输出电流的平均值 U_O 和 I_O 各为多少？

2）若电源电压波动±10%，二极管承受的最高反向电压为多少？

6．若采用桥式整流电路，试计算上题。

7．单相桥式整流电路中的一只二极管的正负极接反，会出现什么现象？

8．单相桥式整流电路中，一只整流管坏了，会对电路产生什么影响？

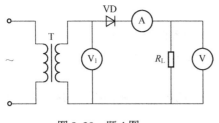

图 8-20　题 4 图

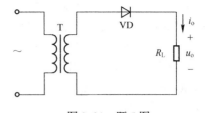

图 8-21　题 5 图

9．如图 8-22 所示电路中，变压器二次侧电压 $U_2=20V$，当电路出现下列故障时，用万用表直流档测量输出电压 U_O 的值分别为多少？

1）二极管 VD_1 烧断；

2）电容 C 开路；

3）负载 R_L 开路。

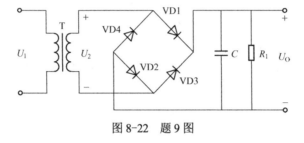

图 8-22　题 9 图

第9章　数字电路基础

随着微型计算机的迅速发展和广泛应用，数字电子技术迈进了一个新的阶段。如今，数字电子技术不仅广泛应用于现代数字通信、雷达、自动控制、遥测、遥控、数字计算机、数字测量仪表等领域，而且进入了千家万户的日常生活。本章主要介绍有关数字电路的基础知识。

9.1　数字电路概述

9.1　数字
电路概述

1. 模拟信号与数字信号

在电子技术应用中，电信号按其变化规律可以分为两大类：模拟信号和数字信号。模拟信号是在时间和数值上连续变化的信号，例如，电话线中的语音信号就是随时间作连续变化的模拟信号，它的电压信号在正常情况下是连续变化的，不会出现跳变。传输、处理模拟信号的电路称为模拟电路。

在时间和数值上都是离散（不连续）的信号称为数字信号，其高电平、低电平分别用 1 和 0 来表示。矩形波、方波信号就是典型的数字信号。传输、处理数字信号的电路称为数字电路。它主要是研究输出与输入信号之间的逻辑关系，因此，数字电路又称为数字逻辑电路。

图 9-1 所示为模拟信号和数字信号的波形。

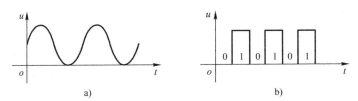

图 9-1　模拟信号和数字信号波形

a) 模拟信号　b) 数字信号

2. 正逻辑与负逻辑

数字电路的信号只有两种状态，它表现为电路中电压的"高"或"低"、开关的"接通"或"断开"、晶体管的"导通"或"截止"等。这种高和低、通和断对应的两种状态，分别对应 1 和 0 两个数码，表示电路中信号的有和无，便于数据处理。

在数字电路中，用高、低电平分别代表二值逻辑的 1 和 0 两种逻辑状态。如果以输出的高电平表示逻辑 1，以低电平表示逻辑 0，称这种表示方法为正逻辑。反之，以输出的高电平表示逻辑 0，以低电平表示逻辑 1，则称这种表示方法为负逻辑。　图 9-2 所示的数字信号用正逻辑表示就是 1010101。

两种逻辑中正逻辑表示方法更为常用，本书除特

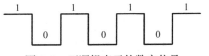

图 9-2　正逻辑表示的数字信号

别说明外，一律采用正逻辑表示方法。

3. 数字电路的特点

数字电路与模拟电路相比主要有以下特点。

1）数字电路利用脉冲信号的有无传递 1 和 0 数字信息，电路工作时只要能可靠地区分 1 和 0 两种状态就可以了，高低电平间容差较大，幅度较小的干扰不足以改变信号的有无状态，所以，数字电路工作可靠性高，抗干扰能力强。

2）数字电路的基本单元电路比较简单，便于集成制造和系列化生产，产品价格低廉、使用方便、通用性好。

3）由数字电路构成的数字系统工作速度快、精度高、功能强以及可靠性好。数字电路中的元器件处于开关状态，因此功耗较小。

4）数字电路不仅能完成算术运算，还可以完成逻辑运算，具有逻辑推理和逻辑判断的能力。

由于数字电路具有上述优点，广泛地应用在计算机、数字通信、数字仪表以及数控装置等领域。

4. 数字电路的分类

（1）按电路组成结构分类

数字电路按组成的结构可分为分立元器件电路和集成电路两大类。分立元器件电路由二极管、晶体管、电阻以及电容等元器件组成，集成电路则通过半导体制造工艺将这些元器件做在一片芯片上。

分立元器件电路由于体积大、可靠性不高，逐渐被数字集成电路取代。

（2）按集成电路规模分类

集成电路按集成度的不同可分为小规模集成电路（SSI）、中规模集成电路（MSI）、大规模集成电路（LSI）和超大规模集成（VLSI）电路。

（3）按使用的半导体类型分类

按电路使用半导体类型不同可分为双极型电路和单极型电路。使用双极型晶体管作为基本器件的数字集成电路，称为双极型数字集成电路，一般为 TTL、ECL、HTL 等集成电路，双极型电路生产工艺成熟，产品参数稳定，工作可靠，开关速度高，因此广泛应用。使用单极型晶体管作为基本器件的数字集成电路，称为单极型数字集成电路，单极型电路有 NMOS、PMOS、CMOS 等集成电路，优点是功耗低，抗干扰能力强。

（4）按电路的逻辑功能分类

按电路的逻辑功能的不同可分为组合逻辑电路和时序逻辑电路。组合逻辑电路没有记忆功能，其输出信号只与当时的输入信号有关，而与电路以前的状态无关；时序逻辑电路具有记忆功能，其输出信号不仅与当时的输入信号有关，而且与电路以前的状态有关。

思考与练习

1. 逻辑运算中的"1"和"0"是否表示两个数字？
2. 什么是正逻辑和负逻辑？
3. 试举出生活中的符合逻辑关系的事件。

9.2 数制与码制

9.2.1 数制

数制就是数的进位制，在日常生活中广泛应用的是十进制，在数字电路和计算机中常使用的是二进制、八进制和十六进制等。

1. 十进制

十进制是以 10 为基数的计数体制。在十进制中，有 0、1、2、3、4、5、6、7、8、9 十个数码，它的进位规律是"逢十进一"。在十进制数中，数码所处的位置不同，所代表的数值不同。如

$$(386.25)_{10}=3\times10^2+8\times10^1+6\times10^0+2\times10^{-1}+5\times10^{-2}$$

式中，10^2、10^1、10^0 为整数部分百位、十位、个位的权，而 10^{-1}、10^{-2} 为小数部分十分位、百分位的权，它们都是基数 10 的幂。

2. 二进制

二进制是以 2 为基数的计数体制。在二进制中，只有 0 和 1 两个数码，它的进位规律是"逢二进一"，各位权值是 2 的整数幂。如

$$(1101.11)_2=1\times2^3+1\times2^2+0\times2^1+1\times2^0+1\times2^{-1}+1\times2^{-2}=(13.75)_{10}$$

可见，二进制数变为十进制数只需要按权展开相加即可。

3. 八进制

八进制是以 8 为基数的计数体制。在八进制中，有 0、1、2、3、4、5、6、7 八个不同的数码，它的进位规律是"逢八进一"，各位权值为基数 8 的整数幂。如

$$(437.25)_8=4\times8^2+3\times8^1+7\times8^0+2\times8^{-1}+5\times8^{-2}$$
$$=256+24+7+0.25+0.078125$$
$$=(287.328125)_{10}$$

式中，8^2、8^1、8^0、8^{-1}、8^{-2} 分别为八进制数各位的权。

4. 十六进制

十六进制是以 16 为基数的计数体制。在十六进制中，有 0、1、2、3、4、5、6、7、8、9、A、B、C、D、E、F 十六个不同的数码，其中 A、B、C、D、E、F 分别代表 10、11、12、13、14、15。它们的进位规律是"逢十六进一"。各位权值为 16 的整数幂。如

$$(3A6.D)_{16}=3\times16^2+10\times16^1+6\times16^0+13\times16^{-1}$$

式中，16^2、16^1、16^0、16^{-1} 分别为十六进制数各位的权。

9.2.2 不同数制间的转换

1. 非十进制数转换为十进制数

由二进制、八进制、十六进制数转换为十进制数，只要将它们按权展开，求各位数值之和，即可得到对应的十进制数。如

$$(1011.01)_2=1\times2^3+0\times2^2+1\times2^1+1\times2^0+0\times2^{-1}+1\times2^{-2}=8+2+1+0.25=(11.25)_{10}$$
$$(172.01)_8=1\times8^2+7\times8^1+2\times8^0+0\times8^{-1}+1\times8^{-1}=64+56+2+0.0125=(122.0125)_{10}$$
$$(8ED.C7)_{16}=8\times16^2+14\times16^1+13\times16^0+12\times16^{-1}+7\times16^{-2}=(2285.7773)_{10}$$

2．十进制数转换为非十进制数

十进制数转换为非十进制数时，要将其整数部分和小数部分分别转换，结果合并为目的数制形式。

（1）整数部分的转换

整数部分的转换方法是采用连续"除基取余"，一直除到商数为 0 为止。最先得到的余数为整数部分的最低位。

【例 9-1】 将 $(25)_{10}$ 转换为二进制形式。

解：采用"除 2 取余"法

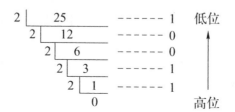

所以

$$(25)_{10} = (11001)_2$$

（2）小数部分的转换

小数转换的转换方法是采用连续"乘基取整"，一直进行到乘积的小数部分为 0 或满足要求的精度为止。最先得到的整数为小数部分的最高位。

【例 9-2】 将 $(0.437)_{10}$ 转换为二进制形式。

解：采用"乘 2 取整"法

$$0.437 \times 2 = 0.874 \qquad 整数部分为 0 \cdots\cdots 最高位$$
$$0.874 \times 2 = 1.748 \qquad 整数部分为 1$$
$$0.748 \times 2 = 1.496 \qquad 整数部分为 1$$
$$0.496 \times 2 = 0.992 \qquad 整数部分为 0$$
$$0.992 \times 2 = 1.984 \qquad 整数部分为 1 \cdots\cdots 最低位$$

所以

$$(0.437)_{10} = (0.01101)_2$$

如果一个十进制数既有整数部分又有小数部分，可将整数部分和小数部分分别按要求进行等值转换，然后合并就可得到结果。

【例 9-3】 将十进制数 $(174.437)_{10}$ 转换为八进制数和十六进制数（保留小数点后 5 位）。

解：1）整数部分采用"乘基取余"法，它们的基数分别为 8 和 16。

$$
\begin{array}{ll}
8\,\underline{|\,174} \quad \text{------}\ 6 & \\
\quad 8\,\underline{|\,21} \quad \text{------}\ 5 & \\
\qquad 8\,\underline{|\,2} \quad \text{------}\ 2 & \\
\qquad\quad 0 &
\end{array}
\qquad
\begin{array}{ll}
16\,\underline{|\,174} \quad \text{------}\ E & \\
\quad 16\,\underline{|\,10} \quad \text{------}\ A & \\
\qquad\quad 0 &
\end{array}
$$

所以

$$(174)_{10} = (256)_8 = (AE)_{16}$$

2）小数部分采用"乘基取整"法。

$$0.437 \times 8 = 3.496 \qquad 整数部分为 3$$

$$0.496\times8=3.968 \qquad 整数部分为 3$$
$$0.968\times8=7.744 \qquad 整数部分为 7$$
$$0.744\times8=5.952 \qquad 整数部分为 5$$
$$0.952\times8=7.616 \qquad 整数部分为 7$$

所以
$$(0.437)_{10}=(0.33757)_8$$

$$0.437\times16=6.992 \qquad 整数部分为 \quad 6$$
$$0.992\times16=15.872 \qquad 整数部分为 \quad F$$
$$0.872\times16=13.952 \qquad 整数部分为 \quad D$$
$$0.952\times16=15.232 \qquad 整数部分为 \quad F$$
$$0.232\times16=3.712 \qquad 整数部分为 \quad 3$$

所以
$$(0.437)_{10}=(0.6FDF3)_{16}$$

由此可得
$$(174.437)_{10}=(256.33757)_8=(AE.6FDF3)_{16}$$

3．二进制数与八进制数、十六进制数间相互转换

（1）二进制数转换为八进制数或十六进制数

二进制数转换为八进制数（或十六进制数）时，其整数部分和小数部分可以同时进行转换。其方法是：以二进制数的小数点为起点，分别向左、向右每三位（或四位）分一组。对于小数部分，最低位一组不足三位（或四位）时，必须在有效位右边补 0，使其足位；然后，把每一组二进制数转换成八进制（或十六进制）数，并保持原排序。对于整数部分，最高位一组不足位时，可在有效位的左边补 0，也可不补。

【例 9-4】 将$(1011010111.10011)_2$转换为八进制和十六进制数。

解：
$$（\underline{001}\ \underline{011}\ \underline{010}\ \underline{111}.\underline{100}\ \underline{110}）_2=(1327.46)_8$$
$$（\underline{0010}\ \underline{1101}\ \underline{0111}.\underline{1001}\ \underline{1000}）_2=(2D7.98)_{16}$$

（2）八进制数或十六进制数转换为二进制数

八进制（或十六进制）数转换为二进制数时，只要把八进制（或十六进制）数的每一位数码分别转换成三位（或四位）的二进制数，并保持原排序即可。整数最高位一组左边的 0 及小数最低位一组右边的 0 可以省略。

【例 9-5】 将$(35.24)_8$，$(3AB.18)_{16}$转换为二进制形式。

解：
$$(35.24)_8=（\underline{011}\ \underline{101}.\underline{010}\ \underline{100}）_2=(11101.0101)_2$$
$$(3AB.18)_{16}=（\underline{0011}\ \underline{1010}\ \underline{1011}.\underline{0001}\ \underline{1000}）_2=(1110101011.00011)_2$$

由上可见，非十进制数转换成十进制数可采用按权展开法，十进制数转换成二进制数时可采用基数乘除法，二进制数与八进制数、十六进制数转换时可采用分组转换法。两个非十进制数之间相互转换时，若它们满足2^n，则可通过二进制数来进行转换。

9.2.3 码制

在数字系统中，二进制代码常用来表示特定的信息。将若干个二进制代码 0 和 1 按一定规则排列起来，表示某种特定含义的代码，称为二进制代码，或称二进制码。如用一定位数的二进制代码表示数字、文字和字符等。下面介绍几种数字电路中常用的二进制代码。

1. 二-十进制代码

将十进制数的 0～9 十个数字用二进制数表示的代码，称为二-十进制码，又称为BCD 码。

由于 4 位二进制数码有 16 种不同组合，而十进制数只需用到其中的 10 种组合，因此，二-十进制数代码有多种方案。

若某种代码的每一位都有固定的"权值"，则称这种代码为有权代码，否则叫无权代码。所以，判断一种代码是否为有权代码，只需检验这种代码的每个码组的各位是否具有固定的权值。如果发现一种代码中至少有一个码组的权值不同，这种代码就是无权码。

（1）8421BCD 码

8421BCD 码是有权码，各位的权值分别为 8、4、2、1。虽然 8421BCD 码的权值与 4 位自然二进制码的权值相同，但二者是两种不同的代码。8421BCD 码只取用了 4 位自然二进制代码的前 10 种组合。

（2）5421BCD 码和 2421BCD 码

5421BCD 码和 2421BCD 码也是有权码，各位的权值分别为 5、4、2、1 和 2、4、2、1。用 4 位二进制数表示 1 位十进制数，每组代码各位加权系数的和为其表示的十进制数。

2421BCD 码是一种自补代码，所谓自补特性是指将任意一个十进制数符 D 的代码的各位取反，正好是与 9 互补（9-D）的十进制数符的代码。如将 4 的代码 0100 取反，得到的1011 正好是 9-4=5 的代码。这种特性称为自补特性，具有自补特性的代码称为自补码。

（3）余 3BCD 码

余 3BCD 码是 8621BCD 码的每个码组加 3（0011）形成的。其中的 0 和 9、1 和 8、2 和7、3 和 6、4 和 5，各对码组相加均为 1111，余 3BCD 码也是自补码，简称为余 3 码。余 3码各位无固定权值，故属于无权码。

【例 9-6】 分别将十进制数 $(753)_{10}$ 转换为 8421BCD 码、5421BCD 和余 3BCD 码。

解：
$$(753)_{10}=(011101010011)_{8421BCD}$$
$$(753)_{10}=(101010000011)_{5421BCD}$$
$$(753)_{10}=(101010000110)_{余3BCD}$$

2. 可靠性代码

代码在形成和传输过程中难免要产生错误，为了使代码形成时不易出差错或出错时容易发现并校正，需采用可靠性编码。常用的可靠性编码有格雷码、奇偶校验码等。

（1）格雷码

格雷码是一种典型的循环码，属于无权码，它有许多形式（如余 3 循环码等）。循环码有两个特点：一个是相邻性，是指任意两个相邻代码仅有一位数码不同；另一个是循环性，是指首尾的两个代码也具有相邻性。因为格雷码的这些特性可以减少代码变化时产生的错误，所以它是一种可靠性较高的代码。在自动化控制中生产设备多采用格雷码，如光电码器，它可将光电读取头和代码盘之间的位移转换成相应的代码，以控制机械运动的行程和速度。

使用二进制数虽然直观、简单，但对码盘的制作和安装要求十分严格，否则易出错。例如，当二进制码盘从 0111 变化为 1000 时，4 位二进制数码必须同时变化，若最高位光电转换稍微早一些，就会出现错码 1111，这是不允许的。而采用格雷码码盘时，从 0100 变化为1100 只有最高位变化，从而有效避免了由于安装和制作误差所造成的错码。

170

十进制数 0～15 的 4 位二进制格雷码见表 9-1，显然它符合循环码的两个特点。

表 9-1　4 位二进制格雷码

十进制数	格雷码	十进制数	格雷码
0	0000	8	1100
1	0001	9	1101
2	0011	10	1111
3	0010	11	1110
4	0110	12	1010
5	0111	13	1011
6	0101	14	1001
7	0100	15	1000

（2）奇偶校验码

奇偶校验码是最简单的检错码，它能够检测出传输码组中的奇数个码元错误。

奇偶校验码的编码方法：在信息码组中增加 1 位奇偶校验位，使得增加校验位后的整个码组具有奇数个 1 或偶数个 1 的特点。如果每个码组中 1 的个数为奇，则称为奇校验码；如果每个码组中 1 的个数为偶数，则称为偶校验码。

例如，十进制数 5 的 842lBCD 码 0101 增加校验位后，奇校验码是 10101，偶校验码是00101，其中最高位分别为奇校验位 1 和偶校验位 0。

思考与练习

1．将下列十进制数分别用二进制数、十六进制数和 8421BCD 码来表示。

（1）$(38)_{10}$　　　　　（2）$(57.625)_{10}$　　　　　（3）$(256)_{10}$

2．将下列二进制数转换成十进制数、十六进制数。

（1）$(1001.01011)_2$　　　（2）$(10010011)_2$

（3）$(1111.1011)_2$　　　（4）$(1101100)_2$

3．将下列十六进制数转换成二进制数、十进制数。

（1）$(2FBC)_{16}$　　　　（2）$(8DF)_{16}$　　　　（3）$(FFF)_{16}$

9.3　逻辑代数

逻辑代数又称为开关代数，是 19 世纪英国数学家布尔创立的，因而，又称为布尔代数。逻辑代数是按一定规律进行运算的代数，它是研究数字电路的数学工具，为分析和设计数字电路提供了理论基础。

9.3.1　逻辑代数基础知识

根据基本逻辑运算规则和逻辑变量的取值只能是 0 和 1 的特点，可得出逻辑代数中的一些基本规律。

1. 基本运算公式

名称	公式1	公式2
01 律	$A \cdot 0 = 0$	$A + 1 = 1$
自等律	$A \cdot 1 = A$	$A + 0 = A$
重叠律	$A \cdot A = A$	$A + A = A$
互补律	$A \cdot \overline{A} = 0$	$A + \overline{A} = 1$
交换律	$A \cdot B = B \cdot A$	$A + B = B + A$
结合律	$A \cdot (B \cdot C) = (A \cdot B) \cdot C$	$A + (B + C) = (A + B) + C$
分配律	$A \cdot (B + C) = AB + AC$	$A + B \cdot C = (A + B)(A + C)$
吸收律	$A(A + B) = A$	$A + AB = A$
反演律（摩根定律）	$\overline{AB} = \overline{A} + \overline{B}$	$\overline{A + B} = \overline{A} \cdot \overline{B}$
还原律	$\overline{\overline{A}} = A$	

以上这些基本公式可以用真值表进行证明。例如，要证明反演律（也称为摩根定理），可将变量 A、B 的各种取值分别代入等式两边，其真值表见表 9-2。从真值表可以看出，等式两边的逻辑值完全对应相等，所以反演律成立。

表 9-2　证明 $\overline{A \cdot B} = \overline{A} + \overline{B}$ 的真值表

A	B	$\overline{A \cdot B}$	$\overline{A} + \overline{B}$
0	0	1	1
0	1	1	1
1	0	1	1
1	1	0	0

2. 逻辑代数运算规则

逻辑代数的运算优先顺序是：先算括号，再算非运算，然后是与运算，最后是或运算。逻辑代数运算的规则如下。

（1）代入规则

在逻辑等式中，如果将等式两边某一变量都代之以一个逻辑函数，则等式仍然成立。

例如，已知 $\overline{A \cdot B} = \overline{A} + \overline{B}$。若用 $Z = A \cdot C$ 代替等式中的 A，根据代入规则，等式仍然成立，即

$$\overline{AC \cdot B} = \overline{A \cdot C} + \overline{B} = \overline{A} + \overline{C} + \overline{B}$$

（2）反演规则

已知函数 Y，欲求其反函数 $\overline{Y}$ 时，只要将 Y 式中所有"·"换成"+"，"+"换成"·"，0 换成 1，1 换成 0，原变量换成其反变量，反变量换成其原变量，所得到的表达式就是 $\overline{Y}$ 的表达式。

利用反演规则可以比较容易地求出一个逻辑函数的反函数。

在变换过程中应注意：两个以上变量的公用的非号保持不变。运算的优先顺序如下：先算括号，然后算逻辑乘，最后算逻辑加。

【例 9-7】　求 $Y = A + B + \overline{C} + \overline{\overline{D}} + \overline{\overline{\overline{E}}} + (G \cdot H)$ 的反函数。

解：
$$\overline{Y} = \overline{A} \cdot \overline{B} \cdot C \cdot \overline{\overline{D}} \cdot \overline{\overline{\overline{E}}} \cdot (\overline{G} + \overline{H})$$

（3）对偶规则

已知逻辑函数 Y，求它的对偶函数 Y' 时，可通过将 "·" 变为 "+"，"+" 变为 "·"，"0" 换成 "1"，"1" 换成 "0" 得到。

若两个逻辑函数相等，则他们的对偶式也相等，若两个逻辑函数的对偶式相等，那么这两个逻辑函数也相等。

【例 9-8】 求 $Y = A \cdot B + \overline{A}C + B \cdot C$ 的对偶式。

解：
$$Y' = (A+B) \cdot (\overline{A}+C) \cdot (B+C)$$

3. 逻辑函数的表示方法

逻辑函数的表示方法有逻辑表达式、真值表、卡诺图、逻辑图以及波形图 5 种方法。

（1）逻辑表达式

用与、或、非等逻辑运算表示逻辑函数的各变量之间关系的代数式，称为逻辑表达式。例 $Y = A + B \cdot C$。

（2）真值表

前述中已经用到真值表，并给出了真值表的定义。在真值表中，每个输入变量只有 0 和 1 两种取值，n 个变量就有 2^n 个不同的取值组合，而每种组合都有对应的输出逻辑值。一个确定的逻辑函数只有一个逻辑真值表。当函数变量较多时，一般列出简化的特性真值表。

（3）卡诺图

如果把各种输入变量的取值组合下的输出函数值填入一种特殊的（按照逻辑相邻性划分的）方格图中，即得到了逻辑函数的卡诺图。

（4）逻辑图

用逻辑符号表示逻辑函数表达式中各个变量之间的运算关系，得到的电路图形，称为逻辑电路图，简称为逻辑图。如 $Y = AB + BC$ 的逻辑图如图 9-3 所示。

（5）波形图

波形图是逻辑函数输入变量每一种可能出现的取值与对应的输出值按时间顺序依次排列的图形，也称为时序图。

波形图可通过实验观察，在逻辑分析和一些计算机仿真软件中，常用这种方法分析结果。图 9-4 所示为逻辑函数 $Y = AB + BC$ 的波形图。

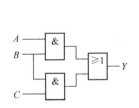

图 9-3　$Y = AB + BC$ 的逻辑图

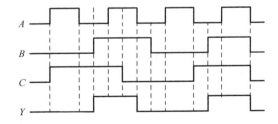

图 9-4　逻辑函数 $Y = AB + BC$ 的波形图

逻辑函数的各种表示方法可以相互转换。根据真值表可以得到逻辑表达式，由逻辑表达式可以得到逻辑图，由逻辑图也可以反过来得到表达式。

4. 逻辑函数表达式

逻辑表达式越简单，实现它的电路也越简单，电路工作也较稳定可靠。

（1）逻辑函数表达式的表示形式

一个逻辑函数的表达式可以有以下 5 种表示形式。

1）与或表达式，例如 $Y = AB + \overline{B}C$。

2）或与表达式，例如 $Y = (A + C) \cdot (B + C)$。

3）与非–与非表达式，例如 $Y = \overline{\overline{AB} \cdot \overline{AC}}$。

4）或非–或非表达式，例如 $Y = \overline{\overline{A + B} + \overline{A + \overline{C}}}$。

5）与或非表达式，例如 $Y = \overline{A \cdot \overline{B} + A\overline{C}}$。

利用逻辑代数的基本定律，可以实现上述 5 种逻辑函数表达式之间的变换。

（2）逻辑函数的最简与或表达式

逻辑函数的最简与或表达式的特点如下。

1）乘积项个数最少。

2）每个乘积项中的变量个数也最少。

最简与或表达式的结果不是唯一的，可以从函数式的公式化简和卡诺图化简中得到验证。

（3）逻辑函数的最小项表达式

1）最小项的定义。

在 n 个变量的逻辑函数中，如乘积项中包含了全部变量，并且每个变量在该乘积项中或以原变量或以反变量只出现一次，则该乘积项就定义为逻辑函数的最小项。n 个变量的全部最小项共有 2^n 个。

如三变量 A、B、C 共有 $2^3 = 8$ 个最小项：$\overline{A}\,\overline{B}\,\overline{C}$、$\overline{A}\,\overline{B}C$、$\overline{A}B\overline{C}$、$\overline{A}BC$、$A\overline{B}\,\overline{C}$、$A\overline{B}C$、$AB\overline{C}$、$ABC$。

2）最小项的编号。

为了书写方便，用 m 表示最小项，其下标为最小项的编号。编号的方法是：最小项中的原变量取 1，反变量取 0，则最小项取值为一组二进制数，其对应的十进制数便为该最小项的编号。如三变量最小项 $\overline{A}B\overline{C}$ 对应的变量取值为 010，它对应的十进制数为 2，因此，最小项 $\overline{A}B\overline{C}$ 的编号为 m_2。其余最小项的编号依次类推。

3）逻辑函数的最小项表达式。

如一个与或逻辑表达式中的每一个与项都是最小项，则该逻辑表达式称为标准与或式，又称为最小项表达式。任何一种形式的逻辑表达式都可以利用基本定律和配项法变换为标准与或式，并且标准与或式是唯一的。

【例 9-9】 将逻辑函数 $Y = AB + AC + BC$ 变换为最小项表达式。

解：1）利用 $A + \overline{A} = 1$ 的形式作配项，补充缺少的变量。

$$Y = AB(C + \overline{C}) + A(B + \overline{B})C + (A + \overline{A})BC$$
$$= ABC + AB\overline{C} + ABC + A\overline{B}C + ABC + \overline{A}BC$$

2）利用 $A + A = A$ 的形式合并相同的最小项。

$$Y = AB\overline{C} + A\overline{B}C + \overline{A}BC + ABC$$
$$= m_3 + m_5 + m_6 + m_7$$
$$= \sum m(3,5,6,7)$$

9.3.2 公式法化简逻辑函数

运用逻辑代数的基本定律和公式对逻辑函数式进行化简的方法称为代数化简法,基本方法有以下几种。

1. 并项法

运用基本公式 $A + \overline{A} = 1$,将两项合并为一项,同时消去一个变量。如

$$Y = \overline{A}BC + ABC + B\overline{C} = (\overline{A} + S)BC + B\overline{C}$$
$$= B(C + \overline{C}) = B$$

2. 吸收法

运用吸收律 $A + AB = A$ 和 $AB + \overline{A}C + BC = AB + \overline{A}C$,消去多余项。如

(1) $Y = AB + AB(C + D) = AB$

(2) $Y = ABC + \overline{A}D + \overline{C}D + BD$

$\qquad = ABC + (\overline{A} + \overline{C})D + BD$

$\qquad = ABC + \overline{AC}D + BD$

$\qquad = ABC + \overline{AC}D$

$\qquad = ABC + \overline{A}D + \overline{C}D$

3. 消去法

利用 $A + \overline{A}B = A + B$ 消去多余因子。如

$$Y = AB + \overline{A}C + \overline{B}C = AB + (\overline{A} + \overline{B})C$$
$$= AB + \overline{AB}C$$
$$= AB + C$$

4. 配项法

在不能直接运用公式、定律化简时,可通过乘 $A + \overline{A} = 1$ 或 $A \cdot \overline{A} = 0$ 进行配项后再化简。如

$$Y = A\overline{C} + B\overline{C} + \overline{A}C + BC = A\overline{C}(B + \overline{B}) + B\overline{C} + \overline{A}C + BC(A + \overline{A})$$
$$= AB\overline{C} + A\overline{B}\overline{C} + B\overline{C} + \overline{A}C + A\overline{B}C + \overline{A}BC$$
$$= B\overline{C}(1 + A) + \overline{A}C(1 + B) + A\overline{B}(\overline{C} + C)$$
$$= B\overline{C} + \overline{A}C + A\overline{B}$$

在实际化简逻辑函数时,需要灵活运用上述几种方法,才能得到最简与或表达式。

例如:化简逻辑函数式 $Y = AD + A\overline{D} + AB + \overline{A}C + \overline{C}D + A\overline{B}EF$。

方法:1) 运用 $A + \overline{A} = 1$,将 $AD + A\overline{D}$ 合并,得

$$Y = A + AB + \overline{A}C + \overline{C}D + A\overline{B}EF$$

2) 运用 $A + AB = A$,消去含有 A 因子的乘积项,得

$$Y = A + \overline{A}C + \overline{C}D$$

3) 运用 $A + \overline{A}B = A + B$,消去 $\overline{A}C$ 中的 $\overline{A}$,$\overline{C}D$ 中的 $\overline{C}$,得

$$Y = A + C + D$$

9.3.3 卡诺图法化简逻辑函数

1. 相邻最小项

如果两个最小项中只有一个变量为互反变量，其余变量均相同时，则这两个最小项为逻辑相邻，并把它们称为相邻最小项，简称为相邻项。例如，三变量最小项 ABC 和 $AB\overline{C}$，其中的 C 和 $\overline{C}$ 为互反变量，其余变量都相同，所以它们是相邻最小项。显然，两个相邻最小项可以合并为一项，同时消去互反变量，如 $ABC + AB\overline{C} = AB(C + \overline{C}) = AB$。合并结果为两个最小项的共有变量。

2. 卡诺图

卡诺图又称为最小项方格图。用 2^n 个小方格表示 n 个变量的 2^n 个最小项，并且使相邻最小项在几何位置上也相邻，按这样的相邻要求排列起来的方格图叫作 n 个变量最小项卡诺图，这样相邻原则又称为卡诺图的相邻性。下面介绍 2～4 个变量最小项卡诺图的作法。

1）二变量卡诺图。设两个变量为 A 和 B，则全部 4 个最小项为 $\overline{A}\,\overline{B}$、$\overline{A}B$、$A\overline{B}$、$AB$，分别记为 m_0、m_1、m_2、m_3。按相邻性作出二变量卡诺图，如图 9-5 所示。

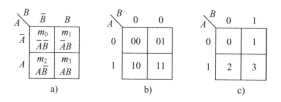

图 9-5　二变量卡诺图

a) 方格内标最小项　　b) 方格内标最小项取值　　c) 方格内标最小项编号

2）三变量卡诺图。设三个变量为 A、B、C，全部最小项有 $2^3=8$ 个，卡诺图由 8 个方格组成，按相邻性安放最小项可画出三变量卡诺图，如图 9-6 所示。

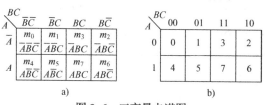

图 9-6　三变量卡诺图

a) 方格内标最小项　　b) 方格内标最小项编号

应当注意，图中变量 BC 的取值不是按自然二进制码（00、01、10、11）排列的，而是按格雷码（00、01、11、10）的顺序排列的，这样才能保证卡诺图中最小项在几何位置上相邻。

3）四变量卡诺图。设四变量为 A、B、C、D，全部最小项有 $2^4=16$ 个，卡诺图由 16 个方格组成，按相邻性安放最小项可画出四变量卡诺图，如图 9-7 所示。

图 9-7 中的变量 AB 和 CD 都是按格雷码顺序排列的，保证了最小项在卡诺图中的循环相邻性，即同一行最左方格与最右方格相邻，同一列最上方格和最下方格也相邻。

对于五变量及以上的卡诺图，由于复杂，在逻辑函数化简中很少使用，这里不再介绍。

$AB \backslash CD$	$\overline{C}\overline{D}$	$\overline{C}D$	CD	$C\overline{D}$
$\overline{A}\overline{B}$	m_0	m_1	m_3	m_2
$\overline{A}B$	m_4	m_5	m_7	m_6
AB	m_{12}	m_{13}	m_{15}	m_{14}
$A\overline{B}$	m_8	m_9	m_{11}	m_{10}

a)

$AB \backslash CD$	00	01	11	10
00	0	1	3	2
01	4	5	7	6
11	12	13	15	14
10	8	9	11	10

b)

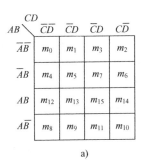

图 9-7 四变量卡诺图

a) 方格内标最小项　b) 方格内标最小项编号

3. 用卡诺图表示逻辑函数

在具体填写一个逻辑函数的卡诺图时，将逻辑函数表达式或其真值表所确定的最小项，在其对应卡诺图的小方格内填入函数值 1；表达式中没出现的最小项或真值表中函数值为 0 的最小项所对应的小方格内填入函数值 0。为了简明起见，小方格内的函数值为 0 时，常保留成空白，什么也不填。

【例 9-10】 画出逻辑函数 $Y(ABCD)=\sum m(0,1,4,5,6,9,12,13,15)$ 的卡诺图。

解： 这是一个四变量的逻辑函数，首先要画出四变量卡诺图的一般形式，然后在最小项编号为 0，1，4，5，6，9，12，13，15 的小方格内填入 1，其余小方格内填入 0 或空着，即得到了该逻辑函数的卡诺图，如图 9-8 所示。

$AB \backslash CD$	00	01	11	10
00	1	1		
01	1	1		1
11	1	1	1	
10		1		

图 9-8 例 9-10 图

4. 用卡诺图化简逻辑函数

用卡诺图化简逻辑函数的原理是利用卡诺图的相邻性，找出逻辑函数的相邻最小项加以合并，消去互反变量，以达到简化目的。

（1）最小项合并规律

1）只有相邻最小项才能合并。

2）两相邻最小项可以合并为一个与项，同时消去一个变量。四个相邻最小项合并为一个与项，同时消去两个变量。2^n 个相邻最小项合并为一个与项，同时消去 n 个变量。

3）合并相邻最小项时，消去的是相邻最小项中互反变量，保留的是相邻最小项中的共有变量，并且合并的相邻最小项越多，消去的变量也越多，化简后的与项就越简单。

（2）用卡诺图化简逻辑函数的原则

用卡诺图化简逻辑函数画包围圈合并相邻项时，应注意以下原则。

1）每个包围圈内相邻 1 方格的个数一定是 2^n 个方格，即只能按 1、2、4、8、16 个 1 方格的数目画包围圈。

2）同一个 1 方格可以被不同的包围圈重复包围多次，但新增的包围圈中必须有原先没有被圈过的 1 方格。

3）包围圈中的相邻 1 方格的个数尽量多，这样可消去的变量多。

4）包围圈的个数尽量少，这样得到的逻辑函数的与项少。

5）注意卡诺图的循环邻接特性。同一行最左与最右方格中的最小项相邻，同一列的最上与最下方格中的最小项相邻。

【例 9-11】 试用卡诺图化简逻辑函数 $Y(ABCD)=\sum m(0,1,5,6,9,11,12,13,15)$。

解：1）画出卡诺图如图 9-9 所示。

2）化简卡诺图。化简卡诺图时，一般先圈独立的 1 方格，再圈仅两个相邻的 1 方格，再圈仅 4 个相邻的 1 方格，依次类推。可得到图 9-9。

3）合并包围圈的最小项，写出最简与或表达式。

$$Y = \overline{ABCD} + \overline{AB}\,\overline{C} + AB\overline{C} + \overline{C}D + AD$$

【例 9-12】 试用卡诺图化简逻辑函数 $Y = \overline{AB}CD + \overline{AB}\,\overline{CD} + \overline{A}CD + ABC + BD$。

解：1）画逻辑函数卡诺图如图 9-10 所示。

2）合并相邻最小项。注意由少到多画包围圈，如图 9-10a 所示。

3）写出逻辑函数的最简与或表达式。

$$Y = \overline{AB}\,\overline{C} + \overline{A}CD + A\overline{C}D + ABC$$

如在该例题中先圈 4 个相邻的 1 方格，再圈两个相邻的 1 方格，便会多出一个包围圈，如图 9-10b 所示，这样就不能得到最简与或表达式。

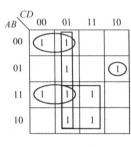

图 9-9　例 9-11 图

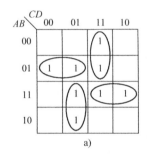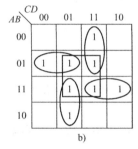

图 9-10　例 9-12 图

a) 正确圈法　b) 不正确圈法

5. 用卡诺图化简具有无关项的逻辑函数

（1）约束项、任意项和无关项

在许多实际问题中，有些变量取值组合是不可能出现的，这些取值组合对应的最小项称为约束项。例如在 8421BCD 码中，1010～1111 这 6 种组合是不使用的代码，它不会出现，是受到约束的。因此，这 6 种组合对应最小项为约束项。而在有的情况下，逻辑函数在某些变量取值组合出现时，对逻辑函数值并没有影响，其值既可以为 0，也可以为 1，这些变量取值组合对应的最小项称为任意项。约束项和任意项统称为无关项。合理利用无关项，可以使逻辑函数得到进一步简化。

（2）利用无关项化简逻辑函数

在逻辑函数中，无关项用 "d" 表示，在卡诺图相应的方格中填入 "×" 或 "ϕ"。根据需要，无关项可以当作 1 方格，也可以当作 0 方格，以使化简的逻辑函数式为最简式为准。

【例 9-13】 用卡诺图化简以下逻辑函数式为最简与或表达式。

$$Y(ABCD) = \sum m(3,6,8,10,13) + \sum d(0,2,5,7,12,15)$$

解：1）画卡诺图，如图 9-11 所示。

2）填卡诺图。有最小项的方格填 "1"，无关项的方格填 "×"。

178

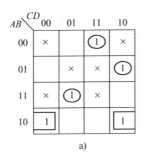 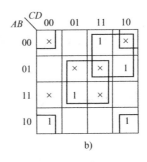

图 9-11 例 9-13 卡诺图

a) 未利用无关项化简 b) 利用无关项化简

3）合并相邻最小项，写出最简与或表达式。未利用无关项化简时的卡诺图如图 9-11a 所示，由图可得

$$Y = \overline{AB}\,\overline{D} + \overline{A}BCD + \overline{A}BC\overline{D} + AB\overline{C}D$$

利用无关项化简时的卡诺图如图 9-11b 所示，由图可得

$$Y = \overline{BD} + BD + \overline{A}C$$

由上例可以看出，利用无关项化简时所得到的逻辑函数式比未利用时要简单得多。因此，化简逻辑函数时应充分利用无关项。应当指出，无关项是为化简其相邻 1 方格服务的，当化简 1 方格需用到相邻无关项时，则无关项作 1 处理，不要再为余下的无关项画包围圈化简。

思考与练习

1．用公式证明下列恒等式。

（1）$(A + B)(B + C)(\overline{A} + C) = (A + B)(\overline{A} + C)$

（2）$\overline{\overline{A}B + A\overline{B}} = (A + \overline{B})(\overline{A} + B)$

2．用公式法将下列函数化简为最简与或式。

（1）$F_1 = ABC + \overline{A} + \overline{B} + \overline{C}$

（2）$F_2 = (A + \overline{A}B)(A + BC + C)$

3．用卡诺圈化简下列函数，写出最简与或式。

（1）$F_{(A,B,C)} = \overline{A}BC + A\overline{B}C + AB\overline{C} + ABC$

（2）$F_{(A,B,C,D)} = A\overline{BC} + AC + \overline{A}BC + \overline{B}C\overline{D}$

（3）$F_{(A,B,C,D)} = \sum m(3,5,8,9,11,13,14,15)$

9.4 逻辑运算和逻辑门电路

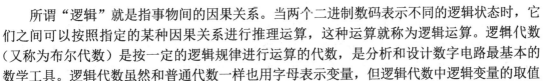

9.4 逻辑运算和逻辑门电路

所谓"逻辑"就是指事物间的因果关系。当两个二进制数码表示不同的逻辑状态时，它们之间可以按照指定的某种因果关系进行推理运算，这种运算就称为逻辑运算。逻辑代数（又称为布尔代数）是按一定的逻辑规律进行运算的代数，是分析和设计数字电路最基本的数学工具。逻辑代数虽然和普通代数一样也用字母表示变量，但逻辑代数中逻辑变量的取值

只有1和0两个值，且0和1不表示数量的大小，只表示两种对立的逻辑状态。

在逻辑代数中，有三种基本逻辑运算关系：与逻辑运算、或逻辑运算和非逻辑运算。

9.4.1 基本逻辑运算与基本门电路

1. 与运算和与门电路

（1）与运算

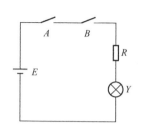

图9-12　与逻辑电路示意图

当决定某一事件的所有条件都满足，该事件才发生，这种因果关系称为与逻辑关系，也称为与运算或者称为逻辑乘。

与运算对应的逻辑电路可以用两个串联开关 A、B 控制电灯 Y 的亮和灭来示意，与逻辑电路示意图如图9-12所示。若用1代表开关闭合和灯亮，用0代表开关断开和灯灭，电路的功能可以描述为：只有当 A、B 两个开关都闭合（$A=1$、$B=1$）时，电灯 Y 才亮（$Y=1$），否则，灯就灭。这种灯的亮与灭和开关的通与断之间的逻辑关系就是与逻辑，与逻辑真值表见表9-3，这种表格称为真值表。

表9-3　与逻辑真值表

A	B	Y
0	0	0
0	1	0
1	0	0
1	1	1

所谓真值表就是将输入变量的所有可能的取值组合对应的输出变量值一一列出来的表格。若输入有 n 个变量，则有 2^n 种取值组合存在，输出对应的有 2^n 个值。在逻辑分析中，真值表是描述逻辑功能的一种重要形式。

由真值表可以将与门电路的逻辑功能归纳为 "有0出0，全1出1"。

Y 和 A、B 间的关系可以用下式表示

$$Y = A \cdot B \tag{9-1}$$

此逻辑表达式读作 "Y 等于 A 与 B"，为了简便，有时把符号 "·" 省掉，写成 $Y = AB$。

对于多变量的与运算可以用下式表示

$$Y = ABC\cdots$$

（2）与门电路

图9-13　与门逻辑符号

在数字电路中，常把能够实现与运算逻辑功能的电路称为与门，与门逻辑符号如图9-13所示。

利用二极管的单向导电性，当二极管导通时，相当于开关闭合，当二极管截止时，相当于开关断开。利用二极管构成的与门电路如图9-14所示。

当输入端 A、B 中任何一个或全部为低电平0（0V）时，将至少有一个二极管导通使输出端 Y 为低电平0（导通钳位在0.7V），而当输入端 A、B 全部为高电平1（+5V）时，两个二极管均截止，电阻中没有电流，其上的电压降为0，从而输出端 Y 为高电平1（+5V）。

可见，它满足"有 0 出 0，全 1 出 1"的与逻辑关系。即输入有低电平 0 时，输出为低电平 0；输入全是高电平时，输出为高电平。

在数字电路中，已经很少采用分立元件构成与门电路，有很多集成化的与门芯片，又称为与门集成电路。74LS08 是一种较常用的与门芯片，74LS08 内部结构及引脚排列如图 9-15 所示，由图可知 74LS08 内含 4 个 2 输入端与门。

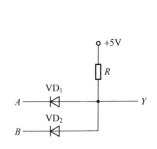

图 9-14　二极管构成的与门电路

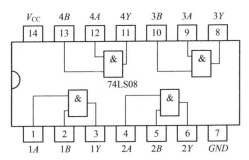

图 9-15　74LS08 内部结构及引脚排列

2. 或运算与或门电路

（1）或运算

决定某一事件的所有条件中，只要满足一个条件，则该事件就发生，这种因果关系称为或逻辑关系，也称为或运算或者称为逻辑加。

或运算对应的逻辑电路可以用两个并联开关 A、B 控制电灯 Y 的亮和灭来示意，或逻辑电路示意图如图 9-16 所示。若仍用 1 代表开关闭合和灯亮，用 0 代表开关断开和灯灭，电路的功能可以描述为：只要 A、B 两个开关中至少有一个闭合时，电灯 Y 就亮；否则，灯就灭。或逻辑真值表见表 9-4。

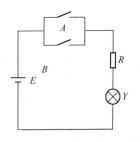

图 9-16　或逻辑电路示意图

表 9-4　或逻辑真值表

A	B	Y
0	0	0
0	1	1
1	0	1
1	1	1

或门的逻辑功能可归纳为"有 1 出 1，全 0 出 0"。

或运算的逻辑表达式为

$$Y=A+B \tag{9-2}$$

对于多变量的或运算可用下式表示

$$Y = A + B + C + \cdots$$

（2）或门电路

在数字电路中，把能实现或运算的电路称为或门，或门的逻辑符号如图 9-17 所示。

由二极管构成的或门电路如图 9-18 所示。

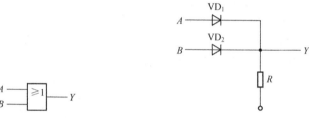

图 9-17　或门的逻辑符号　　　　图 9-18　二极管构成的或门电路

当输入端 A、B 中任何一个或全部为高电平 1（+5V）时，将至少有一个二极管导通使输出端 Y 为高电平 1（导通时，电平钳位在 4.3V）。

而当输入端 A、B 全部为低电平 0（0V）时，二极管不导通，输出端 Y 必然为低电平 0。

可见，它满足"全 0 出 0，有 1 出 1"的或逻辑关系。即输入全是低电平 0 时，输出为低电平 0；输入有高电平时，输出为高电平。

74LS32 是一种较常用的或门芯片，74LS32 内部结构及引脚排列如图 9-19 所示。它内含 4 个 2 输入端或门。

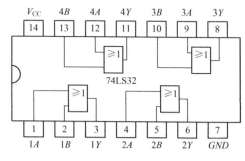

图 9-19　74LS32 内部结构及引脚排列

3. 非运算和非门电路

（1）非运算

非运算表示这样的逻辑关系，当某一条件具备了，事件便不会发生，而当此条件不具备时，事件一定发生。

非运算逻辑电路示意图如图 9-20 所示。若仍用 1 代表开关闭合和灯亮，用 0 代表开关断开和灯灭，电路的功能可以描述为：若开关 A 闭合，则灯 Y 就亮；反之，灯就灭。非逻辑真值表见表 9-5。

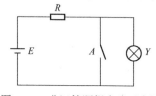

图 9-20　非运算逻辑电路示意图

表 9-5　非逻辑真值表

A	Y
0	1
1	0

由该表可知，Y 和 A 之间的逻辑关系为"有 0 出 1，有 1 出 0"。

Y 和 A 之间的关系可用下式表示

$$Y = \overline{A} \tag{9-3}$$

此逻辑表达式读作"Y 等于 A 非"。通常称 A 为原变量，$\overline{A}$ 为反变量，二者共同称为互补变量。

（2）非门电路

在数字电路中，常把能完成非运算的电路叫非门或者叫反相器，非门只有一个输入端，非门逻辑符号如图 9-21 所示。

由晶体管构成的非门电路如图9-22所示。

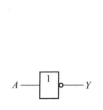

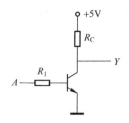

图9-21　非门逻辑符号　　　　　图9-22　晶体管构成的非门电路

在输入端信号为低电平时，发射结反偏，晶体管截止，输出为高电平。当输入信号为高电平时，晶体管工作在饱和状态，以使输出电平接近于零。

TTL反相器74LS04和CMOS反相器CC4069引脚排列相同，内含6个非门，其外形和内部结构一样，非门芯片74LS04如图9-23所示。

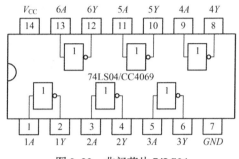

图9-23　非门芯片74LS04

9.4.2　复合逻辑运算与复合门电路

将与、或、非三种基本的逻辑运算进行组合，可以得到各种形式的复合逻辑运算，常见的复合运算有：与非运算、或非运算、与或非运算、异或运算和同或运算等。

当这三种基本逻辑运算组合同时出现在一个逻辑表达式中时，要注意三者的优先次序是：非、与、或。例如，逻辑函数 $Y = A\overline{B} + C$ 中，B 变量先"非"，然后再和变量 A 相"与"，相与的结果再和变量 C 相"或"，最后得到 Y。

1. 与非运算和与非门电路

（1）与非运算

与非运算是与运算和非运算的复合运算。先进行与运算再进行非运算，其表达式为

$$Y = \overline{A \cdot B} \tag{9-4}$$

与非逻辑运算的真值表见表9-6。

表9-6　与非逻辑运算的真值表

A	B	Y
0	0	1
0	1	1
1	0	1
1	1	0

与非门的逻辑功能可归纳为"有0出1，全1出0"。

实际应用的与非门的输入端可以有多个。

（2）与非门电路

实现与非逻辑运算的电路称为与非门，将前面所述的二极管与门和反相器连接起来，就构成与非门。与非门逻辑符号如图9-24

图9-24　与非门逻辑符号

183

所示。

常用的与非门集成芯片有：74LS00、74LS10、74LS20 等，常用与非门如图 9-25 所示。

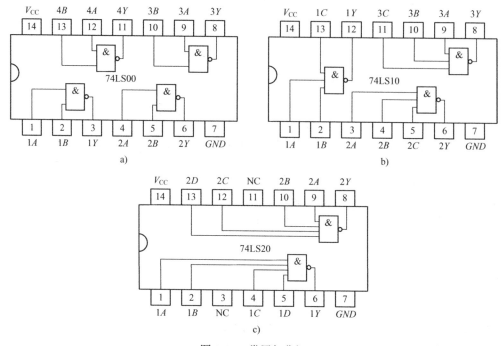

图 9-25　常用与非门

a) 74LS00　b) 74LS10　c) 74LS20

2. 或非运算和或非门电路

（1）或非运算

或非运算是或运算和非运算的复合运算。先进行或运算，后进行非运算，其表达式为

$$Y = \overline{A + B} \tag{9-5}$$

或非逻辑运算的真值表见表 9-7。

表 9-7　或非逻辑运算的真值表

A	B	Y
0	0	1
0	1	0
1	0	0
1	1	0

或非门的逻辑功能可归纳为"有 1 出 0，全 0 出 1"。

实际应用的或非门的输入端可以有多个。

（2）或非门电路

将二极管或门和反相器连接起来，就构成或非门。由前述或门和非门的分析，不难得出或非门电路的逻辑功能，即"有 1 出 0，全 0 出 1"。

图 9-26　或非门逻辑符号

实现或非逻辑运算的电路叫或非门，或非门逻辑符号如图 9-26

所示。

  常用的或非门芯片有 74LS02、74LS27 等。常用或门和或非门集成芯片引脚排列图如图 9-27 所示，由图看出 74LS02 内含 4 个 2 输入端或非门，74LS27 内含 3 个 3 输入端或非门。

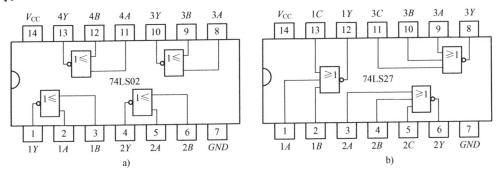

图 9-27 常用或门和或非门集成芯片引脚排列图

a) 74LS02 b) 74LS27

3. 与或非运算和与或非门电路

（1）与或非运算

  与或非运算是与、或、非三种基本逻辑的复合运算。先进行与运算，再进行或运算，最后进行非运算，其表达式为

$$Y = \overline{AB + CD} \tag{9-6}$$

  与或非运算的逻辑功能是：只要 A、B 或 C、D 中有一组全为 1，输出就为 0，否则输出为 1。

（2）与或非门电路

  实现与或非逻辑运算的电路叫与或非门，与或非门逻辑符号如图 9-28 所示。

  74LS54 为 4 路与或非，内部结构及引脚排列如图 9-29 所示。内含有 4 个与门，其中两个与门为 2 输入端，另两个与门为 3 输入端，4 个与门再输入到 1 个或非门。

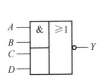

图 9-28 与或非门逻辑符号

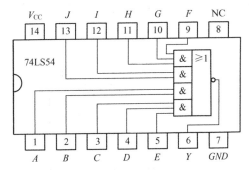

图 9-29 内部结构及引脚排列

4. 异或运算及同或运算

（1）异或运算

  若两个输入变量 A、B 的取值相异，则输出变量 Y 为 1，若 A、B 的取值相同，则 Y 为 0，这种逻辑关系称为异或逻辑关系，其逻辑表达式为

$$Y = A \oplus B = \overline{A}B + A\overline{B} \tag{9-7}$$

读作"Y 等于 A 异或 B"。实现异或运算的电路称为异或门，异或门逻辑符号如图 9-30 所示。

（2）同或运算

若两个输入变量 A、B 的取值相同，则输出变量 Y 为 1。若 A、B 取值相异，则 Y 为 0，这种逻辑关系称为同或逻辑关系，其逻辑表达式为

$$Y = A \odot B = \overline{A}\overline{B} + AB \tag{9-8}$$

实现同或运算的电路称为同或门，同或门逻辑符号如图 9-31 所示。

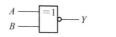

图 9-30　异或门逻辑符号　　　　图 9-31　同或门逻辑符号

注意：实际产品中，异或门和同或门的输入端只有两个。异或及同或逻辑的真值表见表 9-8。

表 9-8　异或及同或逻辑的真值表

A　B	$Y = A \oplus B$	$Y = A \odot B$
0　0	0	1
0　1	1	0
1　0	1	0
1　1	0	1

异或门的逻辑功能是：当两个输入相同时，输出为 0，当两个输入相反时，输出为 1。

同或门的逻辑功能是：当两个输入相同时，输出为 1，当两个输入相反时，输出为 0。

（3）常用异或、同或芯片

74LS86 为 2 输入端 4 异或门，其引脚排列如图 9-32a 所示。74LS266 为 2 输入端 4 同或门，其引脚排列如图 9-32b 所示。

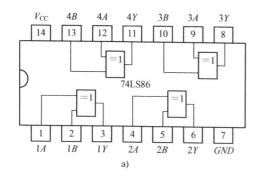 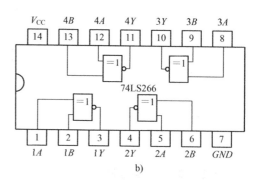

a)　　　　　　　　　　　　　　　b)

图 9-32　74LS86、74LS266 引脚排列图

a) 74LS86　b) 74LS266

思考与练习

1. 有三个开关 A、B、C 串联控制照明灯 Y，试写出该电路的逻辑表达式。

2. 有三个开关 A、B、C 并联控制照明灯 Y，试写出该电路的逻辑表达式。

3. 列出下述问题的真值表，并写出其逻辑表达式。

1）设三个变量 A、B、C，当输入变量的状态不一致时，输出为 1，反之为 0。

2）设三个变量 A、B、C，当变量组合中出现偶数个 1 时，输出为 1，反之为 0。

9.5 集成门电路

在集成门电路中，一个门电路的所有元器件和连线，都制作在同一块半导体硅片上，并封装在一个外壳内。由于集成电路体积小、重量轻、可靠性好及使用方便，在数字系统中得到广泛应用。

目前使用较多的集成逻辑门电路是 TTL 门电路和 CMOS 门电路。

9.5.1 TTL 集成门电路

1. 与非门

（1）电路结构

TTL 与非门电路是 TTL 门电路的基本单元，它通常由输入级、中间级和输出级三部分组成，TTL 与非门内部电路结构如图 9-33 所示。

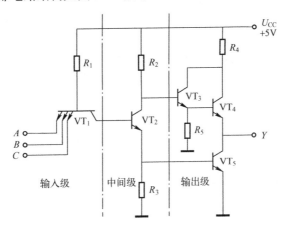

图 9-33 TTL 与非门内部电路结构

输入级由电阻 R_1 和多发射极晶体管 VT_1 组成，它实现了逻辑"与"的逻辑功能。

中间级由电阻 R_2、R_3 和晶体管 VT_2 组成，实际上是一个分相放大器，从晶体管 VT_2 的集电极和发射极同时输出相位相反的两个信号，其射极输出跟随基极变化，为"与"输出端，其集电极输出是基极信号的"非"，因而集电极对输入而言是"与非"输出端。

输出级由电阻 R_4、R_5 以及晶体管 VT_3、VT_4、VT_5 组成，输出级同中间级一起实现"非"的功能，整个电路实现"与非"的逻辑功能。由于 VT_2 输出相位相反的两个信号分别送到 VT$_3$ 和 VT$_5$ 的基极，使 VT$_4$ 和 VT$_5$ 始终处于一个导通、一个截止的状态，从而得到低阻抗输出，提高了"与非"门的负载能力，同时也可以提高了转换速度。因此，这种电路结构常称为推拉式输出。

（2）TTL 与非门的工作原理

当输入端 A、B、C 全为高电平 3.6V 时，由于多发射极晶体管 VT$_1$ 通过 R_1 接电源，使 VT$_1$ 的集电结、VT$_2$ 和 VT$_5$ 的发射结均正偏而导通，故 VT$_1$ 的基极电位 V_{B1} 被钳位在 2.1V，从而使 VT$_1$ 的发射结反偏，此时，VT$_1$ 工作在发射结反偏、集电结正偏的倒置状态（反向放大）。所以 VT$_1$ 的基极电流经集电结全部流入 VT$_2$ 的基极，使 VT$_2$ 饱和。

VT$_2$ 饱和使其集电极电位 $V_{C2} \approx 1V$，只能使 VT$_3$ 导通，而 VT$_4$ 截止。由于 VT$_4$ 截止，电源电压通过导通的 VT$_2$ 全部加入 VT$_5$ 的基极，使 VT$_5$ 迅速饱和导通，输出低电平 $V_{OL} = U_{CES} = 0.3V$。即实现了输入全为高电平时，输出为低电平的逻辑关系。

当输入有一个或全部为低电平 0.3V 时，在此电路中，因为电源电压为 5V，故 VT$_1$ 的发射结导通，VT$_1$ 的基极电位 $V_{B1} \approx 0.3V + 0.7V = 1V$，使 VT$_1$ 集电结、VT$_2$ 和 VT$_5$ 的发射结均截止，故 VT$_1$ 饱和。由于 VT$_2$ 截止，电源电压 V_{CC} 通过 R_2 使 VT$_3$ 和 VT$_4$ 导通，输出高电平 $V_{OH} \approx 5V - 1.4V = 3.6V$；即实现了输入有一个或全部为低电平时，输出为高电平的逻辑关系。

（3）电路功能

如果用逻辑 1 表示高电平 3.6V，用逻辑 0 表示低电平 0.3V。则根据前面分析可知，当该电路 A、B、C 中有一个为 0 时，输出就为 1；只有当 A、B、C 全部都为 1 时，输出才为 0，故实现了三变量 A、B、C 的与非运算：$Y = \overline{ABC}$。因此，该电路为一个 3 输入与非门。

2. 集电极开路的门电路（OC 门）

在 TTL 与非门中，输出级的输出电阻很低，如果把两个与非门的输出端并联使用，若一个门输出为高电平，而另一个门输出为低电平时，将有很大的电流同时流过这两个门的输出级，这个电流的数值远远超过正常工作电流，可能损坏门电路。因此，在用与非门组成逻辑电路时，不能直接把两个门的输出端连在一起使用。

克服上述局限性的方法就是把输出级改为集电极开路的晶体管结构，做成集电极开路的门电路（OC 门）。

图 9-34 所示为 OC 门的电路结构，这种门电路是将图 9-33 电路中的 VT$_3$ 和 VT$_4$ 去掉，就构成了集电极开路与非门，工作时需要在输出端外接负载电阻和电源。图 9-35 所示为 OC 门电路逻辑符号。

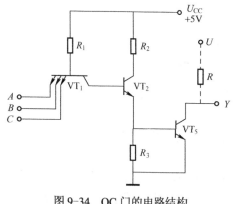

图 9-34 OC 门的电路结构

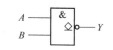

图 9-35 OC 门电路逻辑符号

（1）工作原理

当输入 A、B 中有低电平 0 时，输出 Y 为高电平 1；当输入 A、B 都为高电平 1 时，输出 Y 为低电平 0。因此，OC 门具有与非功能，逻辑表达式为 $Y = \overline{AB}$ 。

集电极开路与非门与 TTL 与非门不同的是，它输出的高电平不是 3.6V，而是所接电源电压。

（2）集电极开路门（OC 门）的应用

1）实现线与逻辑。将两个或多个 OC 门输出端连在一起可实现线与逻辑。图 9-36 所示为由两个 OC 门输出端相连后经电阻 R 接电源 U_{CC} 实现线与的电路。

由图可以看出，$Y_1 = \overline{AB}$、$Y_2 = \overline{CD}$，Y_1、Y_2 连在一起，当某一个输出端为低电平 0 时，公共输出端 Y 为低电平 0；只有 Y_1 和 Y_2 都为高电平 1 时，输出 Y 才为高电平 1。所以，$Y = Y_1 Y_2$，即实现"线与"逻辑功能。

2）图 9-37 所示为用 OC 门组成的电平转换电路。当输入 A、B 都为高电平时，输出 Y 为低电平；当输入 A、B 中有低电平时，输出 Y 为高电平 U_{CC}，因此，选用不同的电源电压 U_{CC} 时，可使输出 Y 的高电平能适应下一级电路对高电平的要求，从而实现电平的转换。

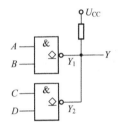

图 9-36 用 OC 门实现线与的电路

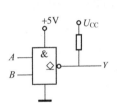

图 9-37 用 OC 门组成的电平转换电路

3. 三态输出门（TSL）

三态输出门简称为三态门，是指能输出高电平、低电平和高阻三种状态的门电路。三态输出与非门逻辑符号如图 9-38 所示，除了输入端、输出端外，还有一个使能端 EN。

（1）工作原理

当使能端有效时，按与非逻辑工作，当使能端无效时，三态门处于高阻状态。如果使能端有个小圆圈，表示在低电平时有效，使能端没有小圆圈则表示在高电平时有效。

图 9-38a 中，EN 高电平有效，当 $EN=1$ 时，$Y = \overline{AB}$；当 $EN=0$ 时，Y 呈高阻态。

图 9-38b 中，EN 低电平有效，当 $EN=0$ 时，$Y = \overline{AB}$；当 $EN=1$ 时，Y 呈高阻态。

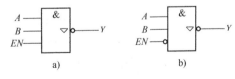

图 9-38 三态输出与非门逻辑符号

a) 控制端高电平有效 b) 控制端低电平有效

（2）三态输出门的应用

1）用三态输出门构成单向总线。在计算机或其他数字系统中，为了减少连线的数量，往往希望在一根导线上采用分时传送多路不同的信息，这时可采用三态输出门来实现，用三态门构成单向总线如图 9-39 所示。

分时传送信息的导线称为总线。只要在三态输出门的控制端 EN_1、EN_2、EN_3 上轮流加高电平，且同一时刻只有一个三态门处于工作状态，其余三态门输出都为高阻，则各个三态输出门输出的信号便轮流送到总线，而且这些信号不会产生相互干扰。

2）用三态输出门构成双向总线。图 9-40 所示是用三态门构成的双向总线。当 $EN=1$ 时，G_1 工作，G_2 输出高阻态，数据 D_0 经 G_1 反相后的 $\overline{D}_0$ 送到总线；当 $EN=0$ 时，G_1 输出高阻态，G_2 工作，总线上的数据 D_1 经 G_2 反相后输出 $\overline{D}_1$，从而实现数据的双向传输。

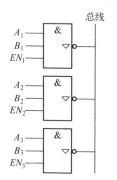

图 9-39 用三态门构成单向总线

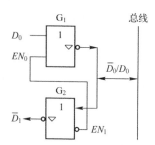

图 9-40 用三态门构成双向总线

9.5.2 CMOS 逻辑门电路

CMOS 逻辑门电路是由 N 沟道 MOSFET 和 P 沟道 MOSFET 互补而成的，通常称为互补型 MOS 逻辑电路，简称为 CMOS 逻辑电路。与 TTL 集成门电路相比，它具有制造工艺简单、集成度高、输入阻抗高、功耗低、抗干扰性强和体积小等优点，在大规模、超大规模数字集成元器件中应用广泛。

1. CMOS 非门电路

（1）电路结构与原理

CMOS 非门（反相器）是构成 CMOS 电路的基本结构形式，CMOS 反相器电路如图 9-41 所示。电路中的驱动管 V_N 为 NMOS 管，负载管 V_P 为 PMOS 管，两个管的衬底与各自的源极相连。

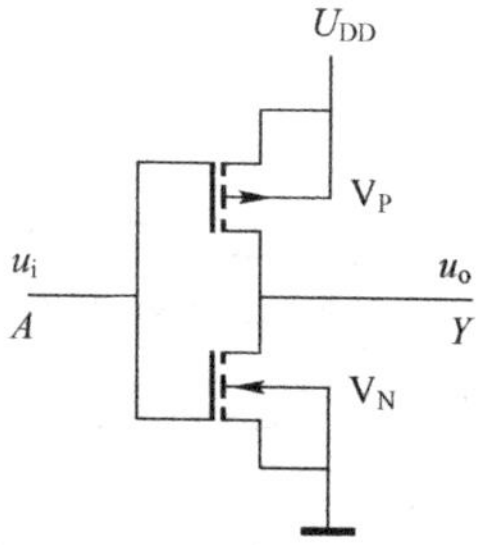

CMOS 反相器采用正电源 U_{DD} 供电，PMOS 负载管 V_P 的源极接电源正极，NMOS 驱动管 V_N 的源极接地。两个管的栅极连

图 9-41 CMOS 反相器电路

在一起作为反相器的输入端，两个管的漏极连在一起作为反相器的输出端。为保证电路正常工作，U_{DD} 应不低于两个 MOS 管开启电压的绝对值之和。

当输入 u_i 为低电平 U_{IL} 且小于 V_{TN}（MOS 管的开启电压）时，V_N 截止。但对于 PMOS 负载管来说，由于栅极电位较低，使栅源电压的绝对值大于开启电压的绝对值，因此 V_P 导通。由于 V_N 的截止电阻远比 V_P 的导通电阻大得多，所以电源电压差不多全部降在驱动管 V_N 的漏源之间，使反相器输出高电平 $U_{OH} \approx U_{DD}$。

当输入 u_i 为高电平 U_{OH} 且大于 U_{TN} 时，V_N 导通。但对于 PMOS 管来说，由于栅极电位较高，使栅源电压绝对值小于开启电压的绝对值，因此 V_P 截止。由于 V_P 截止时相当于一个很大的电阻，而 V_N 导通时相当于一个较小的电阻，所以电源电压几乎全部降在 V_P 上，使反相器输出为低电平且很低，即 $U_{OL} \approx 0$。可见，图 9-41 电路完成非门的功能。

由于 CMOS 反相器处于稳态时，无论是输出高电平还是输出低电平，其驱动管和负载管中必然是一个截止而另一个导通，因此电源可向反相器提供仅为纳安级的漏电流，所以，CMOS 反相器的静态功耗很小。

（2）常用 CMOS 非门芯片

CC4069 是一种常用的 CMOS 非门芯片，CC4069 内部结构如图 9-42 所示，由图可以看出，CC4069 内部有 6 个非门，每个非门有一个输入端和一个输出端。

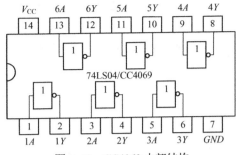

图 9-42　CC4069 内部结构

2. CMOS 与非门

（1）电路结构与原理

图 9-43 所示电路为两个输入端的 CMOS 与非门，两个串联的 NMOS 管 V_{N1} 和 V_{N2} 作为驱动管，两个并联的 PMOS 管 V_{P1} 和 V_{P2} 作为负载管。

当输入 A、B 都为高电平时，串联的 NMOS 管 V_{N1} 和 V_{N2} 都导通，并联的 PMOS 管 V_{P1} 和 V_{P2} 都截止，因此输出 Y 为低电平；当输入 A、B 中有一个为低电平时，两个串联的 NMOS 管中必有一个截止，于是电路输出 Y 为高电平。可见，电路的输出与输入之间是与非逻辑关系，即 $Y = \overline{AB}$。

（2）常用 CMOS 与非门芯片

CC4011 是一种常用的 CMOS 与非门芯片，CC4011 内部结构如图 9-44 所示，由图可以看出，CC4011 内部有 4 个与非门，每个与非门有两个输入端和一个输出端。

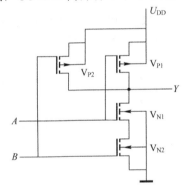

图 9-43　CMOS 与非门

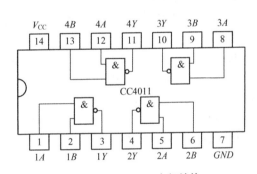

图 9-44　CC4011 内部结构

3. CMOS 或非门

（1）电路结构与原理

图 9-45 所示电路为两个输入端的 CMOS 或非门，电路中两个 PMOS 负载管串联，两个 NMOS 驱动管并联。

当输入 A、B 中至少有一个为高电平时，并联的 NMOS 管 VN_1 和 V_{N2} 中至少有一个导通，串联的 PMOS 管 V_{P1} 和 V_{P2} 中至少有一个截止，于是电路输出 Y 为低电平；当输入 A、B 都为低电平时，并联的 NMOS 管 V_{N1} 和 V_{N2} 都截止，串联的 PMOS 管 V_{P1} 和 V_{P2} 都导通，因此电路输出 Y 为高电平。可见，电路实现或非逻辑关系，即 $Y = \overline{A+B}$。

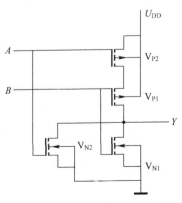

图 9-45　两个输入端的 CMOS 或非门

（2）常用 CMOS 或非门芯片

CC4001、CC4002 是常用的 CMOS 或非门芯片，其结构如图 9-46 所示，由图可以看出，CC4001 内含 4 个 2 输入端 CMOS 或非门，其引脚排列如图 9-46a 所示；CC4002 内含 2 个 4 输入端 CMOS 或非门，其引脚排列如图 9-46b 所示。

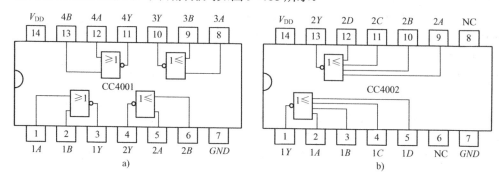

图 9-46　CMOS 或非门芯片

a) CC4001　b) CC4002

9.5.3　集成门电路的使用

1. 集成门电路的种类及命名方法

集成门电路按其内部有源器件的不同可分为两类，一类是双极型晶体管 TTL 集成门电路，另一类是单极型 CMOS 器件构成的逻辑电路。CMOS 工艺是目前集成电路的主流工艺。

CMOS 器件的系列产品有 4000 系列、HC、HCT、AHC、AHCT、LVC、ALVC、HCU 等。其中，4000 系列为普通 CMOS；HC 为高速 CMOS；HCT 为能够与 TTL 兼容的 CMOS；AHC 为改进的高速 CMOS；AHCT 为改进的能够与 TTL 兼容的高速 CMOS；LVC 为低压 CMOS；ALVC 为改进的低压 COMS；HCU 为无输出缓冲器的高速 CMOS。

国产 TTL 电路有 54/74、54/74H、54/74S、54/74LS、54/74AS、54/74ALS、54/74F 七大系列。

CMOS、TTL 器件的命名方法如下：

第一部分　　第二部分　　　　第三部分　　　　　第四部分　　　　　第五部分
国标　　　　器件类型　　　　器件系列品种　　　工作温度范围　　　封装形式

例如，CC54/74HC04MD 的含义如下所述。

第一部分 C：国标，中国。

第二部分 C：器件类型，CMOS。

第三部分 54/74HC04：器件系列品种，54 为国际通用 54 系列，军用产品；74 为国际通用 74 系列，民用产品；HC 为高速 CMOS，04 为六反相器。

LS：低功耗肖特基系列。空白：标准系列。H：高速系列。S：肖特基系列。AS：先进的肖特基系列。ALS：先进的低功耗肖特基系列。F：快速系列，速度和功耗都处于 AS 和 ALS 之间。

第四部分 M：工作温度范围，M 为-55～+125℃（只出现在 54 系列）；C 为 0～70℃（只出现在 74 系列）。

第五部分 D：封装形式，D 为多层陶瓷双列直插封装，J 为黑瓷低熔玻璃双列直插封装，P 为塑料双列直插封装，F 为多层陶瓷扁平封装。

又例如，CT74LS04CJ 的含义如下所述。

第一部分 C：国标，中国。

第二部分 T：器件类型，TTL。

第三部分 74LS04：器件系列品种，74 为国际通用 74 系列，民用产品；04 为六反相器。

第四部分 C：工作温度范围，C 为 0～70℃（只出现在 74 系列）。

第五部分 J：封装形式，J 为黑瓷低熔玻璃双列直插封装。

2．集成门电路引脚排列

集成门电路（IC 芯片）外引脚的序号确定方法是：将引脚朝下，由顶部俯视，从缺口或标记下面的引脚开始逆时针方向计数，依次为 1，2，3，…，n。一般情况下，74 系列芯片，缺口下面的最后一个引脚为接地引脚，缺口上面的引脚为连接电源引脚，集成电路引脚排列图如图 9-47 所示。在标准型 TTL 集成电路中，电源端 V_{CC} 一般排在左上端，接地端 GND 一般排在右下端。如 74LS20 为 14 脚芯片，14 脚为 V_{CC}，7 脚为 GND。

若集成芯片引脚上的功能标号为 NC，则表示该引脚为空脚，与内部电路不连接。

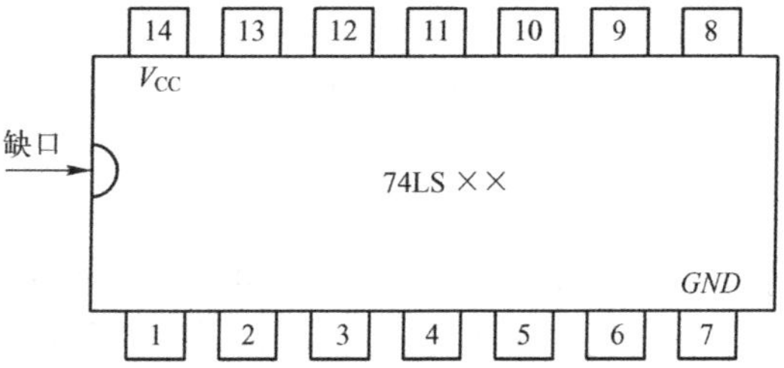

图 9-47　集成电路引脚排列图

3．集成逻辑门电路的使用

（1）电源要求

电源电压有两个：额定电源电压和极限电源电压。额定电源电压指正常工作时电源电压的允许大小：TTL 集成电路对电源电压要求比较严格，除了低电压、低功耗系列外，通常只允许在 $5(1\pm5\%)$V（54 系列为 $5(1\pm10\%)$V）的范围内工作，若电源电压超过 5.5V 将损坏器件，若电源电压低于 4.5V，器件的逻辑功能将不正常。CMOS 电路为 3～15V（4000B 系列为 3～18V）。在安装 CMOS 电路时，电源电压极性不能接反，否则输入端的保护二极管会因过电流而损坏。极限工作电源电压指超过该电源电压器件将永久损坏：TTL 电路为 5V，4000 系列 CMOS 电路为 18V。

（2）多余输入端的处理

由于集成电路输入引脚的多少在集成电路生产时就已经固定，在使用集成电路时，有时可能会出现多余的引脚（多余输入端），多余输入端应根据需要做适当的处理。

对于与门和与非门的多余输入端可直接或通过电阻接到电源 U_{CC} 上，或将多余的输入端与正常使用的输入端并联使用。

TTL 与门和与非门的多余输入端虽然理论上可以悬空，但一般不要悬空，以免受干扰造成电路错误动作；对于 CMOS 集成电路，输入端不能悬空，否则会由于感应静电或各种脉冲信号造成干扰，甚至损坏集成电路；与门和与非门的多余输入端的处理如图 9-48 所示。

或门和或非门的多余输入端应接地或者与有用输入端并接，或门和或非门的多余输入端如图 9-49 所示。

（3）输出负载要求

除 OC 门和三态门外普通门电路的输出不能并接，否则可能烧坏元器件；门电路的输出带同类门的个数不得超过扇出系数，否则可能造成状态不稳定；在速度高时带负载应尽可能少；门电路输出接普通负载时，其输出电流应小于 I_{OLmax} 和 I_{OHmax}。

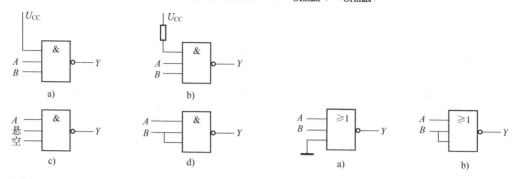

图 9-48　与门和与非门的多余输入端的处理

a) 接电源　b) 通过电阻接电源　c) 悬空　d) 与有用输入端并接

图 9-49　或门和或非门的多余输入端

a) 接地　b) 有用输入端并接

（4）工作及运输环境问题

温度、湿度和静电等都会影响元器件的正常工作，如 54TTL 系列和 74TTL 系列工作温度的区别。

在工作时应注意静电对元器件的影响。一般通过下面方法克服其影响：在运输时采用防静电包装，存放 CMOS 集成电路时要屏蔽，一般放在金属容器内，也可以用金属箔将引脚短路。使用时保证设备接地良好，测试器件时应先开机再加信号，关机时先断开信号后关电源，不能带电把元器件从测试座上插入或拔出。

思考与练习

1．TTL 与非门电路通常由几部分组成？各组成部分的作用是什么？
2．OC 门在使用时有什么要求？
3．三态输出门有哪三个输出状态？
4．简述集成逻辑门电路的使用要求。

9.6　技能训练　集成逻辑门电路的逻辑功能测试

1．训练目标

1）熟悉基本门电路的逻辑功能。
2）掌握逻辑门电路的逻辑功能的测试方法。
3）了解集成逻辑门电路的引脚排列及引脚功能。

2．训练器材

集成门电路芯片 74LS08、74LS32、74LS04、74LS00、74LS02 和 74LS86 各一片；+5V 直流电源，可用三节干电池替；510Ω 电阻一只；拨动开关两个；发光二极管 LED 一个。

3．训练内容及步骤

（1）与门逻辑功能测试

1）取集成电路芯片 74LS08，查阅其引脚排列。

2）将 74LS08 插入面包板中，给集成门电路加电源，即 V_{CC} 端接+5V，GND 端接地。

3）选 74LS08 芯片的其中一个门电路进行测试，按测试图 9-50 所示与门实验电路连接电路，输入端分别接逻辑高电平、低电平。

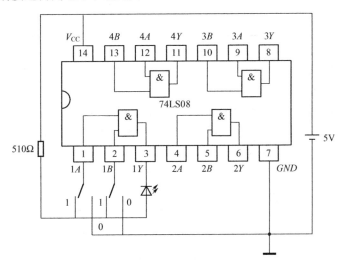

图 9-50　与门实验电路

4）观察 LED 的亮和灭，亮时表示输出低电平 1，灭时表示输出高电平 0。

5）将根据测量结果，填入表 9-9 中。并根据结果写出逻辑表达式。

（2）或门逻辑功能测试。

1）取集成电路芯片 74LS32，查阅其引脚排列。

2）将 74LS32 插入面包板中，给集成门电路加电源，即 V_{CC} 端接+5V，GND 端接地。

3）按测试图 9-51 所示或门实验电路连接电路，输入端分别接逻辑高电平、低电平。

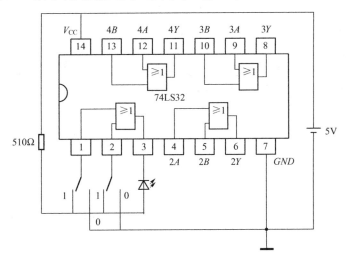

图 9-51　或门实验电路

4）观察 LED 的亮和灭，亮时表示输出低电平 1，灭时表示输出高电平 0。

5）将根据测量结果，填入表 9-9 中；并根据结果写出逻辑表达式。

（3）非门逻辑功能测试

表9-9 与门和与非门逻辑功能测试数据

A	B	Y(74LS08)	Y(74LS32)	Y(74LS00)	Y(74LS02)	Y(74LS86)
0	0					
0	1					
1	0					
1	1					

1）取集成电路芯片74LS04，查阅其引脚排列。

2）分别将74LS04插入面包板中，给集成门电路加电源。

3）按测试图9-52所示非门实验电路连接电路，输入端分别接逻辑高电平、低电平。

4）观察LED的亮和灭，灯亮时，表示输出高电平1。灯灭时，表示输出低电平0。

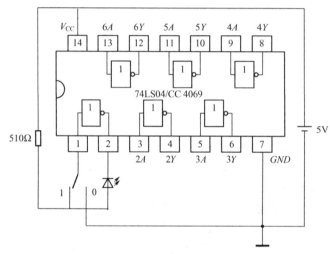

图9-52 非门实验电路

5）将根据测量结果，填入表9-10所示非门实验测试数据中；并根据结果写出逻辑表达式。

（4）复合门电路

仿照前面电路连接及测试步骤，分别测试与非门74LS00、或非门74LS02、异或门74LS86的逻辑功能，根据测量结果，填入表9-9所示与门和与非逻辑功能测试数据中；并根据结果写出逻辑表达式。

表9-10 非门实验测试数据

A	Y(74LS04)
0	
1	

4. 训练注意事项

1）接插集成门电路时，要认清定位标记，不得接反。电源极性不允许接反，电源电压范围4.5～5.5V。

2）门电路输出端不允许直接接地或电源，也不能接逻辑电平开关，否则将损坏元器件。

9.7 习题

1. 将下列二进制数和十六进制数化成等值的十进制数。

（1）$(10110.1010)_2$　　　（2）$(0.011)_2$　　　（3）$(137.48)_{16}$　　　（4）$(1F4)_{16}$

2．将下列十进制数转化为等值的二进制数和十六进制数。

（1）$(51)_{10}$ （2）$(136)_{10}$ （3）$(12.34)_{10}$ （4）$(105.375)_{10}$

3．用公式法将下列函数化为最简与或表达式。

（1）$Y = A(\overline{A} + B) + B(B + C) + B$

（2）$Y = (A + B + C)(\overline{A} + \overline{B} + \overline{C})$

（3）$Y = ABC\overline{D} + ABD + BC\overline{D} + ABC + BD + B\overline{C}$

（4）$Y = AD + BC\overline{D} + C(\overline{A} + \overline{B})$

（5）$Y = (AB + A\overline{B} + \overline{AB})(A + B + D + \overline{ABD})$

4．用卡诺图化简下列逻辑函数。

（1）$Y = ABC + ABD + \overline{AB}\,\overline{C} + CD + B\overline{D}$

（2）$Y = \overline{AB}C + AB\overline{C} + A\overline{B}C + \overline{A}BC + ABC$

（3）$Y = ABCD + \overline{ABD} + ABD + \overline{AB}\,\overline{D} + \overline{A}BD$

（4）$Y = A\overline{B}C + A\overline{B}CD + A\overline{C}D + AD + BC + \overline{C}D$

（5）$Y = (A, B, C, D) = \sum m(1, 4, 5, 6, 8, 9, 12, 13, 14)$

5．已知与门和与非门电路和输入信号逻辑电平，如图 9-53 所示，试写出 $Y_1 \sim Y_6$ 的逻辑电平。

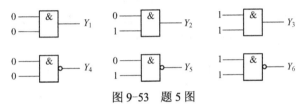

图 9-53　题 5 图

6．已知或门和或非门电路和输入信号逻辑电平，如图 9-54 所示，试写出 $Y_1 \sim Y_6$ 的逻辑电平。

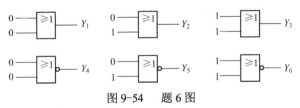

图 9-54　题 6 图

7．已知异或门和同或门电路和输入信号逻辑电平，如图 9-55 所示，试写出 $Y_1 \sim Y_6$ 的逻辑电平。

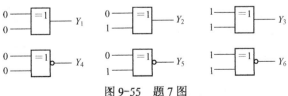

图 9-55　题 7 图

8．某逻辑电路有三个输入变量 A、B、C，当输入相同时，输出为 1，否则输出为 0，试列出真值表，写出逻辑表达式。

第10章 组合逻辑电路

第9章学习了基本逻辑门电路，在实际应用中，常将这些基本逻辑电路组合起来，构成组合逻辑电路，以实现各种逻辑功能。本章在介绍组合逻辑电路的特点、功能后，重点介绍组合逻辑电路的分析方法和设计方法，并从设计的角度介绍常用组合逻辑电路的工作原理、逻辑功能及其应用。

10.1 组合逻辑电路的分析与设计

10.1.1 组合逻辑电路的基本概念

10.1.1 组合逻辑电路的基本概念

在数字逻辑电路中，如果一个电路在任何时刻的输出状态只取决于该时刻的输入状态，而与电路的原有状态无关，则该电路称为组合逻辑电路。

图 10-1 所示，是一组合逻辑电路示意框图，它有 n 个输入变量 A_0、A_1、$\cdots$、A_{n-1}；m 个输出函数 Y_0、Y_1、$\cdots$、Y_{m-1}，其输入、输出之间的逻辑关系为

$$Y_0=F_0(A_0, A_1, \cdots, A_{n-1})$$
$$Y_1=F_1(A_0, A_1, \cdots, A_{n-1})$$
$$\vdots$$

图 10-1 组合逻辑电路示意框图

$$Y_{m-1}=F_{m-1}(A_0, A_1, \cdots, A_{n-1})$$

其结构特点是：组合电路由门电路组合而成，门电路是组成组合逻辑电路的基本单元。输入信号可以有一个或若干个，输出信号可以有一个也可以有多个。电路中没有记忆单元，输出到输入没有反馈连接。

其功能特点是：电路在任何时刻的输出状态只取决于该时刻各输入状态的组合，而与电路的原状态无关，即无记忆功能。

组合逻辑电路的功能除用逻辑函数式来描述外，还可以用真值表、卡诺图和逻辑图等方法进行描述。

10.1.2 组合逻辑电路的分析

10.1.2 组合逻辑电路的分析

组合逻辑电路分析是：根据给定逻辑电路，找出输出变量与输入变量之间的逻辑关系，并确定电路的逻辑功能。组合逻辑电路的分析步骤如下。

1）由给定逻辑电路写出其输出逻辑函数表达式。一般从输入端到输出端逐级写出输出变量对输入变量的逻辑表达式，最后得到所分析组合逻辑电路的输出逻辑函数式。

2）对输出逻辑表达式进行化简。用公式法或卡诺图法对输出表达式进行化简，求出最

简输出逻辑表达式。

3）根据输出逻辑表达式列真值表。基本方法是将所有输入变量的取值组合代入输出表达式计算，并将其对应的值列表。在列真值表时一般按二进制的自然顺序，输出与输入值一一对应，列出所有可能的取值组合。

4）说明逻辑电路的功能。根据逻辑函数式或真值表的特点用简明的语言说明组合逻辑电路的逻辑功能。

【例 10-1】 分析图 10-2 所示的组合逻辑电路。

解：1）根据逻辑电路写出输出逻辑函数表达式。由图可得

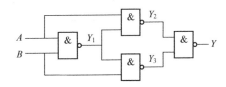

$$Y_1 = \overline{AB}$$

$$Y_2 = \overline{A \cdot Y_1} = \overline{A \cdot \overline{AB}}$$

$$Y_3 = \overline{B \cdot Y_1} = \overline{B \cdot \overline{AB}}$$

由此可得电路的输出逻辑函数表达式为

图 10-2　例 10-1 图

$$Y = \overline{Y_2 \cdot Y_3}$$

$$= \overline{\overline{A \cdot \overline{AB}} \cdot \overline{B \cdot \overline{AB}}}$$

$$= \overline{A}B + A\overline{B}$$

$$= A \oplus B$$

2）根据逻辑函数表达式列真值表，如表 10-1 所示。

表 10-1　例 10-1 的真值表

A	B	Y
0	0	0
0	1	1
1	0	1
1	1	0

3）说明逻辑功能。由表可以看出：当 A、B 输入的状态不同时，输出 $Y=1$；当 A、B 输入的状态相同时，输出 $Y=0$。因此，图 10-2 所示逻辑电路具有异或功能，为异或门。

10.1.3　组合逻辑电路的设计

10.1.3　组合
逻辑电路的设计

组合逻辑电路的设计是根据给定的逻辑功能或逻辑要求，求得实现这个功能或要求的逻辑电路，设计过程如下。

1）分析设计要求，列真值表。根据给定的实际逻辑问题，确定哪些是输入量，哪些是输出量，以及它们之间的关系，然后给予逻辑赋值，列出真值表。

2）根据真值表写出逻辑表达式。将真值表中输出为 1 所对应的各个最小项相加后，得到输出逻辑函数表达式。

3）化简逻辑表达式。通常用代数法或卡诺图法对逻辑函数进行化简。

4）根据逻辑表达式画出逻辑电路图。根据化简的逻辑表达式，用基本的门电路画出逻辑电路图，也可根据要求将输出逻辑函数变换为与非表达式、或非表达式、与或非表达式等来画出逻辑电路图。

【例 10-2】 用与非门设计举重裁判表决电路。设举重比赛有三个裁判，一个主裁判和两个副裁判。杠铃完全举成功的裁决由每一个裁判按一下自己面前的按钮来确定。只有当两个或两个以上裁判判成功，并且其中有一个为主裁判时，表明成功的灯才亮。

解：1）分析设计要求，设主裁判为变量 A，副裁判分别为 B 和 C。表示成功与否的灯为 Y。裁判成功为 1，不成功为 0。

2）根据逻辑要求列出真值表。三个输入变量，共有 8 种不同组合，真值表见表 10-2。

表 10-2　例 10-2 的真值表

输　　入			输　　出
A	B	C	Y
0	0	0	0
0	0	1	0
0	1	0	0
0	1	1	0
1	0	0	0
1	0	1	1
1	1	0	1
1	1	1	1

3）写逻辑函数表达式。

$$Y = A\overline{B}C + AB\overline{C} + ABC$$

4）化简并表示成与非表达式。

$$
\begin{aligned}
Y &= A\overline{B}C + AB\overline{C} + ABC \\
&= A\overline{B}C + ABC + AB\overline{C} + ABC \\
&= AC + AB \\
&= \overline{\overline{AC} \cdot \overline{AB}}
\end{aligned}
$$

5）根据逻辑表达式画出逻辑图如图 10-3 所示。

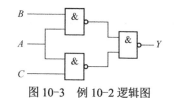

图 10-3　例 10-2 逻辑图

思考与练习

1. 分析图 10-4 所示的组合逻辑电路。

2. 交通信号灯有红、绿、黄三种，三种灯单独工作或黄、绿灯同时工作是正常情况，其他情况属于故障现象，要求出现故障时输出报警信号。试用与非门设计一个交通灯报警控制电路。

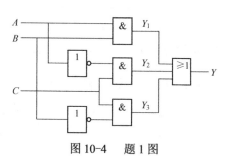

图 10-4　题 1 图

10.2　常用组合逻辑电路

10.2.1　加法器

在计算机中，二进制数的加、减、乘、除运算往往是转化为加法进行的，所以，加法器是计算机中的基本运算单元。加法器分为半加器和全加器，一位全加器是组成加法器的基础，而半加器是组成全加器的基础。

1. 半加器

两个一位二进制数相加运算称为半加，实现半加运算功能的电路称为半加器。

半加器的输入是加数 A、被加数 B，输出是本位和 S、进位 C，根据二进制数加法运算规则，半加器真值表如表 10-3 所示。

表 10-3　半加器真值表

输　入		输　出	
A	B	S	C
0	0	0	0
0	1	1	0
1	0	1	0
1	1	0	1

根据真值表写表达式

$$S = \overline{A}B + A\overline{B} = A \oplus B \tag{10-1}$$

$$C = AB \tag{10-2}$$

根据表达式可以画出半加器的逻辑图，如图 10-5 所示。

2. 全加器

将两个多位二进制数相加时，除了将两个同位数相加外，还应加上来自相邻低位的进位，实现这种运算的电路称为全加器。

全加器具有三个输入端，A_i、B_i 为被加数和加数，C_{i-1} 是来自低位的进位输入；两个输出端，S_i 是本位和输出，C_i 是向高位的进位输出。

根据全加器的加法规则，全加器真值表如表 10-4 所示。

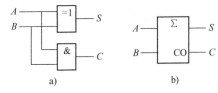

图 10-5　半加器逻辑图

a) 逻辑图　b) 逻辑符号

表 10-4　全加器真值表

输　入			输　出	
A_i	B_i	C_{i-1}	S_i	C_i
0	0	0	0	0
0	0	1	1	0
0	1	0	1	0
0	1	1	0	1
1	0	0	1	0
1	0	1	0	1
1	1	0	0	1
1	1	1	1	1

根据真值表写出输出逻辑表达式

$$S_i = \overline{A_i B_i} C_{i-1} + \overline{A_i} B_i \overline{C_{i-1}} + A_i \overline{B_i} \overline{C_{i-1}} + A_i B_i C_{i-1}$$

$$C_i = \overline{A_i}B_iC_{i-1} + A_i\overline{B_i}C_{i-1} + A_iB_i\overline{C_{i-1}} + A_iB_iC_{i-1}$$

对上述两式进行化简后得

$$S_i = A_i \oplus B_i \oplus C_{i-1} \tag{10-3}$$

$$C_i = A_iB_i + C_{i-1}(A_i \oplus B_i) \tag{10-4}$$

根据上述结果画出全加器的逻辑图，如图 10-6 所示。

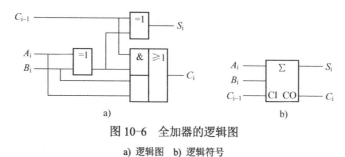

图 10-6　全加器的逻辑图

a) 逻辑图　b) 逻辑符号

3．多位加法器

半加器和全加器只能实现一位二进制数相加，而实际更多的是多位二进制数相加，这就要用到多位加法器。

能够实现多位二进制数加法运算的电路称为多位加法器，按照相加的方式不同，又分为串行进位加法器和超前进位加法器。

（1）串行进位加法器

要进行多位数相加，最简单的方法是将多个全加器进行级联，称为串行进位加法器。图 10-7 所示是 4 位串行进位加法器，从图中可见，两个 4 位相加数 $A_3A_2A_1A_0$ 和 $B_3B_2B_1B_0$ 的各位同时送到相应全加器的输入端，进位数串行传送。全加器的个数等于相加数的位数，最低位全加器的 C_{i-1} 端应接 0。

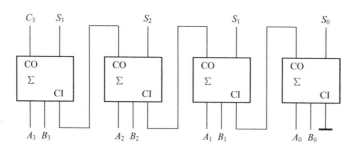

图 10-7　4 位串行进位加法器

串行进位加法器的优点是电路比较简单，缺点是运算速度比较慢。因为进位信号是串行传递，图 10-7 中最后一位的进位输出 C_3 要经过 4 位全加器传递之后才能形成。如果位数增加，传输延迟时间将更长，工作速度更慢。串行进位加法器常用在运算速度不高的场合，当要求运算速度较高时，可采用超前进位加法器。

（2）超前进位加法器

为了提高速度，人们又设计了一种多位数快速进位（又称为超前进位）的加法器。所谓快速进位，是指在加法运算过程中，各级进位信号同时送到各位全加器的进位输入端，现在的集成加法器，大多采用这种方法。

CT74LS283 是一种典型的快速进位的集成 4 位加法器，集成 4 位加法器 CT74LS283 逻辑符号如图 10-8 所示。

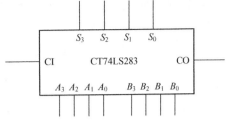

4. 集成加法器的应用

一片 CT74LS283 只能进行 4 位二进制数的加法运算，将多片 CT74LS283 进行级联，就可扩展加法运算的位数。

图 10-8　集成 4 位加法器 CT74LS283 逻辑符号

【例 10-3】 用 CT74LS283 组成 8 位二进制数加法运算。

解：两个 8 位二进制数的加法运算需要用两片 CT74LS283 才能实现，用两片 CT74LS283 组成的 8 位二进制数加法器如图 10-9 所示。

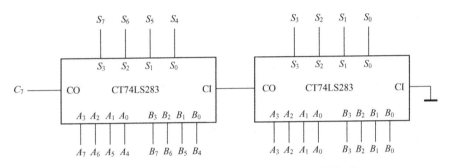

图 10-9　用两片 CT74LS283 组成的 8 位二进制数加法器

10.2.2　编码器

编码是将字母、数字、符号等信息编成一组二进制代码。完成编码工作的数字电路称为编码器。

1 位二进制代码可以表示 1、0 这两种不同输入信号，2 位二进制代码可以表示 00、01、l0、11 这 4 种不同输入信号，以此类推，2^n 个输入信号只需用 n 位二进制代码就可以完成编码。当输入有 N 个编码信号时，则可根据 $2^n \geqslant N$ 来确定二进制代码的位数。

如果编码器有 8 个输入端、3 个输出端，称为 8 线-3 线编码器，如编码器有 10 个输入端、4 个输出端，称为 10 线-4 线编码器。其余依次类推。

目前经常使用的编码器有普通编码器和优先编码器两类。

1. 普通编码器

普通编码器的特点是不允许两个或两个以上的输入同时要求编码，即输入要求是相互排斥的。在对某一个输入进行编码时，不允许其他输入提出要求。如计算器中的编码器属于这一类，因此在使用计算器时，不允许同时键入两个及以上的量。下面以 3 位二进制编码器为例说明普通编码器的设计方法。

【例 10-4】 设计一个能将 I_0，I_1，…，I_7 这 8 个输入信号编成二进制代码输出的编码器，用与非门和非门实现。

解： （1）分析设计要求，列真值表

由题意可知，该编码器有 8 个输入端、3 个输出端，是 8 线-3 线编码器。设输入为高电平有效，当 8 个输入变量中某一个为高电平时，表示对该输入信号编码。输出端 Y_2、Y_1、Y_0 可得到相应的二进制代码。因此可列出编码器真值表如表 10-5 所示。

表 10-5　编码器真值表

输　　入								输　　出		
I_0	I_1	I_2	I_3	I_4	I_5	I_6	I_7	Y_2	Y_1	Y_0
1	0	0	0	0	0	0	0	0	0	0
0	1	0	0	0	0	0	0	0	0	1
0	0	1	0	0	0	0	0	0	1	0
0	0	0	1	0	0	0	0	0	1	1
0	0	0	0	1	0	0	0	1	0	0
0	0	0	0	0	1	0	0	1	0	1
0	0	0	0	0	0	1	0	1	1	0
0	0	0	0	0	0	0	1	1	1	1

（2）根据真值表写出表达式

利用输入变量之间具有互相排斥的特性（即任何时刻只有一个输入变量有效），由真值表写出各输出的逻辑表达式为

$$\begin{cases} Y_2 = I_4 + I_5 + I_6 + I_7 = \overline{\overline{I_4 I_5 I_6 I_7}} \\ Y_1 = I_2 + I_3 + I_6 + I_7 = \overline{\overline{I_2 I_3 I_6 I_7}} \\ Y_0 = I_1 + I_3 + I_5 + I_7 = \overline{\overline{I_1 I_3 I_5 I_7}} \end{cases} \qquad (10\text{-}5)$$

（3）画逻辑图。

根据式 10-5 可画出图 10-10 所示的 3 位二进制编码器逻辑电路。

2. 优先编码器

在实际应用中，若有两个或两个以上的输入同时要求编码时，应采用优先编码器。在数字系统中，特别是

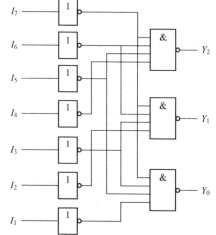

图 10-10　3 位二进制编码器逻辑电路

在计算机系统中，常常要控制几个工作对象，如微型计算机主机要控制打印机、磁盘驱动器和输入键盘等。当某个部件需要实行操作时，必须先送一个信号给主机（称为服务请求），经主机识别后再发出允许操作信号（服务响应），并按事先编好的程序工作。这里会有几个部件同时发出服务请求的可能，而在同一时刻只能给其中一个部件发出允许操作信号。因此，必须根据服务请求的轻重缓急，规定好这些控制对象允许操作的先后次序，即优先级别。

能识别这些请求信号的优先级别并进行编码的逻辑电路称为优先编码器。优先编码器的特点是允许同时输入两个以上的编码信号。编码器给所有的输入信号规定了优先顺序，当多

个输入信号同时有效时，优先编码器能够根据事先确定的优先顺序，只对其中优先级最高的一个有效输入信号进行编码。CT74LS147 和 CT74LS148 就是两种典型的优先编码器，其中，CT74LS147 是二-十进制优先编码器，CT74LS148 是 8 线-3 线二进制优先编码器。

（1）二-十进制优先编码器 CT74LS147

图 10-11 所示为 10 线-4 线优先编码器 CT74LS147 的逻辑符号。CT74LS147 又称为二-十进制优先编码器，该编码器的 $\overline{I_1} \sim \overline{I_9}$ 为编码的输入端，低电平有效，即"0"表示有编码信号，"1"表示无编码信号。由于不输入有效信号时输出为 1111，相当于 $\overline{I_0}$ 输入有效，为此，$\overline{I_0}$ 没有引脚，所以实际输入线为 9 根。$\overline{Y_0} \sim \overline{Y_3}$ 为编码输出端，也为低电平有效，即反码输出。在 $\overline{I_1} \sim \overline{I_9}$ 中，$\overline{I_9}$ 的优先级最高，其次是 $\overline{I_8}$，其余依次类推，$\overline{I_1}$ 的级别最低。如当 $\overline{I_9} = 0$，则其余输入信号不论是 0 还是 1 都不起作用，输出 $\overline{Y_3}\overline{Y_2}\overline{Y_1}\overline{Y_0} = 0110$，是 1001 的反码（即 9 的反码）；其余类推。表 10-6 所示为二-十进制优先编码器 CT74LS147 的功能表。

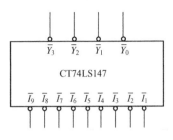

图 10-11 10 线-4 线优先编码器
CT74LS147 的逻辑符号

表 10-6 二-十进制优先编码器 CT74LS147 的功能表

输 入									输 出			
$\overline{I_1}$	$\overline{I_2}$	$\overline{I_3}$	$\overline{I_4}$	$\overline{I_5}$	$\overline{I_6}$	$\overline{I_7}$	$\overline{I_8}$	$\overline{I_9}$	$\overline{Y_3}$	$\overline{Y_2}$	$\overline{Y_1}$	$\overline{Y_0}$
1	1	1	1	1	1	1	1	1	1	1	1	1
×	×	×	×	×	×	×	×	0	0	1	1	0
×	×	×	×	×	×	×	0	1	0	1	1	1
×	×	×	×	×	×	0	1	1	1	0	0	0
×	×	×	×	×	0	1	1	1	1	0	0	1
×	×	×	×	0	1	1	1	1	1	0	1	0
×	×	×	0	1	1	1	1	1	1	0	1	1
×	×	0	1	1	1	1	1	1	1	1	0	0
×	0	1	1	1	1	1	1	1	1	1	0	1
0	1	1	1	1	1	1	1	1	1	1	1	0

（2）8 线-3 线二进制优先编码器 CT74LS148

图 10-12 为 8 线-3 线二进制优先编码器 CT74LS148 的逻辑符号。该编码器有 8 个编码信号输入端，3 个编码输出端。其中 $\overline{I_0} \sim \overline{I_7}$ 为编码信号输入端，低电平有效。$\overline{Y_0} \sim \overline{Y_2}$ 为编码输出端（二进制码），也是反码输出。为了增加电路的扩展功能和使用的灵活性，还设置了输入使能端 EI，输出使能端 EO 和优先编码器扩展输出端 $\overline{GS}$。

CT74LS148 优先编码器的功能表见表 10-7。

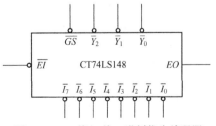

图 10-12 8 线-3 线二进制优先编码器
CT74LS148 的逻辑符号

表 10-7　CT74LS148 优先编码器的功能表

输　入									输　出				
$\overline{EI}$	$\overline{I_0}$	$\overline{I_1}$	$\overline{I_2}$	$\overline{I_3}$	$\overline{I_4}$	$\overline{I_5}$	$\overline{I_6}$	$\overline{I_7}$	$\overline{Y_2}$	$\overline{Y_1}$	$\overline{Y_0}$	$\overline{GS}$	EO
1	×	×	×	×	×	×	×	×	1	1	1	1	1
0	1	1	1	1	1	1	1	1	1	1	1	1	0
0	×	×	×	×	×	×	×	0	0	0	0	0	1
0	×	×	×	×	×	×	0	1	0	0	1	0	1
0	×	×	×	×	×	0	1	1	0	1	0	0	1
0	×	×	×	×	0	1	1	1	0	1	1	0	1
0	×	×	×	0	1	1	1	1	1	0	0	0	1
0	×	×	0	1	1	1	1	1	1	0	1	0	1
0	×	0	1	1	1	1	1	1	1	1	0	0	1
0	0	1	1	1	1	1	1	1	1	1	1	0	1

1）$\overline{EI}$ 为使能输入端，低电平有效。即当 $\overline{EI}=0$ 时，允许编码，输出 $\overline{Y_2}\,\overline{Y_1}\,\overline{Y_0}$ 为对应二进制的反码；当 $\overline{EI}=1$ 时，禁止编码。

2）优先顺序为 $\overline{I_7}\sim\overline{I_0}$，即 $\overline{I_7}$ 的优先级最高，然后是 $\overline{I_6}$，依次类推，$\overline{I_0}$ 级别最低。如当 $\overline{I_3}=0$，输入 $\overline{I_7}\sim\overline{I_4}$ 均为 1 时，不管 $\overline{I_2}\sim\overline{I_0}$ 有无信号，均按 $\overline{I_3}$ 输入编码，输出 $\overline{Y_2}\,\overline{Y_1}\,\overline{Y_0}=100$，是 011 的反码。

3）输出使能端 EO 高电平有效，扩展输出端 $\overline{GS}$ 低电平有效。

10.2.3　译码器

译码是编码的逆过程，其作用正好与编码相反。它将输入代码转换成特定的输出信号，即将每个代码的信息"翻译"出来。在数字电路中，能够实现译码功能的逻辑部件称为译码器，译码器的种类有很多，常用的译码器有二进制译码器、二-十进制译码器、显示译码器等。

假设译码器有 n 个输入信号和 N 个输出信号，如果 $N=2^n$，就称其为全译码器。常见的全译码器有 2 线-4 线译码器、3 线-8 线译码器、4 线-16 线译码器等。如果 $N<2^n$，称其为部分译码器，如二-十进制译码器（也称作 4 线-10 线译码器）等。

1. 二进制译码器

二进制译码器就是将电路输入端的 n 位二进制码翻译成 $N=2^n$ 个输出状态的电路，它属于全译码，也称为变量译码器。由于二进制译码器每输入一种代码的组合时，在 2^n 个输出中只有一个对应的输出为有效电平，其余为非有效电平，所以这种译码器通常又称为唯一地址译码器，常用作存储器的地址译码器以及控制器的指令译码器。在地址译码器中，把输入的二进制码称为地址。

【例 10-5】 设计一个 3 位二进制译码器。

解：1）分析设计要求，列出功能表。

设输入 3 位二进制代码 A_2、A_1、A_0，共有 8 种不同组合。因此，有 8 个输出端，用 Y_0、Y_1、…、Y_7 表示，输出高电平 1 有效。因此可列出表 10-8 所示的 3 线-8 线译码器的功能表。

表 10-8　3 线-8 线译码器功能表

输　　入			输　　　　　出							
A_2	A_1	A_0	Y_0	Y_1	Y_2	Y_3	Y_4	Y_5	Y_6	Y_7
0	0	0	1	0	0	0	0	0	0	0
0	0	1	0	1	0	0	0	0	0	0
0	1	0	0	0	1	0	0	0	0	0
0	1	1	0	0	0	1	0	0	0	0
1	0	0	0	0	0	0	1	0	00	0
1	0	1	0	0	0	0	0	1	0	0
1	1	0	0	0	0	0	0	0	1	0
1	1	1	0	0	0	0	0	0	0	1

2）根据译码器的功能表写出输出逻辑表达式。

$$
\begin{cases}
Y_0 = \overline{A_2}\,\overline{A_1}\,\overline{A_0} = m_0 \\
Y_1 = \overline{A_2}\,\overline{A_1}\,A_0 = m_1 \\
Y_2 = \overline{A_2}\,A_1\,\overline{A_0} = m_2 \\
Y_3 = \overline{A_2}\,A_1\,A_0 = m_3 \\
Y_4 = A_2\,\overline{A_1}\,\overline{A_0} = m_4 \\
Y_5 = A_2\,\overline{A_1}\,A_0 = m_5 \\
Y_6 = A_2\,A_1\,\overline{A_0} = m_6 \\
Y_7 = A_2\,A_1\,A_0 = m_7
\end{cases}
\tag{10-6}
$$

从式（10-6）可以看出，3 线-8 线译码器的 8 个输出逻辑函数是 8 个不同的最小项，它实际上是 3 位二进制代码变量的全部最小项。因此，二进制译码器又称为全译码器。

3）画逻辑图。

3 位二进制译码器逻辑符号如图 10-13 所示。

上述译码器输出为与门阵列，输出逻辑函数为输入信号的与运算，译码器输出高电平有效。如将输出的与门换成与非门时，则输出为与非函数，同时将 $Y_0 \sim Y_7$ 改为 $\overline{Y}_0 \sim \overline{Y}_7$，这时，译码器输出低电平有效，与非门组成的 3 位二进制译码器如图 10-14 所示。

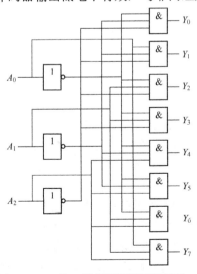

图 10-13　3 位二进制译码器逻辑符号

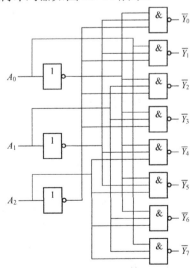

图 10-14　与非门组成的 3 位二进制译码器

常用的集成 3 线-8 线译码器为 CT74LS138，表 10-9 为 CT74LS138 的功能表，它的基本电路结构与图 10-14 相同，A_2、A_1、A_0 为二进制代码输入端，$\overline{Y}_0 \sim \overline{Y}_7$ 为输出端，低电平有效，ST_A、$\overline{ST}_B$、$\overline{ST}_C$ 为三个选通控制端（使能端）。ST_A 高电平有效，$\overline{ST}_B$、$\overline{ST}_C$ 为低电平有效。

表 10-9　CT74LS138 的功能表

输　入						输　出							
ST_A	$\overline{ST}_B$	$\overline{ST}_C$	A_2	A_1	A_0	$\overline{Y}_0$	$\overline{Y}_1$	$\overline{Y}_2$	$\overline{Y}_3$	$\overline{Y}_4$	$\overline{Y}_5$	$\overline{Y}_6$	$\overline{Y}_7$
0	×	×	×	×	×	1	1	1	1	1	1	1	1
×	1	×	×	×	×	1	1	1	1	1	1	1	1
×	×	1	×	×	×	1	1	1	1	1	1	1	1
1	0	0	0	0	0	0	1	1	1	1	1	1	1
1	0	0	0	0	1	1	0	1	1	1	1	1	1
1	0	0	0	1	0	1	1	0	1	1	1	1	1
1	0	0	0	1	1	1	1	1	0	1	1	1	1
1	0	0	1	0	0	1	1	1	1	0	1	1	1
1	0	0	1	0	1	1	1	1	1	1	0	1	1
1	0	0	1	1	0	1	1	1	1	1	1	0	1
1	0	0	1	1	1	1	1	1	1	1	1	1	0

CT74LS138 输出逻辑表达式为

$$
\begin{cases}
\overline{Y}_0 = \overline{\overline{A}_2 \overline{A}_1 \overline{A}_0} = \overline{m}_0 \\
\overline{Y}_1 = \overline{\overline{A}_2 \overline{A}_1 A_1} = \overline{m}_1 \\
\overline{Y}_2 = \overline{\overline{A}_2 A_1 \overline{A}_0} = \overline{m}_2 \\
\overline{Y}_3 = \overline{\overline{A}_2 A_1 A_0} = \overline{m}_3 \\
\overline{Y}_4 = \overline{A_2 \overline{A}_1 \overline{A}_0} = \overline{m}_4 \\
\overline{Y}_5 = \overline{A_2 \overline{A}_1 A_0} = \overline{m}_5 \\
\overline{Y}_6 = \overline{A_2 A_1 \overline{A}_0} = \overline{m}_6 \\
\overline{Y}_7 = \overline{A_2 A_1 A_0} = \overline{m}_7
\end{cases}
\tag{10-7}
$$

CT74LS138 的逻辑符号如图 10-15 所示。

2．二-十进制译码器

二-十进制译码器（也称为 BCD 码译码器）的逻辑功能就是将输入 BCD 的 10 个数码译成 10 个十进制输出信号。它以 4 位二进制码 0000～1001 代表 0～9 十进制数。因此，这种译码器应有 4 个输入端、10 个输出端。若译码结果为低电平有效，当输入一组数码，只有对应的一根输出线为 0，其余为 1，则表示译出该组数码对应的那个十进制数。

CT74LS42 是一种典型的二-十进制译码器，CT74LS42 逻辑符号如图 10-16 所示。它有 4 个输入端 $A_3 \sim A_0$，10 个输出端 $\overline{Y}_0 \sim \overline{Y}_9$，分别对应十进制的 10 个数码，输出为低电平有效。对于 BCD 码以外的 6 个无效状态称为伪码，CT74LS42 能自动拒绝伪码，当输入为 1010～1111 这 6 个伪码时，输出端 $\overline{Y}_0 \sim \overline{Y}_9$ 均为 1，译码器拒绝译码。4 线-10 线译码器

CT74LS42 的功能表见表 10-10。

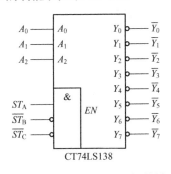

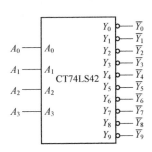

图 10-15　CT74LS138 的逻辑符号　　　　图 10-16　CT74LS42 逻辑符号

表 10-10　4 线-10 线译码器 CT74LS42 的功能表

十进制数	输　入				输　　出									
	A_3	A_2	A_1	A_0	$\overline{Y_0}$	$\overline{Y_1}$	$\overline{Y_2}$	$\overline{Y_3}$	$\overline{Y_4}$	$\overline{Y_5}$	$\overline{Y_6}$	$\overline{Y_7}$	$\overline{Y_8}$	$\overline{Y_9}$
0	0	0	0	0	0	1	1	1	1	1	1	1	1	1
1	0	0	0	1	1	0	1	1	1	1	1	1	1	1
2	0	0	1	0	1	1	0	1	1	1	1	1	1	1
3	0	0	1	1	1	1	1	0	1	1	1	1	1	1
4	0	1	0	0	1	1	1	1	0	1	1	1	1	1
5	0	1	0	1	1	1	1	1	1	0	1	1	1	1
6	0	1	1	0	1	1	1	1	1	1	0	1	1	1
7	0	1	1	1	1	1	1	1	1	1	1	0	1	1
8	1	0	0	0	1	1	1	1	1	1	1	1	0	1
9	1	0	0	1	1	1	1	1	1	1	1	1	1	0
伪码	1	0	1	0	1	1	1	1	1	1	1	1	1	1
	1	0	1	1	1	1	1	1	1	1	1	1	1	1
	1	1	0	0	1	1	1	1	1	1	1	1	1	1
	1	1	0	1	1	1	1	1	1	1	1	1	1	1
	1	1	1	0	1	1	1	1	1	1	1	1	1	1
	1	1	1	1	1	1	1	1	1	1	1	1	1	1

3. 数字显示译码器

在数字测量仪表和各种数字系统中，常常需要将数字、字母和符号等直观地显示出来，一方面供人们直接读取测量和运算结果，另一方面用于监视数字系统的工作情况。能够显示数字、字母或符号的器件称为数字显示器，数字显示电路是许多数字设备不可缺少的部分。数字显示电路通常由译码器、驱动器和显示器等部分组成。

在数字电路中，数字量都是以一定的代码形式出现的，所以这些数字量要先经过译码，才能送到数字显示器。这种能把数字量翻译成数字显示器所能识别的信号的译码器称为数字显示译码器。

常用的数字显示器有多种类型，广泛应用于各种数字设备中，目前数字显示器正朝着小型、低功耗、平面化的方向发展。

按显示方式分，数字显示器有字型重叠式、点阵式、分段式等。

按发光物质分，数字显示器有半导体显示器（又称为发光二极管 LED 显示器）、荧光显示器、液晶显示器和气体放电管显示器（如辉光数码管、等离子显示板等）。其中 LED 显示器应用最广泛。

（1）七段数码显示器

七段数码显示器就是将 7 个发光二极管（加小数点为 8 个）按一定的方式排列起来，a、b、c、d、e、f、g 和小数点 DP 各对应一个发光二极管，利用不同发光段的组合，显示不同的阿拉伯数字。数字显示器及发光段组合图如图 10-17 所示。

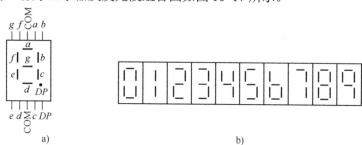

图 10-17　数字显示器及发光段组合图

a) 逻辑符号　b) 发光段组合图

按内部连接方式不同，七段数码显示器分为共阴极和共阳极两种，半导体数字显示器的内部接法如图 10-18 所示。

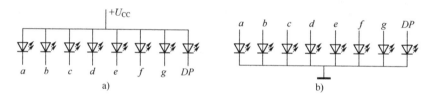

图 10-18　半导体数字显示器的内部接法

a) 共阳极接法　b) 共阴极接法

对于共阴极型数码显示器，某字段为高电平时，该字段亮；对于共阳极型，某字段为低电平时，该字段亮。所以两种显示器所接的译码器类型是不同的。

半导体数字显示器的优点是工作电压较低（1.5～3V）、体积小、寿命长、亮度高、响应速度快和工作可靠性高。其发光颜色因所用材料不同，有红色、绿色、黄色等，它可以直接用 TTL 门驱动。缺点是工作电流大，每个字段的工作电流约为 10mA。

（2）七段显示译码器 74LS47/48

七段显示译码器的品种很多，功能各有差异，现以 74LS47/48 为例，分析说明显示译码器的功能和应用。

74LS47 与 74LS48 的主要区别是输出有效电平不同，74LS47 是输出低电平有效，可驱动共阳极 LED 数码管；74LS48 是输出高电平有效，可驱动共阴极 LED 数码管。下面以 74LS48 为例说明，图 10-19 是 74LS48 引脚图，表 10-11 所示为七段显示译码器 74LS48 的功能表。

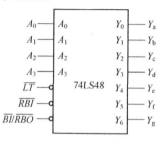

图 10-19　74LS48 引脚图

表 10-11　七段显示译码器 74LS48 的功能表

输入数字	输入						$\overline{BI/RBO}$	输出							字型
	$\overline{LT}$	$\overline{RBI}$	A_1	A_2	A_3	A_4		Y_a	Y_b	Y_c	Y_d	Y_e	Y_f	Y_g	
0	1	1	0	0	0	0	1	1	1	1	1	1	1	0	0
1	1	×	0	0	0	1	1	0	1	1	0	0	0	0	1
2	1	×	0	0	1	0	1	1	1	0	1	1	0	1	2
3	1	×	0	0	1	1	1	1	1	1	1	0	0	1	3
4	1	×	0	1	0	0	1	0	1	1	0	0	1	1	4
5	1	×	0	1	0	1	1	1	0	1	1	0	1	1	5
6	1	×	0	1	1	0	1	0	0	1	1	1	1	1	6
7	1	×	0	1	1	1	1	1	1	1	0	0	0	0	7
8	1	×	1	0	0	0	1	1	1	1	1	1	1	1	8
9	1	×	1	0	0	1	1	1	1	1	0	0	1	1	9
试灯	0	×	1	1	1	1	1	1	1	1	1	1	1	1	8
消隐	×	×	×	×	×	×	0	0	0	0	0	0	0	0	全暗
动态灭零	1	0	0	0	0	0	0	0	0	0	0	0	0	0	全暗

七段显示译码器 74LS48 的逻辑图中 $Y_a \sim Y_g$ 为译码输出端，另外，它还有 3 个控制端：试灯输入端 $\overline{LT}$、灭零输入端 $\overline{RBI}$，特殊控制端 $\overline{BI/RBO}$ 为消隐输入/动态灭 0 输出端。

1）正常译码显示。$\overline{LT}=1$，$\overline{BI/RBO}=1$ 时，对输入为十进制数 0～15 的二进制码（0000～1111）进行译码，产生对应的 7 段显示码。

2）灭零。当输入 $\overline{RBI}=0$，而输入为 0 的二进制码 0000 时，则译码器的 $Y_a \sim Y_g$ 输出全 0，使显示器全灭，只有当 $\overline{RBI}=1$ 时，才产生的 7 段显示码。所以 $\overline{RBI}$ 称为灭零输入端。

3）试灯。当 $\overline{LI}=0$ 且 $\overline{BI/RBO}=1$，无论输入怎样，$Y_a \sim Y_g$ 输出全 1，数码管 7 段全亮，由此可以检测显示器 7 个发光段的好坏。$\overline{LI}$ 称为试灯输入端。

4）特殊控制端 $\overline{BI/RBO}$。$\overline{BI/RBO}$ 既可以作输入端，也可以作输出端。

作输入使用时，若 $\overline{BI}=0$，不管其他输入端为何值，$Y_a \sim Y_g$ 均输出 0，显示器全灭，因此，$\overline{BI}$ 称为输入消隐控制端。

作输出端使用时，受控于 $\overline{RBI}$。当 $\overline{RBI}=0$，输入为 0 的二进制码 0000 时，$\overline{RBO}=0$，用以指示该片正处于灭零状态，所以，$\overline{RBO}$ 又称为灭零输出端。

4. 译码器的应用

（1）用译码器实现组合逻辑函数

由于译码器输出是输入变量的全部或部分最小项，而任何一个逻辑函数都可以用最小项之和表达式来表示，因此，用变量译码器配以适当的门电路就可以实现组合逻辑函数。当逻辑函数不是标准式时，应先变成标准式，而不是求最简表达式，这与用门电路进行组合设计是不同的。

【例 10-6】　试用译码器和门电路实现逻辑函数。

$$Y = AB + BC + AC$$

解：1）根据逻辑函数选译码器。由于逻辑函数 Y 中有 A、B、C 三个变量，可选 3 线-8 线译码器 CT74LS138。

2）将逻辑函数换成最小项表达式。

$$Y = AB + BC + AC$$
$$= \overline{A}BC + A\overline{B}C + AB\overline{C} + ABC$$
$$= m_3 + m_5 + m_6 + m_7$$

3）令译码器 $A_2=A$，$A_1=B$，$A_0=C$，因为 CT74LS138 是低电平有效，所以将式变成与非-与非表达式。

$$Y = m_3 + m_5 + m_6 + m_7$$
$$= \overline{\overline{m_3 + m_5 + m_6 + m_7}}$$
$$= \overline{\overline{m_3} \cdot \overline{m_5} \cdot \overline{m_6} \cdot \overline{m_7}}$$
$$= \overline{\overline{Y_3} \cdot \overline{Y_5} \cdot \overline{Y_6} \cdot \overline{Y_7}}$$

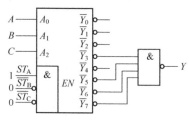

4）画逻辑电路。根据上式可画出逻辑图如图 10-20 所示。

图 10-20　例 10-6 图

（2）译码器的扩展

利用译码器的使能端可以方便地扩展译码器的容量。将两片 CT74LS138 扩展为 4 线-16 线译码器的电路如图 10-21 所示。

当 $E=1$ 时，两个译码器都禁止工作，输出全 1；当 $E=0$ 时，译码器工作。这时，如果 $A_3=0$，高位片（片 2）不工作，低位片（片 1）工作，输出 $\overline{Y_0} \sim \overline{Y_7}$ 由输入二进制代码 $A_2A_1A_0$ 决定；如果 $A_3=1$，低位片禁止，高位片工作，输出 $\overline{Y_8} \sim \overline{Y_{15}}$ 由输入二进制代码 $A_2A_1A_0$ 决定，从而实现了 4 线-16 线译码器功能。

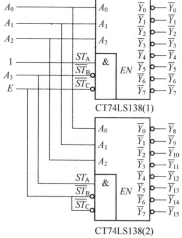

CT74LS138(1)

CT74LS138(2)

图 10-21　两片 CT74LS138 扩展为
4 线-16 线译码器的电路

（3）译码器实现数据分配功能

将一路输入数据分配到多路数据输出中的指定通道上的逻辑电路称为数据分配器，又称为多路数据分配器。

4 路数据分配器示意图如图 10-22 所示，其中 D 为一路数据输入，$Y_3 \sim Y_0$ 为 4 路数据输出，A_1、A_0 为地址选择码输入。

从数据分配器的真值表或输出表达式可以看出，数据分配器和译码器非常相似。将译码器进行适当连接，就能实现数据分配的功能。

1）将带有使能端的译码器改为数据分配器。

原则上任何带使能端的通用译码器均可作为数据分配器使用。将译码器的使能端作为数据输入端，二进制代码输入端作为地址输入端，则可以完成数据分配器的功能。

CT74LS138 译码器有 8 个译码输出端，因此，可以用一片 CT74LS138 实现 8 路数据分配，CT74LS138 译码器作 8 路数据分配器如图 10-23 所示。图中，$A_2 \sim A_0$ 为地址信号输入端，$\overline{Y_0} \sim \overline{Y_7}$ 为数据输出端，可从使能端 ST_A、$\overline{ST_B}$、$\overline{ST_C}$ 中选择一个作为数据输入端 D。如 $\overline{ST_B}$ 或 $\overline{ST_C}$ 作为数据输入端 D 时输出原码，接法见图 10-23a。如 ST_A 作为数据输入端 D 时，输出反码，如图 10-23b 所示。

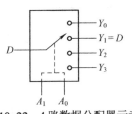

图 10-22　4 路数据分配器示意图

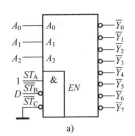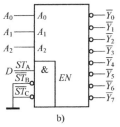

图 10-23　CT74LS138 译码器作 8 路数据分配器

a) 原码输出　b) 反码输出

2）将没有使能端的译码器改为数据分配器。

图 10-24 所示为由 4 线-10 线译码器 CT74LS42 构成的 8 路数据分配器，其 4 路地址线中，A_0、A_1、A_2、A_3 作为地址码输入端，把最高位 A_3 用作数据 D 输入，$\overline{Y}_0 \sim \overline{Y}_7$ 作为输出通道。

数据分配器在计算机中有广泛的应用，数据要传送到的最终地址以及传送的方式都可以通过数据分配器来实现。同时，数据分配器与数据选择器一起构成数据传送系统，可实现多路数字信息的分时传送，达到减少传输线数的目的。

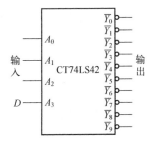

图 10-24　4 线-10 线译码器
CT74LS42 构成 8 路数据分配器

10.2.4　数据选择器

在数字系统尤其是计算机数字系统中，将多路数据进行远距离传送时，为了减少传输线的数目，往往是多个数据通道共用一条传输总线来传送信息。能够根据地址选择码从多路输入数据中选择一路送到输出的电路称为数据选择器。它是一个多输入、单输出的组合逻辑电路，其功能与图 10-25 所示的单刀多掷开关相似。常用的数据选择器模块有 2 选 1、4 选 1、8 选 1、16 选 1 等多种类型。

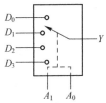

图 10-25　数据选择器示意图

1. 4 选 1 数据选择器

图 10-26 为 4 选 1 数据选择器的逻辑图，图中，$D_3 \sim D_0$ 为数据输入端，A_1、A_0 为地址信号输入端，Y 为数据输出端，$\overline{ST}$ 为使能端，又称选通端，输入低电平有效，4 选 1 数据选择器的功能表如表 10-12 所示。

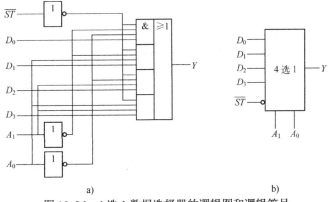

a)　　　　　　　　　　　　　b)

图 10-26　4 选 1 数据选择器的逻辑图和逻辑符号

a) 4 选 1 数据选择器的逻辑图　b) 4 选 1 逻辑符号

表 10-12　4 选 1 数据选择器的功能表

输　入							输　出
$\overline{ST}$	A_1	A_0	D_3	D_2	D_1	D_0	Y
1	×	×	×	×	×	×	0
0	0	0	×	×	×	D_0	D_0
0	0	1	×	×	D_1	×	D_1
0	1	0	×	D_2	×	×	D_2
0	1	1	D_3	×	×	×	D_3

由图和功能表可写出输出逻辑函数式

$$Y = (\overline{A_1}\,\overline{A_0}D_0 + \overline{A_1}A_0D_1 + A_1\overline{A_0}D_2 + A_1A_0D_3)\overline{\overline{\overline{ST}}} \tag{10-8}$$

当 $\overline{ST}$ =1 时，输出 Y=0，数据选择器不工作。

当 $\overline{ST}$ =0 时，数据选择器工作，其输出为

$$Y = \overline{A_1}\,\overline{A_0}D_0 + \overline{A_1}A_0D_1 + A_1\overline{A_0}D_2 + A_1A_0D_3 \tag{10-9}$$

2. 8 选 1 数据选择器

图 10-27 所示为 8 选 1 数据选择器 CT74LS151 的示意图，图中 D_7～D_0 为数据输入端，A_2～A_0 为地址信号输入端，Y 和 $\overline{Y}$ 为互补数据输出端，$\overline{ST}$ 为使能端，输入低电平有效。8 选 1 数据选择器 CT74LS151 的功能表如表 10-13 所示。

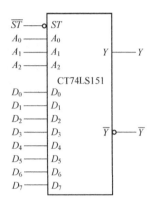

图 10-27　8 选 1 数据选择器 CT74LS151 的示意图

表 10-13　8 选 1 数据选择器 CT74LS151 的功能表

输　入					输　出	
$\overline{ST}$	D	A_2	A_1	A_0	Y	$\overline{Y}$
1	×	×	×	×	0	1
0	D_0	0	0	0	D_0	$\overline{D_0}$
0	D_1	0	0	1	D_1	$\overline{D_1}$
0	D_2	0	1	0	D_2	$\overline{D_2}$
0	D_3	0	1	1	D_3	$\overline{D_3}$
0	D_4	1	0	0	D_4	$\overline{D_4}$
0	D_5	1	0	1	D_5	$\overline{D_5}$
0	D_6	1	1	0	D_6	$\overline{D_6}$
0	D_7	1	1	1	D_7	$\overline{D_7}$

由表可写出 8 选 1 数据选择器的输出逻辑函数 Y 为

$$Y = (\overline{A_2}\,\overline{A_1}\,\overline{A_0}D_0 + \overline{A_2}\,\overline{A_1}A_0D_1 + \overline{A_2}A_1\overline{A_0}D_2 + \overline{A_2}A_1A_0D_3 + A_2\overline{A_1}\,\overline{A_0}D_4 +$$
$$A_2\overline{A_1}A_0D_5 + A_2A_1\overline{A_0}D_6 + A_2A_1A_0D_7)\overline{\overline{\overline{ST}}} \tag{10-10}$$

当 $\overline{ST}$ =1 时，输出 Y=0，数据选择器不工作。

当 $\overline{ST}$ =0 时，数据选择器工作，其输出为

$$Y = \overline{A_2}\,\overline{A_1}\,\overline{A_0}D_0 + \overline{A_2}\,\overline{A_1}A_0D_1 + \overline{A_2}A_1\overline{A_0}D_2 + \overline{A_2}A_1A_0D_3 + A_2\overline{A_1}\,\overline{A_0}D_4 +$$
$$A_2\overline{A_1}A_0D_5 + A_2A_1\overline{A_0}D_6 + A_2A_1A_0D_7 \tag{10-11}$$

3．数据选择器的应用

由于数据选择器在输入数据全部为 1 时，输出为地址输入变量全体最小项的和，因此，它是一个逻辑函数的最小项输出器。任何一个逻辑函数都可以写成最小项之和的形式，所以，用数据选择器可以很方便地实现逻辑函数。

1）用数据选择器实现逻辑函数。当逻辑函数的变量个数和数据选择器的地址输入变量个数相同时，可直接用数据选择器来实现逻辑函数。

【例 10-7】 试用 8 选 1 数据选择器 CT74LS151 实现逻辑函数 $Y = AB + AC + BC$。

解： ① 该例中选择器的地址变量数和要实现的逻辑函数的变量数相等，均为 3。先将逻辑函数转换成最小项表达式。

$$Y = AB + AC + BC$$
$$= \overline{A}BC + A\overline{B}C + AB\overline{C} + ABC$$

② 写出 8 选 1 数据选择器 CT74LS151 的输出表达式。

$$Y' = \overline{A}_2\overline{A}_1\overline{A}_0 D_0 + \overline{A}_2\overline{A}_1 A_0 D_1 + \overline{A}_2 A_1 \overline{A}_0 D_2 + \overline{A}_2 A_1 A_0 D_3 + A_2 \overline{A}_1 \overline{A}_0 D_4 +$$
$$A_2 \overline{A}_1 A_0 D_5 + A_2 A_1 \overline{A}_0 D_6 + A_2 A_1 A_0 D_7$$

③ 比较 Y 与 Y' 两式中最小项的对应关系。设 $Y = Y'$，$A = A_2$，$B = A_1$，$C = A_0$。Y' 中包含 Y 式中的最小项时，数据取 1，没有包含 Y 式中的最小项时，数据取 0。由此得

$$D_0 = D_1 = D_2 = D_4 = 0$$
$$D_3 = D_5 = D_6 = D_7 = 1$$

④ 画连线图。根据上式可画出图 10-28 所示的连线图。

（2）分离多余变量，当逻辑函数的变量个数大于数据选择器的地址输入变量个数时，不能用前述的简单办法。应分离出多余的变量，把它们加到适当的数据输入端。

【例 10-8】 试用 4 选 1 数据选择器实现逻辑函数 $Y = AB + AC + BC$。

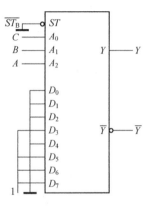

图 10-28 例 10-7 图

解： 由于函数 Y 有三个输入信号 A、B、C，而 4 选 1 仅有两个地址端 A_1 和 A_0，所以选 A、B 接到地址输入端，且 $A = A_1$，$B = A_0$。将 C 加到适当的数据输入端。

① 先将逻辑函数转换成最小项表达式 Y。

$$Y = AB + AC + BC$$
$$= \overline{A}BC + A\overline{B}C + AB\overline{C} + ABC$$

② 写出 4 选 1 数据选择器的输出逻辑函数式 Y'。

$$Y' = \overline{A}_1\overline{A}_0 D_0 + \overline{A}_1 A_0 D_1 + A_1 \overline{A}_0 D_2 + A_1 A_0 D_3$$

③ 比较 Y 与 Y'。设 $Y = Y'$，由于函数 Y 有三个输入信号 A、B、C，而 4 选 1 仅有两个地址端 A_1 和 A_0，所以选 A、B 接到地址输入端，且 $A = A_1$、$B = A_0$。将 C 加到适当的数据输入端。比较得

$$D_0 = 0, \ D_1 = D_2 = C, \ D_3 = 1$$

④ 画出实现逻辑图，如图 10-29 所示。

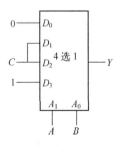

图 10-29 例 10-8 图

10.2.5 数值比较器

对两个位数相同的二进制整数进行数值比较并判定其大小关系的逻辑电路称为数值比较器。

1. 1 位数值比较器

当两个 1 位二进制数 A、B 进行比较时，其结果有以下三种情况：$A>B$、$A=B$、$A<B$。比较结果分别用 $Y_{A>B}$、$Y_{A=B}$、$Y_{A<B}$ 表示。

$A>B$ 时，$Y_{A>B}=1$；$A=B$ 时，$Y_{A=B}=1$；$A<B$ 时，$Y_{A<B}=1$。由此可列出表 10-14 所示的 1 位数值比较器的真值表。

表 10-14　1 位数值比较器的真值表

输　　入		输　　出		
A	B	$Y_{A>B}$	$Y_{A=B}$	$Y_{A<B}$
0	0	0	1	0
0	1	0	0	1
1	0	1	0	0
1	1	0	1	0

由真值表可写出逻辑函数表达式

$$\begin{cases} Y_{A>B} = A\overline{B} \\ Y_{A<B} = \overline{A}B \\ Y_{A=B} = \overline{A}\,\overline{B} + AB = \overline{\overline{A}B + A\overline{B}} \end{cases} \qquad (10\text{-}12)$$

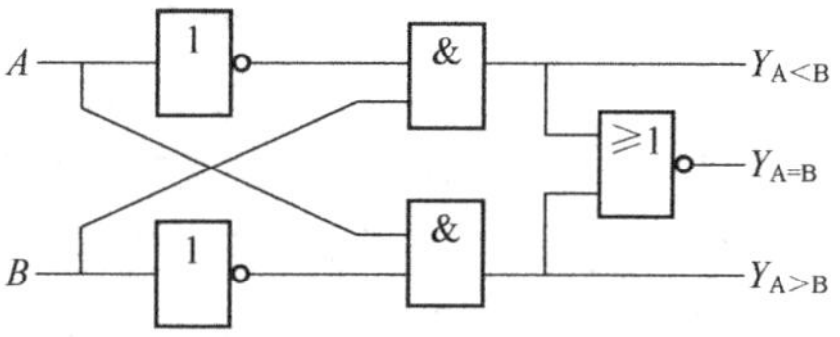

由以上逻辑表达式可画出 1 位数值比较器的逻辑图，如图 10-30 所示。

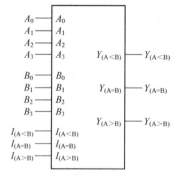

图 10-30　1 位数值比较器的逻辑图

2. 多位数值比较器

如两个多位二进制数进行比较时，则需从高位到低位逐位进行比较。只有在高位相应的二进制数相等时，才能进行低位数的比较。当比较到某一位二进制数不等时，其比较结果便为两个多位二进制数的比较结果。

如两个 4 位二进制数 $A=A_3A_2A_1A_0$ 和 $B=B_3B_2B_1B_0$ 进行大小比较时，若 $A_3>B_3$，则 $A>B$；若 $A_3<B_3$，则 $A<B$；若 $A_3=B_3$、$A_2>B_2$，则 $A>B$；若 $A_3=B_3$、$A_2<B_2$，则 $A<B$。依次类推，直到比较出结果为止。

图 10-31 为 4 位比较器 CT74LS85 的逻辑功能示意图，图中 $A_3A_2A_1A_0$ 和 $B_3B_2B_1B_0$ 为两组比较的 4 位二进制数的输入端；$I_{A>B}$、$I_{A<B}$、$I_{A=B}$ 为级联输入端；$Y_{A>B}$、$Y_{A=B}$、$Y_{A<B}$ 为比较结果输出端。4 位比较器 CT74LS85 的功能表如表 10-15 所示。

图 10-31　4 位比较器 CT74LS85 逻辑功能示意图

表 10-15　4 位比较器 CT74LS85 的功能表

输　　入				级 联 输 入			输　　出		
A_3B_3	A_2B_2	A_1B_1	A_0B_0	$I_{A>B}$	$I_{A<B}$	$I_{A=B}$	$Y_{A>B}$	$Y_{A<B}$	$Y_{A=B}$
$A_3>B_3$	×	×	×	×	×	×	1	0	0
$A_3<B_3$	×	×	×	×	×	×	0	1	0
$A_3=B_3$	$A_2>B_2$	×	×	×	×	×	1	0	0
$A_3=B_3$	$A_2<B_2$	×	×	×	×	×	0	1	0
$A_3=B_3$	$A_2=B_2$	$A_1>B_1$	×	×	×	×	1	0	0
$A_3=B_3$	$A_2=B_2$	$A_1<B_1$	×	×	×	×	0	1	0
$A_3=B_3$	$A_2=B_2$	$A_1=B_1$	$A_0>B_0$	×	×	×	1	0	0
$A_3=B_3$	$A_2=B_2$	$A_1=B_1$	$A_0<B_0$	×	×	×	0	1	0
$A_3=B_3$	$A_2=B_2$	$A_1=B_1$	$A_0=B_0$	1	0	0	1	0	0
$A_3=B_3$	$A_2=B_2$	$A_1=B_1$	$A_0=B_0$	0	1	0	0	1	0
$A_3=B_3$	$A_2=B_2$	$A_1=B_1$	$A_0=B_0$	0	0	1	0	0	1

3. 数值比较器的应用

利用数值比较器的级联输入端可以很方便地构成更多位的数值比较器。

【例 10-9】　试用两片 CT74LS85 构成一个 8 位数值比较器。

解： 根据多位数值比较规则，在高位数相等时，则比较结果取决于低位数。因此，应将两个 8 位二进制数的高 4 位接到高位片上，低 4 位接到低位片上。

图 10-32 为根据上述要求用两片 CT74LS85 构成一个 8 位数值比较器。两个 8 位二进制数的高 4 位 $A_7A_6A_5A_4$ 和 $B_7B_6B_5B_4$ 接到高位片 CT74LS85（2）的数据输入端上，而低 4 位数 $A_3A_2A_1A_0$ 和 $B_3B_2B_1B_0$ 接到低位片 CT74LS85（1）的数据输入端上，并将低位片的比较输出端 $Y_{A>B}$、$Y_{A=B}$、$Y_{A<B}$ 和高位片的级联输入端 $I_{A>B}$、$I_{A<B}$、$I_{A=B}$ 对应相连。

低位数值比较器的级联输入端应取 $I_{A>B}=I_{A<B}=0$、$I_{A=B}=1$，这样，当两个 8 位二进制数相等时，比较器的总输出 $Y_{A=B}=1$。

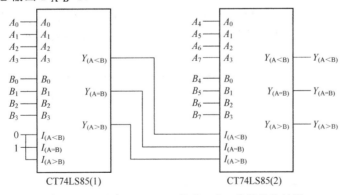

图 10-32　两片 CT74LS85 构成一个 8 位数值比较器

思考与练习

1. 什么是半加器？什么是全加器？

2. 什么是编码器？什么是译码器？二者有什么关系？

3. 什么是数据选择器？什么是数值比较器？

10.3 技能训练 组合逻辑电路的功能测试

1. 训练目的

熟悉组合逻辑电路的特点；会分析由门电路构成的组合逻辑电路功能；掌握组合逻辑电路功能测试方法。

2. 训练器材

74LS00 集成芯片两片；直流稳压电源+5V，可用电池代替；逻辑开关两个；面包板一块。

3. 训练内容与步骤

1）测试电路。组合逻辑测试电路如图 10-33 所示。

2）分析两电路的逻辑功能。

图 10-33a 的逻辑功能：$Y_1 = \overline{\overline{A \cdot B}} = A + B$

图 10-33b 的逻辑功能：$Y_2 = \overline{\overline{\overline{AB} \cdot \overline{A}\overline{B}}} = \overline{A}B + A\overline{B}$

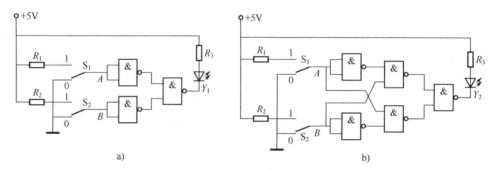

图 10-33 组合逻辑测试电路

3）连接测试电路。用 74LS00 插入 IC 插座，14 脚连接+5V 电源，7 脚接地。A、B 输入端接逻辑开关，分别为 0、1 时，测量输出端输出电平，将测量结果记录在表 10-16 中。

表 10-16 组合逻辑电路测试结果

A	B	Y_1	Y_2
0	0		
0	1		
1	0		
1	1		

4）分析测量结果。比较测量结果与分析结果是否一致。

10.4 习题

1. 写出图 10-34 所示电路的逻辑函数表达式并化简。

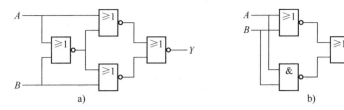

图 10-34　题 1 图

2. 已知真值表如表 10-17 所示，试写出对应的逻辑表达式。

表 10-17　题 2 真值表

A	B	C	Y
0	0	0	0
0	0	1	1
0	1	0	1
0	1	1	0
1	0	0	1
1	0	1	0
1	1	0	0
1	1	1	1

3. 电路如图 10-35 所示，写出电路输出信号的逻辑表达式，并对应 A、B、C 的给定波形画出输出信号波形。

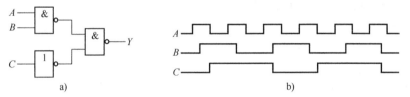

图 10-35　题 3 图

4. 在 A、B、C 三个输入信号中，A 的优先权最高，B 次之，C 最低，它们的输出分别用 Y_A、Y_B、Y_C 表示，要求同一时间内只有一个信号输出。如果两个或三个信号同时输入时，则只有优先权最高的有输出，试用或非门设计一个能实现此要求的逻辑电路。

5. 试设计一个故障指示器，要求如下：两台电动机同时工作时，绿灯亮；一台电动机发生故障时，黄灯亮；两台电动机同时发生故障时，红灯亮。

6. 用 3 线-8 线译码器 CT74LS138 和门电路设计下列组合逻辑电路，其输出逻辑函数为

1）$Y = \overline{A}C + BC + A\overline{B}\,\overline{C}$

2）$Y = \overline{(A + B)(\overline{A} + C)}$

7. 试用 4 选 1 数据选择器产生逻辑函数 $Y = A\overline{B}\,\overline{C} + \overline{A}C + BC$。

8. 用 4 选 1 数据选择器设计一个三人表决器电路。当表决某提案时，多数人同意，提案通过；否则，提案被否决。

第11章 时序逻辑电路

前面介绍的各种门电路及其组合逻辑电路的输出状态仅由当前的输入状态决定，而与电路原来的状态无关，即它们不具有记忆功能。但是一个复杂的数字系统，要连续进行复杂的运算和控制，就必须在运算和控制过程中暂时保存（记忆）一定的代码，因此需要具有记忆功能的时序逻辑电路。

11.1 触发器

11.1 触发器

11.1.1 触发器概述

在数字系统中，除了需要各种逻辑运算电路外，还需要有能保存运算结果的逻辑元件，这就需要具有记忆功能的电路，而触发器就具有这样的功能。

1. 触发器的概念

触发器由逻辑门加反馈电路组成，能够存储和记忆 1 位二进制数。触发器电路有两个互补的输出端，用 Q 和 $\overline{Q}$ 表示。触发器的特点如下。

1）触发器具有两个能自保持的稳定状态。在没有外加输入信号触发时，触发器保持稳定状态不变。通常用输出端 Q 的状态来表示触发器的状态。$Q=0$，称为触发器处于 0 态；$Q=1$，称为触发器处于 1 态。

2）在外加输入信号触发时，触发器可以从一种稳定状态翻转成另一种状态。为了区分触发信号作用前、作用后的触发器状态，通常把触发信号作用前的触发器状态称为初态或者现态，也有称为原态的，用 Q^n 表示；把触发信号作用后的触发器状态称为次态，用 Q^{n+1} 表示。

触发器的逻辑功能用特性表、激励表（又称为驱动表）、特性方程、状态转换图和波形图（又称为时序图）来描述。

2. 触发器的类别

按照逻辑功能的不同，触发器分为 RS 触发器、JK 触发器、D 触发器以及 T 和 T′触发器。

按触发方式不同，触发器可分为电平触发器、边沿触发器和主从触发器等。

按照电路结构形式的不同，触发器分为基本触发器和时钟触发器。基本触发器是指基本 RS 触发器，时钟触发器包括同步 RS 触发器、主从结构触发器和边沿触发器。

按照构成的元器件不同，分为 TTL 触发器和 CMOS 触发器。

11.1.2 基本 RS 触发器

11.1.2 基本 RS触发器

1. 基本 RS 触发器电路结构

由两个与非门交叉耦合反馈构成基本 RS 触发器，图 11-1

为基本 RS 触发器的逻辑图和逻辑符号。$\overline{S}$ 和 $\overline{R}$ 为信号输入端，低电平有效；Q 和 $\overline{Q}$ 为互补输出端。

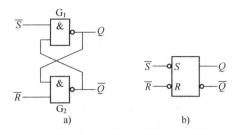

图 11-1　基本 RS 触发器的逻辑图和逻辑符号

a) 逻辑图　b) 逻辑符号

2. 逻辑功能

1）若 $\overline{R}$ =1、$\overline{S}$ =1，触发器保持稳定状态不变。若触发器初态为 Q=0、$\overline{Q}$ =1，触发器自锁稳定为 0 状态；若触发器初态为 Q=1、$\overline{Q}$ =0，触发器同样可以自锁稳定为 1 状态。

2）$\overline{R}$ =1、$\overline{S}$ =0，触发器置 1。因 $\overline{S}$ =0，G_1 输出 Q=1，这时 G_2 输入都为高电平 1，输出 $\overline{Q}=0$，触发器被置 1。使触发器处于 1 状态的输入端 $\overline{S}$ 称为置 1 端。

3）$\overline{R}$ =0、$\overline{S}$ =1，触发器置 0。因 $\overline{R}$ =0，G_2 输出 $\overline{Q}$ =1，这时 G_1 输入都为高电平 1，输出 Q=0，触发器被置 0。使触发器处于 0 状态的输入端 $\overline{R}$ 称为置 0 端。

4）$\overline{R}$ =0、$\overline{S}$ =0，触发器状态不定。这时触发器输出 Q=$\overline{Q}$ =1，这既不是 1 状态，也不是 0 状态。而在 $\overline{R}$ 和 $\overline{S}$ 同时由 0 变为 1 时，由于 G_1 和 G_2 电气性能的差异，其输出状态无法预知，可能是 0 状态，也可能是 1 状态。这种情况是不允许的。为了保证基本 RS 触发器能正常工作，不出现 $\overline{R}$ 和 $\overline{S}$ 同时为 0，要求 $\overline{R}$ + $\overline{S}$ =1，即 RS=0。

3. 特性表

触发器次态 Q^{n+1} 与输入信号和电路原有状态（现态 Q^n）之间关系的真值表，称为特性表。根据基本 RS 触发器的逻辑功能可用表 11-1 所示的特性表来表示。

表 11-1　基本 RS 触发器的特性表

$\overline{R}$	$\overline{S}$	Q^n	Q^{n+1}	说　明
0	0	0	×	不允许
0	0	1	×	
0	1	0	0	置0
0	1	1	0	
1	0	0	1	置1
1	0	1	1	
1	1	0	0	保持
1	1	1	1	

4. 特性方程

触发器次态 Q^{n+1} 与输入 $\overline{R}$、$\overline{S}$ 及现态 Q^n 之间关系的逻辑表达式，称为特性方程。

根据表 11-1 可画出基本 RS 触发器 Q^{n+1} 的卡诺图，如图 11-2 所示。由此可求得它的特性方程为

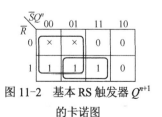

图 11-2　基本 RS 触发器 Q^{n+1} 的卡诺图

$$\begin{cases} Q^{n+1} = S + \overline{R}Q^n? \\ RS = 0?（约束条件） \end{cases} \qquad (11\text{-}1)$$

11.1.3 同步 RS 触发器

在数字系统中，为了协调一致地工作，常常要求触发器在同一时刻动作，为此，必须采用同步脉冲。触发器在同步脉冲作用下，根据输入信号可同步改变状态，而在没有同步脉冲输入时，触发器保持原状态不变，这个同步脉冲称为时钟脉冲 CP。具有时钟脉冲的触发器称为时钟触发器，又称为同步触发器。

1. 电路组成

同步 RS 触发器是在基本 RS 触发器的基础上增加了两个由时钟脉冲 CP 控制的门电路 G_3 和 G_4 后组成的，同步 RS 触发器如图 11-3 所示。图中，CP 为时钟脉冲输入端，简称为钟控端 CP，R 和 S 为信号输入端。

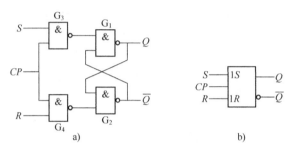

图 11-3　同步 RS 触发器

a) 逻辑电路　b) 逻辑符号

2. 逻辑功能

当 $CP=0$ 时，G_3、G_4 被封锁，都输出 1，这时，不管 R 端和 S 端的信号如何变化，触发器的状态保持不变，即 $Q^{n+1} = Q^n$。

当 $CP=1$ 时，G_3、G_4 解除封锁，R、S 端的输入信号才能通过这两个门使基本 RS 触发器的状态翻转，其输出状态仍由 R、S 端的输入信号和电路的原有状态 Q^n 决定。同步 RS 触发器特性表如表 11-2 所示。

表 11-2　同步 RS 触发器特性表

R	S	Q^n	Q^{n+1}	说　明
0	0	0	0	保持
0	0	1	1	
0	1	0	1	置1
0	1	1	1	
1	0	0	0	置0
1	0	1	0	
1	1	0	×	状态不定
1	1	1	×	

由表可看出，在 $R=S=1$ 时，触发器的输出状态不定，为避免出现这种情况，应使

$RS=0$。

由以上分析可看出：在同步 RS 触发器中，R、S 端的输入信号决定了电路翻转到的状态，而时钟脉冲 CP 则决定了电路翻转的时刻，这样便实现了对电路翻转时刻的控制。

3. 特性方程

根据表 11-2 可画出同步 RS 触发器 Q^{n+1} 的卡诺图，如图 11-4 所示。

由该图可得同步 RS 触发器的特性方程为

$$\begin{cases} Q^{n+1} = S + \overline{R}Q^n \quad （CP = 1时有效） \\ RS = 0 \quad （约束条件） \end{cases} \tag{11-2}$$

4. 状态转换图

触发器的逻辑功能还可以用状态转换图来描述。它表示触发器从一个状态变化到另一个状态或保持原状态不变时，对输入信号提出的要求。图 11-5 所示的同步 RS 触发器的状态转换图是根据表 11-2 画出来的。图中的两个圆圈分别表示触发器的两个稳定状态，箭头表示在输入时钟信号 CP 作用下状态转换的情况，箭头线旁标注的 R、S 值表示触发器的转换条件。

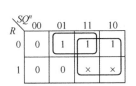

图 11-4 同步 RS 触发器 Q^{n+1} 的卡诺图

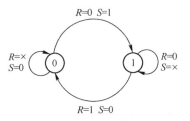

图 11-5 同步 RS 触发器的状态转换图

思考与练习

1. 什么是触发器？它有什么特点？
2. 基本 RS 触发器的约束条件是什么？为什么输入信号要遵守这个条件？
3. 什么是同步触发器？同步 RS 触发器的约束条件是什么？

11.2 JK 触发器

11.2.1 同步
JK触发器

11.2.1 同步 JK 触发器

1. 电路结构

克服同步 RS 触发器在 $R=S=1$ 时出现不定状态的另一种方法是将触发器输出端 Q 和 $\overline{Q}$ 的状态反馈到输入端，这样，G_3 和 G_4 的输出不会同时出现 0，从而避免了不定状态的出现，同步 JK 触发器如图 11-6 所示。

2. 逻辑功能

当 CP=0 时，G_3、G_4 被封锁，都输出为 1，触发器保持原状态不变。

当 CP=1 时，G_3、G_4 解除封锁，输入 J、K 端的信号可控制触发器的状态。

1）当 $J=K$=0 时，G_3 和 G_4 都输出 1，触发器保持原状态不变，即 $Q^{n+1} = Q^n$。

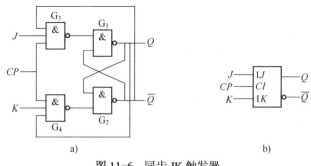

图 11-6 同步 JK 触发器

a) 逻辑电路 b) 逻辑符号

2）当 $J=1$、$K=0$ 时，如触发器为 $Q^n=0$、$\overline{Q^n}=1$ 的 0 状态，则在 $CP=1$ 时，G_3 输入全 1，输出为 0，G_1 输出 $Q^{n+1}=1$。由于 $K=0$，G_4 输出 1，这时 G_2 输入全 1，输出 $\overline{Q^{n+1}}=0$。触发器翻转到 1 状态，即 $Q^{n+1}=1$。

如触发器为 $Q^n=1$、$\overline{Q^n}=0$ 的 1 状态，则在 $CP=1$ 时，G_3 和 G_4 的输入分别为 $\overline{Q^n}=0$ 和 $K=0$，这两个门都能输出 1，触发器保持原来的 1 态不变，$Q^{n+1}=Q^n$。

可见，在 $J=1$、$K=0$ 时，不论触发器原来在何种状态，则在 CP 脉冲由 0 变为 1 后，触发器翻转到和 J 相同的 1 态。

3）当 $J=0$、$K=1$ 时，用同样的方法分析可知，在 CP 脉冲由 0 变为 1 后，触发器翻到 0 状态，即翻转到和 J 相同的 0 状态。

4）当 $J=K=1$ 时，在 CP 由 0 变 1 后，触发器的状态由 Q 和 $\overline{Q}$ 端的反馈信号决定。如触发器的状态为 $Q^n=0$、$\overline{Q^n}=1$，在 $CP=1$ 时，G_4 输入有 $Q^n=0$，输出为 1，G_3 输入有 $\overline{Q^n}=1$、$J=1$，即输入全 1，输出为 0。因此 G_1 输出 $Q^{n+1}=1$，G_2 输入全 1，输出 $\overline{Q^{n+1}}=0$，触发器翻转到 1 状态，和原来的状态相反。

如触发器的状态为 $Q^n=1$、$\overline{Q^n}=0$，在 $CP=1$ 时，G_4 输入全 1，输出为 0。G_3 输入有 $\overline{Q^n}=0$，输出为 1，因此，G_2 输出 $\overline{Q^{n+1}}=1$，G_1 输入全 1，输出 $Q^{n+1}=0$，触发器翻转到 0 状态。

可见，在 $J=K=1$ 时，每输入一个时钟脉冲 CP，触发器的状态变化一次，电路处于计数状态，这时 $Q^{n+1}=\overline{Q^n}$。

由此可列出同步 JK 触发器的特性表，如表 11-3 所示。

表 11-3 同步 JK 触发器的特性表

J	K	Q^n	Q^{n+1}	说　　明
0	0	0	0	保持
0	0	1	1	
0	1	0	0	置 0
0	1	1	0	
1	0	0	1	置 1
1	0	1	1	
1	1	0	1	翻转
1	1	1	0	

从以上分析可知，同步 JK 触发器的逻辑功能如下：当 CP 由 0 变为 1 后，J 和 K 输入状态不同时，触发器翻转到和 J 相同的状态，即具有置 0 和置 1 功能；当 $J=K=0$ 时，触发器保持原来的状态不变；当 $J=K=1$ 时触发器具有翻转功能。在 $CP=1$ 由 1 变 0 后，触发器保持原状态不变。

3. 特性方程

根据表 11-3 可画出图 11-7 所示同步 JK 触发器 Q^{n+1} 的卡诺图。由该图得同步 JK 触发器的特性方程为

$$Q^{n+1} = J\overline{Q^n} + \overline{K}Q^n \quad （CP=1 \text{ 期间有效}） \qquad (11-3)$$

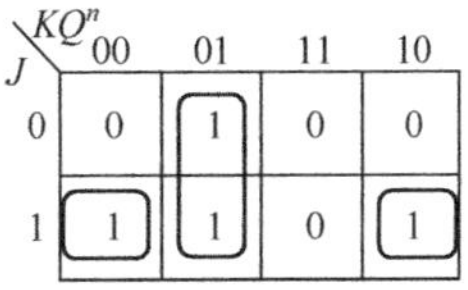

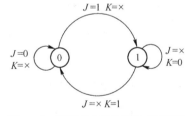

图 11-7　同步 JK 触发器 Q^{n+1} 的卡诺图

4. 驱动表

根据表 11-3 可列出在 $CP=1$ 时同步 JK 触发器的驱动表，如表 11-4 所示。

表 11-4　同步 JK 触发器的驱动表

Q^n	→ Q^{n+1}	J	K
0	0	0	×
0	1	1	×
1	0	×	1
1	1	×	0

5. 状态转换图

根据表 11-4 可画出图 11-8 所示的同步 JK 触发器状态转换图。

11.2.2　边沿 JK 触发器

同步触发器在 $CP=1$ 期间接收输入信号，如输入信号在此期间发生多次变化，其输出状态也会随之发生翻转，这种现象称为触发器的空翻。空翻现象限制了同步触发器的应用。为此设计了边沿触发器。

图 11-8　同步 JK 触发器状态转换图

边沿触发器只能在时钟脉冲 CP 上升沿（或下降沿）时刻接收输入信号，因此，电路状态只能在 CP 上升沿（或下降沿）时刻翻转。在 CP 的其他时间内，电路状态不会发生变化，这样就提高了触发器工作的可靠性和抗干扰能力，防止了空翻现象。

图 11-9 所示为边沿 JK 触发器的逻辑符号，J、K 为信号输入端，框内 ">" 左边加小圆圈 "○" 表示逻辑非的动态输入，它实际上表示用时钟脉冲 CP 的下降沿触发。边沿 JK 触发器的逻辑功能和前面讨论的同步 JK 触发器的功能相同，因此，它的特性表、驱动表和特性方程也相同。但边沿 JK 触发器只有在 CP 脉冲下降沿到达时才有效，它的特征方程为

$$Q^{n+1} = J\overline{Q^n} + \overline{K}Q^n \quad （CP \text{ 下降沿到达时有效}） \qquad (11-4)$$

下面说明 JK 触发器的工作情况。

【例 11-1】　图 11-10 所示为下降沿触发边沿 JK 触发器 CP、J、K 端的输入电压波形，试画出输出 Q 端的电压波形。设触发器的初始状态为 $Q=0$。

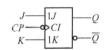

图 11-9　边沿 JK 触发器的逻辑符号

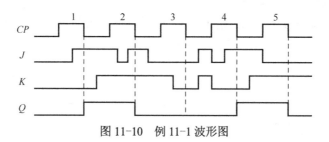

图 11-10　例 11-1 波形图

解： 第一个时钟脉冲 CP 下降沿到达时，由于 $J=1$、$K=0$，所以，触发器由 0 状态翻转到 1 状态。

第二个时钟脉冲 CP 下降沿到达时，由于 $J=K=1$，所以，触发器由 1 状态翻转到 0 状态。

第三个时钟脉冲 CP 下降沿到达时，由于 $J=K=0$，所以，触发器保持原来的 0 状态不变。

第四个时钟脉冲 CP 下降沿到达时，由于 $J=1$、$K=0$，所以，触发器由 0 状态翻转到 1 状态。

第五个时钟脉冲 CP 下降沿到达时，由于 $J=0$、$K=1$，所以，触发器由 1 状态翻转到 0 状态。

由上题分析可得如下结论：

1）边沿 JK 触发器用时钟脉冲 CP 下降沿触发，这时电路才会接收 J、K 端的触发信号并改变状态，而在 CP 为其他值时，不管 J、K 为何值，电路状态不会改变。

2）在一个时钟脉冲 CP 的作用时间内，只有一个下降沿，电路最多只改变一次状态。因此，电路没有空翻问题。

11.2.3　集成 JK 触发器

集成 JK 触发器常用的芯片有 74LS112 和 CC4027。其中，74LS112 属 TTL 电路，是下降边沿触发的双 JK 触发器；CC4027 属 CMOS 电路，是上升边沿触发的双 JK 触发器。集成边沿 JK 触发器引脚排列图如图 11-11 所示。

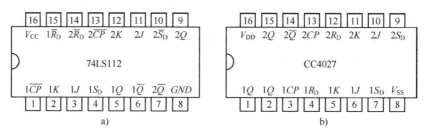

图 11-11　集成边沿 JK 触发器引脚排列图

a) 74LS112 引脚排列图　b) CC4027 引脚排列图

74LS112 双 JK 触发器每个集成芯片包含两个具有复位、置位端的下降沿触发的 JK 触发器，74LS112 逻辑符号图如图 11-12 所示。常用于缓冲触发器、计数器和移位寄存器电路中，J、K 为输入端，Q、$\overline{Q}$ 是输出端，CP 为时钟脉冲信号输入端，逻辑符号图

中 CP 引线上端的"∧"表示边沿触发，无此符号表示电位触发；CP 脉冲引线端既有符号又有小圆圈时，表示触发器状态发生在时钟脉冲下降沿到来时刻，只有符号没有小圆圈时，表示触发器状态发生在时钟脉冲上升沿到来时刻；$\overline{S}_D$ 为直接置 1 端，$\overline{R}_D$ 为置 0 端，$\overline{S}_D$、$\overline{R}_D$ 引线端的小圆圈表示低电平有效。JK 触发器 74LS112 逻辑功能特性表如表 11-5 所示。

表 11-5 为 JK 触发器 74LS112 的逻辑功能特性表。

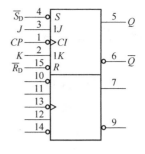

图 11-12　74LS112 逻辑符号图

表 11-5　JK 触发器 74LS112 逻辑功能特性表

$\overline{R}_D$	$\overline{S}_D$	CP	J	K	Q^{n+1}	功　能
0	0	×	×	×	不定	不允许
0	1	×	×	×	0	直接置 0
1	0	×	×	×	1	直接置 1
1	1	↓	0	0	Q^n	保持
1	1	↓	0	1	0	置 0
1	1	↓	1	0	1	置 1
1	1	↓	1	1	$\overline{Q}^n$	翻转
1	1	↑	×	×	Q^n	不变

【例 11-2】　已知边沿型 JK 触发器 CP、J、K 输入波形如图 11-13a 所示，试分别按上升沿触发和下降沿触发画出其输出端 Q 波形（设 Q 初态为 0）。

　　解：

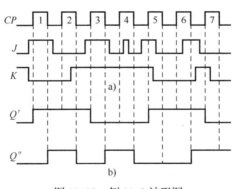

图 11-13　例 11-2 波形图

思考与练习

　　1. 同步 JK 触发器和边沿 JK 触发器各有什么特点？

　　2. 下降沿触发的 JK 触发器 CP、J、K 输入波形如图 11-14 所示，试画出输出 Q 的波形，设初态为 0。

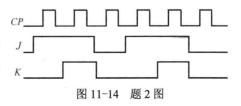

图 11-14　题 2 图

11.3 D 触发器

11.3.1 同步 D 触发器

1. 电路组成

为了避免同步 RS 触发器同时出现 R 和 S 都为 1 的情况，可在 R 和 S 之间接入非门 G_5，如图 11-15a 所示，这种单端输入的触发器称为 D 触发器，图 11-15b 为逻辑符号，D 为信号输入端。

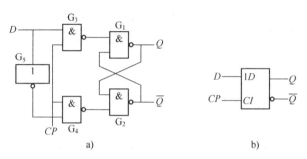

图 11-15　同步 D 触发器

a) 逻辑电路图　b) 逻辑符号

2. 逻辑功能

在 $CP=0$ 时，G_3、G_4 被封锁，都输出 1，触发器保持原状态不变，不受 D 端输入信号的控制。

在 $CP=1$ 时，G_3、G_4 解除封锁，可接收 D 端输入信号。如果 $D=1$ 时，$\overline{D}=0$，触发器翻到 1 状态，即 $Q^{n+1}=1$；如果 $D=0$ 时，$\overline{D}=1$，触发器翻到 0 状态，即 $Q^{n+1}=0$。由此可列出表 11-6 所示同步 D 触发器的特性表。

表 11-6　同步 D 触发器的特性表

D	Q^n	Q^{n+1}	说　明
0	0	0	输出状态与 D 相同
0	1	0	输出状态与 D 相同
1	0	1	输出状态与 D 相同
1	1	1	输出状态与 D 相同

由以上分析可知，同步 D 触发器的逻辑功能为：当 CP 由 0 变为 1 后，触发器的状态翻转到和 D 的状态相同，当 CP 由 1 变为 0 后，触发器保持原状态不变。

3. 特性方程

根据表 11-6 可画出同步 D 触发器 Q^{n+1} 的卡诺图，如图 11-16 所示。由该图可得特性方程

$$Q^{n+1} = D \quad （CP=1 \text{ 期间有效}） \tag{11-5}$$

4. 驱动表

根据表 11-6 可列出在 $CP=1$ 时的同步 D 触发器的驱动表，如表 11-7 所示。

表 11-7　同步 D 触发器的驱动表

Q^n	→	Q^{n+1}	D	Q^n	→	Q^{n+1}	D
0		0	0	1		0	0
0		1	1	1		1	1

5. 状态转换图

根据表可画出图 11-17 所示同步 D 触发器状态转换图。

图 11-16　同步 D 触发器 Q^{n+1} 的卡诺图

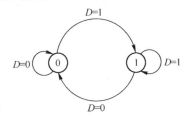

图 11-17　同步 D 触发器状态转换图

11.3.2　边沿 D 触发器

同步触发器在 $CP = 1$ 期间接收输入信号，如输入信号在此期间发生多次变化，其输出状态也会随之发生翻转，即出现了触发器的空翻，D 触发器的空翻现象如图 11-18 所示。空翻现象限制了同步触发器的应用。

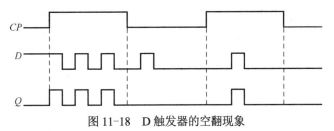

图 11-18　D 触发器的空翻现象

边沿触发器只能在时钟脉冲 CP 上升沿（或下降沿）时刻接收输入信号，因此，电路状态只能在 CP 上升沿（或下降沿）时刻翻转。在 CP 的其他时间内，电路状态不会发生变化，这样就提高了触发器工作的可靠性和抗干扰能力。边沿触发器没有空翻现象。

边沿 D 触发器的逻辑功能如下：边沿 D 触发器也称为维持阻塞 D 触发器，它的逻辑符号如图 11-19 所示。D 为信号输入端，框内 ">" 表示动态输入，它表明用时钟脉冲 CP 的上升沿触发。它的逻辑功能和前面讨论的同步 D 触发器相同，因此，它们的特性表、驱动表和特性方程也都相同，但边沿 D 触发器只有在 CP 上升沿到达时才有效。它的特性方程为

$$Q^{n+1} = D \quad （CP 上升沿到达时刻有效）\tag{11-6}$$

下面举例说明维持阻塞 D 触发器的工作情况。

【例 11-3】　如图 11-20 所示为上升沿触发维持阻塞 D 触发器的时钟脉冲 CP 和 D 端输入的电压波形，试画出触

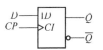

图 11-19　边沿 D 触发器的逻辑符号

发器输出 Q 和 $\overline{Q}$ 的波形。设触发器的初始状态为 $Q=0$。

解： 第一个时钟脉冲 CP 上升沿到达时，D 端输入信号为 1，所以触发器由 0 翻转到 1 态。而在 $CP=1$ 期间 D 输入端信号虽然由 1 变为 0，但触发器的状态不改变，仍保持 1 状态。

第二个时钟脉冲 CP 上升沿到达时，D 端输入信号为 0，触发器由 1 翻转到 0 态。

第三个时钟脉冲 CP 上升沿到达时，D 端输入信号仍为 0，触发器 0 态保持不变。在 $CP=1$ 期间 D 虽然出现了一个正脉冲，但触发器的状态不会改变。

第四个时钟脉冲 CP 上升沿到达时，D 端输入信号为 1，所以触发器由 0 翻转到 1 态。在 $CP=1$ 期间 D 虽然出现了一个负脉冲，这时触发器的状态同样不会改变。

第五个时钟脉冲 CP 上升沿到达时，D 端输入信号为 0，这时，触发器由 1 翻转到 0 态。

根据以上分析可画出输出端 Q 的波形，输出端 $\overline{Q}$ 的波形为 Q 的反相波形。

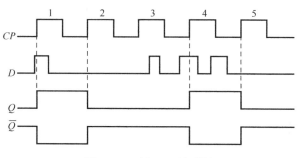

图 11-20 例 11-3 波形图

通过该例题分析可看到：

1）维持阻塞 D 触发器是用时钟脉冲 CP 上升沿触发的，也就是说，只有在 CP 上升沿到达时，电路才会接收 D 端的输入信号而改变状态，而在 CP 为其他值时，不管 D 端输入为 0 还是为 1，触发器的状态不会改变。

2）在一个时钟脉冲 CP 作用时间内，只有一个上升沿，电路状态最多只改变一次，因此，它没有空翻问题。

11.3.3 集成 D 触发器

常用的 D 触发器有 74LS74、CC4013 等，74LS74 为 TTL 集成边沿 D 触发器，CC4013 为 CMOS 集成边沿 D 触发器。图 11-21 为集成 D 触发器引脚排列图。

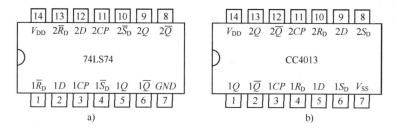

图 11-21 集成 D 触发器引脚排列图

a) 74LS74 引脚排列图　b) CC4013 引脚排列图

74LS74 内部包含有两个带有清零端 $\overline{R}_D$ 和预置端 $\overline{S}_D$ 的触发器，D 为信号输入端，Q 和 $\overline{Q}$ 为信号输出端，CP 为时钟信号输入端。74LS74 是 CP 脉冲上升沿触发，异步输入端 $\overline{R}_D$、$\overline{S}_D$ 为低电平有效，$\overline{S}_D$ 为异步置 1 端，$\overline{R}_D$ 为异步置 0 端。74LS74 逻辑符号图如图 11-22 所示。

表 11-8 为集成 D 触发器 74LS74 逻辑功能表。

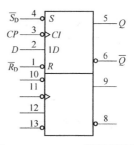

图 11-22　74LS74 逻辑符号图

表 11-8　集成 D 触发器 74LS74 逻辑功能表

$\overline{R}_D$	$\overline{S}_D$	CP	D	Q^{n+1}	功　能
0	0	×	×	不定	不允许
0	1	×	×	0	异步置 0
1	0	×	×	1	异步置 1
1	1	↑	0	0	置 0
1	1	↑	1	1	置 1
1	1	↓	×	Q^n	不变

11.3.4　T 触发器和 T' 触发器

T 触发器是指根据 T 的输入信号不同，在时钟脉冲 CP 的作用下具有翻转和保持功能的电路，T 触发器逻辑符号如图 11-23 所示。

T' 触发器则是指每输入一个时钟脉冲 CP，状态变化一次的电路，它实际上是 T 触发器的翻转功能。

T 触发器和 T' 触发器主要由 JK 触发器或 D 触发器构成。

1. 由 JK 触发器构成 T 触发器

将 JK 触发器的 J 和 K 相连作为 T 的输入端便构成 T 触发器，电路如图 11-24a 所示。

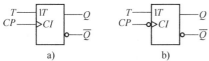

图 11-23　T 触发器逻辑符号

a) 上升沿触发　b) 下降沿触发

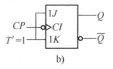

图 11-24　由 JK 触发器构成 T 触发器和 T'触发器

a) JK 触发器构成 T 触发器　b) JK 触发器构成 T' 触发器

将 T 代入 JK 触发器特性方程中的 J 和 K，便得到了 T 触发器的特性方程

$$Q^{n+1} = T\overline{Q^n} + \overline{T}Q^n \tag{11-7}$$

当 $T=1$ 时，每输入一个时钟脉冲 CP，触发器的状态变化一次，即具有翻转功能；当 $T=0$ 时，输入时钟脉冲 CP 时，触发器状态保持不变，即具有保持功能。T 触发器常用来组成计数器。

2. 由 JK 触发器构成 T' 触发器

将 JK 触发器的 J 和 K 相连作为 T' 的输入端并接高电平 1 便构成 T' 触发器。

T' 触发器实际上是 T 触发器输入 $T=1$ 时的一个特例。将 $T=1$ 代入 JK 触发器特性方程便得到 T' 触发器的特性方程

$$Q^{n+1} = \overline{Q^n} \tag{11-8}$$

3. D 触发器构成 T 触发器

T 触发器的特性方程 $Q^{n+1} = T\overline{Q^n} + \overline{T}Q^n$，D 触发器的特性方程 $Q^{n+1} = D$，使这两个特性方程相等，得

$$Q^{n+1} = D = T\overline{Q^n} + \overline{T}Q^n = T \oplus Q^n \tag{11-9}$$

根据式可画出由 D 触发器构成的 T 触发器，如图 11-25a 所示。

4. D 触发器构成 T′ 触发器

将 $T=1$ 代入式中便得由 D 触发器构成的 T′ 触发器的特性方程

$$Q^{n+1} = D = \overline{Q^n} \tag{11-10}$$

根据式（11-10）可画出由 D 触发器构成的 T′ 触发器，如图 11-25b 所示。

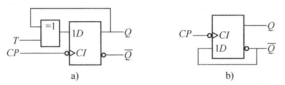

图 11-25　D 触发器构成 T 触发器和 T′ 触发器

a) D 触发器构成 T 触发器　b) D 触发器构成 T′ 触发器

思考与练习

1. 同步 D 触发器和边沿 D 触发器的特点各是什么？

2. T 触发器和 T′ 触发器的特点各是什么？

3. 上升沿触发的边沿 D 触发器的时钟脉冲 CP 和 D 端输入的电压波形如图 11-26 所示，试画出触发器输出 Q 和 $\overline{Q}$ 的波形。设触发器的初始状态为 $Q=0$。

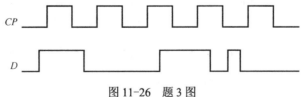

图 11-26　题 3 图

11.4　计数器

用以统计输入计数脉冲 CP 个数的电路，称作计数器，它主要由触发器组成。计数器是最常见的时序电路，常用于计数、分频、定时及产生数字系统的时钟脉冲等。

计数器所能记忆的时钟脉冲个数（容量）称为计数器的模，用 M 表示。如 $M=6$ 计数器，又称为六进制计数器，所以计数器的模实际上为计数电路的有效状态数。

计数器种类很多，特点各异，主要分类如下。

1）按照触发器是否同时翻转分为同步计数器和异步计数器。

2）按照计数顺序的增、减，分为加计数器、减计数器，计数顺序可增、可减称为可逆计数器。

3）按计数进制分为二进制计数器、十进制计数器、任意进制计数器。

二进制计数器：按二进制运算规律进行计数的电路称作二进制计数器。

十进制计数器：按十进制运算规律进行计数的电路称作十进制计数器。

任意进制计数器：二进制计数器和十进制计数器之外的其他进制计数器统称为任意进制计数器，如五进制计数器，六十进制计数器等。

11.4.1 二进制计数器

11.4.1 二进制计数器

由于二进制只有 0 和 1 两种数码，而双稳态触发器又具有 0 和 1 两种状态，所以用 n 个触发器可以表示 n 位二进制数，其逻辑电路即 n 位二进制计数器。

1. 异步二进制计数器

异步计数器各触发器的状态转换与时钟脉冲是异步工作的，即当脉冲到来时，各触发器的状态不是同时翻转，而是从低位到高位依次改变状态。所以，异步计数器又称为串行进位计数器。下面介绍异步二进制加法计数器。

图 11-27 所示为由 JK 触发器组成的 4 位异步二进制加法计数器的逻辑图。图中 JK 触发器都接成 T′ 触发器，用计数脉冲 CP 的下降沿触发。设计数器的初始状态为 $Q_3Q_2Q_1Q_0=0000$，工作原理如下：

当输入第一个计数脉冲 CP 时，第一位触发器 FF$_0$ 由 0 状态翻到 1 状态，Q_0 端输出正跃变，FF$_1$ 不翻转，保持 0 状态不变。这时，计数器的状态为 $Q_3Q_2Q_1Q_0=0001$。

当输入第二个计数脉冲 CP 时，FF$_0$ 由 1 状态翻到 0 状态，Q_0 端输出负跃变，FF$_1$ 则由 0 翻转到 1 状态，FF$_2$ 保持 0 状态不变。这时，计数器的状态为 $Q_3Q_2Q_1Q_0=0010$。

当连续输入计数脉冲 CP 时，根据上述计数规律，只要低位触发器由 1 状态翻转到 0 状态，相邻高位触发器的状态便改变。计数器中各触发器的状态转换表如表 11-9 所示。由该表可以看出，当输入第 16 个计数脉冲 CP 时，4 个触发器都返回到初始的 $Q_3Q_2Q_1Q_0=0000$ 状态。同时，计数器 Q_3 输出一个负跃变的进位信号。从第 17 个计数脉冲 CP 开始，计数器又开始了新的计数循环，图 11-27 所示的电路也是十六进制计数器。

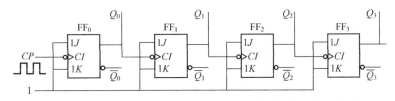

图 11-27　JK 触发器组成的 4 位异步二进制加法计数器的逻辑图

表 11-9 4 位二进制加法计数器状态转换表

计数顺序	计数状态			
	Q_3	Q_2	Q_1	Q_0
0	0	0	0	0
1	0	0	0	1
2	0	0	1	0
3	0	0	1	1
4	0	1	0	0
5	0	1	0	1
6	0	1	1	0
7	0	1	1	1
8	1	0	0	0
9	1	0	0	1
10	1	0	1	0
11	1	0	1	1
12	1	1	0	0
13	1	1	0	1
14	1	1	1	0
15	1	1	1	1
16	0	0	0	0

图 11-28 为 4 位二进制加法计数器波形图，由该图可看出：输入的计数脉冲每经一级触发器，其周期增加一倍，即频率降低一半。所以，图 11-27 所示计数器又是一个 16 分频器。

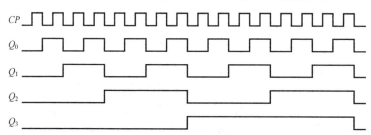

图 11-28 4 位二进制加法计数器波形图

若是上升沿触发的触发器，则只能由低位的 $\overline{Q}$ 端提供该位的时钟信号。图 11-29 为由 4 个 D 触发器构成的上升沿触发的 4 位异步二进制加法计数器。其工作原理读者自行分析。

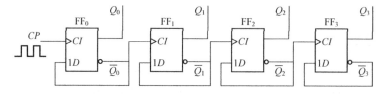

图 11-29 4 个 D 触发器构成的上升沿触发的 4 位异步二进制加法计数器

234

2．同步二进制计数器

异步计数器中各触发器之间是串行进位的，它的进位（或借位）信号是逐级传递的，因而使计数速度受到限制，工作频率不能太高。而同步计数器中各触发器同时受到时钟脉冲的触发，各个触发器的翻转与时钟同步，所以工作速度较快，工作频率较高。因此，同步触发器又称并行进位计数器。

用 JK 触发器组成的同步 3 位二进制加法计数器如图 11-30 所示。表 11-10 是同步 3 位二进制加法计数器状态表。由表可见，当来一个时钟脉冲 CP 时，Q_0 就翻转一次，而且要在 Q_0 为 1 时翻转，Q_2 要在 Q_1 和 Q_0 都是 1 时翻转。

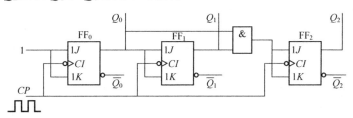

图 11-30　JK 触发器组成的同步 3 位二进制加法计数器

表 11-10　同步 3 位二进制加法计数器状态表

CP	Q_2	Q_1	Q_0
0	0	0	0
1	0	0	1
2	0	1	0
3	0	1	1
4	1	0	0
5	1	0	1
6	1	1	0
7	1	1	1
8	0	0	0

11.4.2　十进制计数器

1．异步十进制加法计数器

异步十进制加法计数器是在 4 位异步二进制加法计数器的基础上加以修改，使计数器在计数过程中跳过 1010～1111 这 6 个状态而得到的。

图 11-31 所示电路是异步 8421BCD 码十进制加法计数器的典型电路。利用异步时序电路的分析方法可以分析其逻辑功能，异步 8421BCD 码十进制加法计数器状态表如表 11-11 所示。图 11-32 为异步 8421BCD 码十进制加法计数器状态图。图 11-33 为十进制加法计数器时序图。

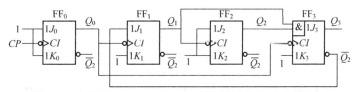

图 11-31　异步 8421BCD 码十进制加法计数器的典型电路

表 11-11 异步 8421BCD 码十进制加法计数器状态表

计　　数	Q_3	Q_2	Q_1	Q_0
0	0	0	0	0
1	0	0	0	1
2	0	0	1	0
3	0	0	1	1
4	0	1	0	0
5	0	1	0	1
6	0	1	1	0
7	0	1	1	1
8	1	0	0	0
9	1	0	0	1
10	1	0	1	0

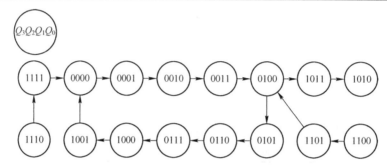

图 11-32　异步 8421BCD 码十进制加法计数器状态图

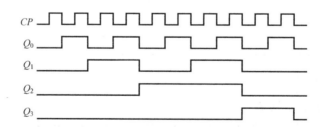

图 11-33　十进制加法计数器时序图

2. 同步十进制加法计数器

图 11-34 所示为由 JK 触发器组成的 8421BCD 码同步十进制加法计数器的逻辑图，由下降沿触发，同步十进制加法计数器状态转换表如表 11-12 所示。

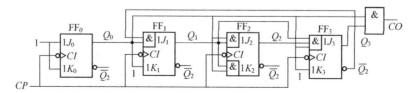

图 11-34　JK 触发器组成的 8421BCD 码同步十进制加法计数器逻辑图

表 11-12　同步十进制加法计数器状态转换表

计数脉冲序号	现态				次态				输出
	Q_3^n	Q_2^n	Q_1^n	Q_0^n	Q_3^{n+1}	Q_2^{n+1}	Q_1^{n+1}	Q_0^{n+1}	CO
0	0	0	0	0	0	0	0	1	0
1	0	0	0	1	0	0	1	0	0
2	0	0	1	0	0	0	1	1	0
3	0	0	1	1	0	1	0	0	0
4	0	1	0	0	0	1	0	1	0
5	0	1	0	1	0	1	1	0	0
6	0	1	1	0	0	1	1	1	0
7	0	1	1	1	1	0	0	0	0
8	1	0	0	0	1	0	0	1	0
9	1	0	0	1	0	0	0	0	1

11.4.3　集成计数器

用触发器组成计数器，电路复杂且可靠性差。随着电子技术的发展，一般均采用集成计数器芯片构成各种功能的计数器。

1. 集成同步二进制计数器 74LS161 和 74LS163

集成同步二进制计数器芯片有许多品种，这里介绍常用的集成 4 位同步二进制加法计数器 74LS161 和 74LS163。图 11-35 是 74LS161 和 74LS163 的逻辑功能示意图，图中 $\overline{LD}$ 为同步置数控制端，$\overline{CR}$ 为异步清零控制端，CT_P 和 CT_T 为计数控制端，$D_0 \sim D_3$ 为并行数据输入端，$Q_0 \sim Q_3$ 为输出端，CO 为进位输出端。表 11-13 为 74LS161 的功能表。

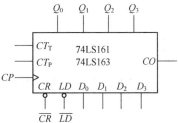

图 11-35　74LS161 和 74LS163 的逻辑功能示意图

表 11-13　74LS161 的功能表

输入									输出				
$\overline{CR}$	$\overline{LD}$	CT_P	CT_T	CP	D_3	D_2	D_1	D_0	Q_3	Q_2	Q_1	Q_0	CO
0	×	×	×	×	×	×	×	×	0	0	0	0	0
1	0	×	×	↑	d_3	d_2	d_1	d_0	d_3	d_2	d_1	d_0	
1	1	1	1	↑	×	×	×	×	计数				
1	1	0	×	×	×	×	×	×	保持				
1	1	×	0	×	×	×	×	×	保持				0

74LS161 的逻辑功能如下。

1）异步清零。当 $\overline{CR}=0$ 时，其他输入信号都不起作用（包括时钟脉冲 CP），计数器输出将被直接置零，称为异步清零。

2）同步并行预置数。在 $\overline{CR}=1$、$\overline{LD}=0$ 时，在时钟脉冲 CP 的上升沿作用下，$D_3 \sim D_0$ 输入端的数据分别被 $Q_3 \sim Q_0$ 接收。由于计数器必须在 CP 上升沿来到后才接收数据，所以称为同步并行预置数操作。

3）计数。当 $\overline{CR}=\overline{LD}=CT_P=CT_T=1$、$CP$ 端输入计数脉冲时，计数器进行二进制加法计数，这时进位输出 $CO=Q_3Q_2Q_1Q_0$。

4）保持。在 $\overline{CR}=\overline{LD}=1$ 的条件下，且 CT_P 和 CT_T 中有一个为 0 时，不管有无 CP 作用，计数器都将保持原有状态不变（停止计数）。需要说明的是，当 $CT_P=0$、$CT_T=1$ 时，进位输出 $CO=Q_3Q_2Q_1Q_0$ 也保持不变；而当 $CT_T=0$ 时，不管 CT_P 状态如何，进位输出 $CO=0$。

集成 4 位同步二进制加法计数器 74LS163 的功能表如表 11-14 所示。由该表可以看出 74LS163 为同步清零，也就是说，在同步清零控制端 $\overline{CR}$ 为低电平时，计数器并不被清零，还需要再输入一个计数脉冲 CP 的上升沿后才能被清零。而 74LS161 则为异步清零，这是 74LS163 和 74LS161 的主要区别，它们的其他功能完全相同。

表 11-14　74LS163 的功能表

输　　　入									输　　　出				
$\overline{CR}$	$\overline{LD}$	CT_P	CT_T	CP	D_3	D_2	D_1	D_0	Q_3	Q_2	Q_1	Q_0	CO
0	×	×	×	↑	×	×	×	×	0	0	0	0	0
1	0	×	×	↑	d_3	d_2	d_1	d_0	d_3	d_2	d_1	d_0	
1	1	1	1	↑	×	×	×	×	计数				
1	1	0	×	×	×	×	×	×	保持				
1	1	×	0	×	×	×	×	×	保持				0

2．集成同步十进制计数器 74LS160 和 74LS162

图 11-36 所示为集成同步十进制加法计数器 74LS160 和 74LS162 的逻辑功能示意图。图中 $\overline{LD}$ 为同步置数控制端，$\overline{CR}$ 为异步清零控制端，CT_P 和 CT_T 为计数控制端，$D_0\sim D_3$ 为并行数据输入端，CO 为进位输出端。表 11-15 为 74LS160 的功能表。

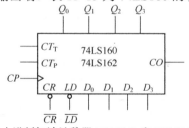

图 11-36　集成同步十进制加法计数器 74LS160 和 74LS162 的逻辑功能示意图

表 11-15　74LS160 的功能表

输　　　入									输　　　出				
$\overline{CR}$	$\overline{LD}$	CT_P	CT_T	CP	D_3	D_2	D_1	D_0	Q_3	Q_2	Q_1	Q_0	CO
0	×	×	×	×	×	×	×	×	0	0	0	0	0
1	0	×	×	↑	d_3	d_2	d_1	d_0	d_3	d_2	d_1	d_0	
1	1	1	1	↑	×	×	×	×	计数				
1	1	0	×	×	×	×	×	×	保持				
1	1	×	0	×	×	×	×	×	保持				0

由表 11-15 可知，74LS160 的主要功能如下。

1）异步清零功能。当 $\overline{CR}$ =0 时，无论 CP 和其他输入端有无信号输入，计数器被清零，这时 $Q_3Q_2Q_1Q_0$=0000。

2）同步并行置数功能。当 $\overline{CR}$ =1、$\overline{LD}$ =0 时，而后在输入时钟脉冲 CP 上升沿的作用下，$D_3 \sim D_0$ 端并行输入数据 $d_3 \sim d_0$ 被置入计数器相应的触发器中，这时，$Q_3Q_2Q_1Q_0$= $d_3d_2d_1d_0$。

3）计数功能。当 $\overline{CR}$ = $\overline{LD}$ = CT_P= CT_T =1、CP 端输入计数脉冲时，计数器按照 8421BCD 码的规律进行十进制加法计数。

4）保持功能。当 $\overline{CR}$ = $\overline{LD}$ =1，且 CT_P、CT_T 中有 0 时，计数器保持原来的状态不变。在计数器执行保持功能时，如 CT_P=0、CT_T=1，则 $CO=CT_TQ_3Q_0=Q_3Q_0$；如 CT_P=1、CT_T=0，则 $CO=CT_TQ_3Q_0=0$。

集成同步十进制加法计数器 74LS162 的功能表如表 11-16 所示。由该表可看出：与 74LS160 相比，74LS162 除为同步清零外，其余功能都和 74LS160 相同。

表 11-16　74LS162 的功能表

输　　　入									输　　出				
$\overline{CR}$	$\overline{LD}$	CT_P	CT_T	CP	D_3	D_2	D_1	D_0	Q_3	Q_2	Q_1	Q_0	CO
0	×	×	×	↑	×	×	×	×	0	0	0	0	0
1	0	×	×	↑	d_3	d_2	d_1	d_0	d_3	d_2	d_1	d_0	
1	1	1	1	↑	×	×	×	×	计数				
1	1	0	×	×	×	×	×	×	保持				
1	1	×	0	×	×	×	×	×	保持				0

11.4.4　N 进制计数器

获得 N 进制计数器常用的方法有两种：一是用触发器和门电路进行设计；二是用现成的集成电路构成。目前大量生产和销售的计数器集成芯片是 4 位二进制计数器和十进制计数器，当需要用其他任意进制计数器时，只要将这些计数器通过反馈线进行不同的连接就可实现。用这种方法构成的 N 进制计数器电路结构非常简单，因此，在实际应用中被广泛采用。

1. 反馈清零法

计数过程中，将某个中间状态反馈到清零端，强行使计数器返回到 0，再重新开始计数，可构成比原集成计数器模小的任意进制计数器。反馈清零法适用于有清零输入的集成计数器，分为异步清零和同步清零两种方法。

（1）异步清零法

在异步清零端有效时，不受时钟脉冲及任何信号影响，直接使计数器清零，因而可采用瞬时过渡状态作为清零信号。

【例 11-4】 用 74LS161 构成十一进制计数器。

解：由题意知 N=11，而 74LS161 的计数过程中有 16 个状态，多了 5 个状态，此时只需要设法跳过 5 个状态即可。

由图 11-37 可知，74LS161 从 0000 状态开始计数，当输入第 11 个 CP 脉冲（上升沿）时，输出为 1011，通过与非门译码后，反馈给异步清零 $\overline{CR}$ 端一个清零信号，立即使 $Q_3Q_2Q_1Q_0$=0000。接着 $\overline{CR}$ 端的清零信号也随之消失，74LS161 从 0000 状态开始新的计数周期。

需要注意的是，此电路一进入 1011 状态后，就会立即被置成 0000 状态，即 1011 状态仅在极短的瞬间出现，因此称为过渡状态。74LS161 构成十一进制计数器状态图如图 11-38 所示。

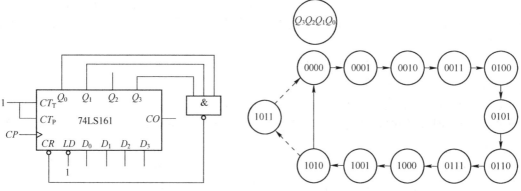

图 11-37　用 74LS161 构成十一进制计数器　　　　图 11-38　74LS161 构成十一进制计数器状态图

（2）同步清零法

同步清零法必须在清零信号有效时，再来一个 CP 时钟脉冲触发沿，才能使触发器清零。例如，采用 74LS163 构成同步清零十一进制计数器，其电路如图 11-39 所示，该计数器的反馈清零信号为 1010，与电路图中反馈清零信号 1011 不同，74LS163 构成同步清零十一进制计数器状态图如图 11-40 所示。

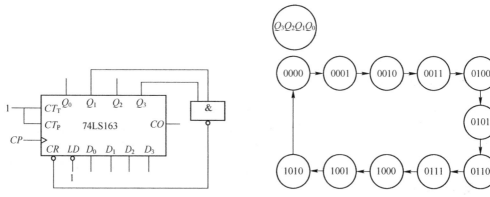

图 11-39　74LS163 构成同步清零十一进制计数器　　图 11-40　74LS163 构成同步清零十一进制计数器状态图

2．反馈置数法

反馈置数法适用于具有预置数功能的集成计数器，对于具有同步置数功能的计数器，则与同步清零类似，即同步置数输入端获得置数有效信号后，计数器不能立刻置数，而是在下一个 CP 脉冲作用后，计数器才会被置数。

对于具有异步置数功能的计数器，只要置数信号满足（不需要脉冲 CP 作用）就可立即置数，因此，异步反馈置数法仍需瞬时过渡状态作为置数信号。

【例 11-5】 试用 74LS161 同步置数功能构成十进制计数器。

解：由于 74LS161 的同步置数控制端获得低电平的置数信号时，并行输入端 $D_0 \sim D_3$ 输入的数据并不能被置入计数器，还需再来一个计数脉冲 CP 后，$D_0 \sim D_3$ 端输入的数据才被置入计数器，因此，其构成十进制计数器的方法与同步清零法基本相同，写出 $S_{10-1}=S_9$ 的二进制代码，$S_9=Q_3 Q_2 Q_1 Q_0=1001$。用 74LS161 同步置数功能构成十进制计数器如图 11-41 所示。

【例 11-6】 试用 74LS161 的同步置数功能构成一个十进制计数器，其状态在 0110～1111 间循环。

解： 由于计数器的计数起始状态 $Q_3Q_2Q_1Q_0$=0110，因此，并行数据输入端应接入计数起始数据，即取 $D_3D_2D_1D_0$=0110。当输入第 9 个计数脉冲 CP 时，计数器的输出状态 $Q_3Q_2Q_1Q_0$=1111，这时，进位信号 CO=1 通过反相器将输出低电平 0 加到同步置数控制端。当输入第 10 个计数脉冲时，计数器便回到初始的预置状态 $Q_3Q_2Q_1Q_0$=0110，从而实现了十进制计数，利用进位输出端 CO 构成十进制计数器如图 11-42 所示。

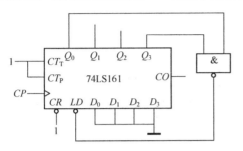 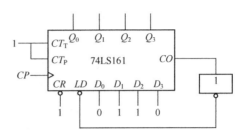

图 11-41 用 74LS161 同步置数功能构成十进制计数器　　图 11-42 利用进位输出端 CO 构成十进制计数器

说明：

1）例 11-5 是利用 4 位二进制数的前 10 个状态 0000～1001 来实现十进制计数的，例 11-6 是利用 4 位二进制数的后 10 个状态 0110～1111 来实现十进制计数的，这时，从 74LS161 的进位输出端 CO 取得反馈置数信号较为简单。例 11-5 和例 11-6 也说明了利用同步置数功能构成十进制计数器的两种方法。

2）同步置数与异步置数的区别。异步置数与时钟脉冲无关，只要异步置数端出现有效电平，置数输入端的数据立刻被置入计数器。因此，利用异步置数功能构成 N 进制计数器时，应在输入第 N 个 CP 脉冲时，通过控制电路产生置数信号，使计数器立即置数。同步置数与时钟脉冲有关，当同步置数端出现有效电平时，并不能立刻置数，只是为置数创造了条件，需再输入一个 CP 脉冲才能进行置数。因此，利用同步置数功能构成 N 进制计数器时，应在输入第（N-1）个 CP 脉冲时，通过控制电路产生置数信号，这样，在输入第 N 个 CP 脉冲时，计数器才被置数。

3）反馈清零法和反馈置数法的主要区别。反馈清零法将反馈控制信号加至清零端 $\overline{CR}$ 上，而反馈置数法则将反馈控制信号加至置数端 LD 上，且必须给置数输入端 D_3～D_0 加上计数起始状态值。反馈归零法构成计数器的初值一定是 0，而反馈置数法的初值可以是 0，也可以不是 0。

3. 级联法

级联就是把两个以上的集成计数器连接起来，从而获得任意进制计数器。例如，可把一个 N_1 进制计数器和一个 N_2 进制计数器串联起来构成 $N=N_1N_2$ 进制计数器。

图 11-43 所示为由两片 74LS160 级联成一百进制同步加法计数器。由图可以看出：低位片 74LS160（1）在计到 9 以前，其进位输出 CO=0，高位片 74LS160（2）的 CT_T=0，保持原状态不变。当低位片计到 9 时，其输出 CO=1，即高位片的 CT_T=1，这时，高位片才能接收 CP 的计数脉冲。所以，输入第 10 个计数脉冲时，低位片回到 0 状态，同时，使高位片加 1。显然，电路为一百进制计数器。

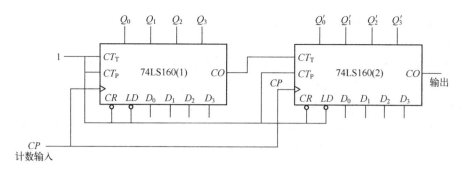

图 11-43　两片 74LS160 级联成一百进制同步加法计数器

图 11-44 所示为由两片 74LS161 级联成五十进制的计数器，十进制数对应的二进制数为 00110010，所以，当计数器计到 50 时，计数器的状态为 $Q_3'Q_2'Q_1'Q_0'Q_3Q_2Q_1Q_0 = 00110010$，所以，当 74LS161（2）计到 0011、74LS161（1）计到 0010 时，通过与非门控制使两片同时清零，实现从 0000 0000 到 0011 0001 的五十进制计数。在此电路工作中，00110010 状态会瞬间出现，但不属于计数器的有效状态。

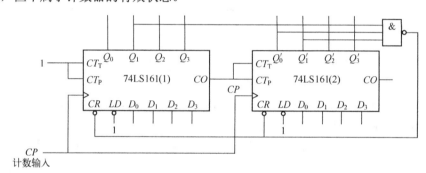

图 11-44　两片 74LS161 级联成五十进制计数器

思考与练习

1．什么是异步计数器？什么是同步计数器？各有什么优、缺点？
2．什么是异步清零？什么是同步清零？
3．同步置数与异步置数的区别是什么？反馈清零法和反馈置数法的区别是什么？

11.5　寄存器

11.5　寄存器

在计算机和数字仪表中，常常需要把一些数码或运算结果暂时储存起来，然后根据需要取出进行处理或运算。用来暂时存放数据、指令和运算结果的数字逻辑部件称为寄存器，几乎在所有的数字系统中都要用到寄存器。由于一个触发器能寄存 1 位二进制代码 0 或 1，因此，N 位寄存器用 N 个触发器组成，常用的有 4 位、8 位和 16 位寄存器。

向寄存器存入数码的方式有并行和串行两种。并行方式就是各位数码从对应位同时输入到寄存器中，串行方式就是数码从一个输入端逐位输入到寄存器中。

从寄存器取出数码的方式也有并行和串行两种。在并行方式中，被取出的数码在对应的输出端同时出现；在串行方式中，被取出的数码在一个输出端逐位输出。

并行方式和串行方式相比较，并行存取方式的速度比串行方式快得多，但所用的数据线将比串行方式多。

寄存器按功能可以分为数码寄存器和移位寄存器。

11.5.1 数码寄存器

数码寄存器只供暂时存放数码，可以根据需要将存放的数码随时取出参加运算或者进行数据处理。寄存器是由触发器构成的，对于触发器的选择只要求它们具有置 1、置 0 的功能。

无论是用同步结构的 RS 触发器、主从结构的触发器，还是边沿触发结构的触发器，都可以组成寄存器。

图 11-45 是由 D 触发器组成的 4 位集成数码寄存器 74LS175 的逻辑电路图。其中 $\overline{CR}$ 是异步清零端，通常存储数据之前，须先将寄存器清零，否则有可能出错。CP 为时钟脉冲，$D_0 \sim D_3$ 是并行数据输入端，$Q_0 \sim Q_3$ 是并行数据输出端。74LS175 的功能表见表 11-17。

表 11-17　74LS175 的功能表

输　　入						输　　出			
$\overline{CR}$	CP	D_3	D_2	D_1	D_0	Q_3	Q_2	Q_1	Q_0
0	×	×	×	×	×	0	0	0	0
1	↑	d_3	d_2	d_1	d_0	d_3	d_2	d_1	d_0
1	0	×	×	×	×	保持			

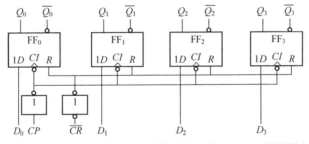

图 11-45　D 触发器组成的 4 位集成数码寄存器 74LS175 的逻辑电路图

1）置 0 功能。无论寄存器中原来有无数码。只要 $\overline{CR}=0$，触发器 FF$_0$～FF$_3$ 都被置 0，即 $Q_3Q_2Q_1Q_0=0000$。

2）并行送数功能。取 $\overline{CR}=1$，无论寄存器原来有无数码，只要输入时钟脉冲 CP 的上升沿，并行数据输入端 $D_3 \sim D_0$ 输入的数据 $d_3 \sim d_0$ 都被置入 4 个 D 触发器 FF$_0$～FF$_3$ 中，这时 $Q_3Q_2Q_1Q_0=d_3d_2d_1d_0$，由 Q_3、Q_2、Q_1、Q_0 并行输出数据。

3）保持功能。当 $\overline{CR}=1$、$CP=0$ 时寄存器中寄存的数码保持不变，即 FF$_0$～FF$_3$ 的状态保持不变。

11.5.2 移位寄存器

移位寄存器是一类应用很广的时序逻辑电路。移位寄存器不仅能寄存数码，而且还能根据要求，在移位时钟脉冲作用下，将数码逐位左移或者右移。

移位寄存器的移位方向分为单向移位和双向移位。单向移位寄存器有左移移位寄存器、右移移位寄存器之分；双向移位寄存器又称为可逆移位寄存器，在门电路的控制下，既可左移，又可右移。

1. 单向移位寄存器

将若干个触发器串接即可构成单向移位寄存器。由 3 个 D 触发器连接组成的右移移位寄存器如图 11-46 所示。

由图可得

$$Q_0^{n+1} = D_0，\quad Q_1^{n+1} = Q_0^n，\quad Q_2^{n+1} = Q_1^n$$

假设移位寄存器的初始状态 $Q_2Q_1Q_0 = 000$，串行输入数据 $D=101$，从低位 Q_0 到高位 Q_2 依次输入。当输入第一个数码时，$D_0=1$、$D_1=Q_0=0$、$D_2=Q_1=0$，所以，当第一个移位脉冲到来后 $Q_2Q_1Q_0 = 001$，即第一个数码 1 存入 FF_0 中，其原来的状态 0 移入 FF_1 中，数码左移了一位。依次类推，在第 4 个移位脉冲到来后，$Q_2Q_1Q_0 = 101$，3 位串行数码全部移入寄存器中，若从 3 个触发器的 Q 端得到并行的数码输出，这种工作方式称为串行输入/并行输出方式；若再经过 3 个 CP 移位脉冲，则所存的数码逐位从 Q_2 端输出，就构成了串行输入/串行输出的工作方式。右移位寄存器工作过程示意图如图 11-47 所示。

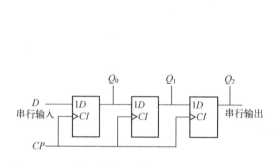

图 11-46　3 个 D 触发器连接组成的右移移位寄存器

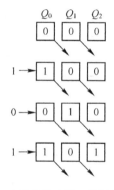

图 11-47　右移位寄存器工作过程示意图

2. 双向移位寄存器

在计算机中经常使用的移位寄存器需要同时具有左移位和右移位的功能，即双向移位寄存器。它在一般移位寄存器的基础上加上左、右移位控制信号，实现左、右移位串行输入功能。在左移位或右移位控制信号取 0 或 1 的两种不同情况下，当 CP 作用时，电路即可实现左移功能或右移功能。

图 11-48 所示为 4 位双向移位寄存器 74LS194 的逻辑功能示意图，图中 $\overline{CR}$ 为清零端，$D_0 \sim D_3$ 为并行数码输入端，D_R 为右移串行数码输入端，D_L 为左移串行数码输入端，M_0 和 M_1 为工作方式控制端，$Q_0 \sim Q_3$ 为并行数码输出端，CP 为移位脉冲输入端。74LS194 的功能表见表 11-18，由该表可知它有如下功能。

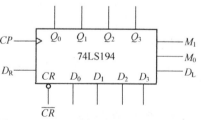

图 11-48　4 位双向移位寄存器 74LS194 的逻辑功能示意图

表 11-18 74LS194 的功能表

$\overline{CR}$	M_1	M_0	CP	D_L	D_R	D_0	D_1	D_2	D_3	Q_0	Q_1	Q_2	Q_3	说　明
				输　入							输　出			
0	×	×	×	×	×	×	×	×	×	0	0	0	0	清零
1	×	×	0	×	×	×	×	×	×	保持				
1	1	1	↑	×	×	d_0	d_1	d_2	d_3	d_0	d_1	d_2	d_3	并行置数
1	0	1	↑	×	1	×	×	×	×	1	Q_0	Q_1	Q_2	右移输入1
1	0	1	↑	×	0	×	×	×	×	0	Q_0	Q_1	Q_2	右移输入0
1	1	0	↑	1	×	×	×	×	×	Q_1	Q_2	Q_3	1	左移输入1
1	1	0	↑	0	×	×	×	×	×	Q_1	Q_2	Q_3	0	左移输入0
1	0	0	×	×	×	×	×	×	×	保持				

1）清零功能。当 $\overline{CR}$ =0 时，移位寄存器清零，$Q_0 \sim Q_3$ 都为 0 状态，与时钟脉冲的有无没有关系，为异步清零。

2）保持功能。当 $\overline{CR}$ =1、CP=0 或 $\overline{CR}$ =1、M_1M_0=00 时，移位寄存器保持状态不变。

3）并行送数功能。当 $\overline{CR}$ =1、M_1M_0=11 时，在 CP 的上升沿作用下，使 $D_0 \sim D_3$ 输入的数码 $d_0 \sim d_3$ 并行送入寄存器，$Q_0Q_1Q_2Q_3=d_0d_1d_2d_3$，是同步并行送数。

4）右移串行送数功能。当 $\overline{CR}$ =1、M_1M_0=01 时，在 CP 的上升沿作用下，执行右移功能，D_R 端输入的数码依次送入寄存器。

5）左移串行送数功能。当 $\overline{CR}$ =1、M_1M_0=10 时，在 CP 的上升沿作用下，执行左移功能，D_L 端输入的数码依次送入寄存器。

移位寄存器用来构成计数器，这是在实际工程中经常用到的。比如用移位寄存器构成环形计数器、纽环形计数器和自起动纽环形计数器等。它还可用作数据寄存。比如，两个数相加、相减其结果的存放等。

思考与练习

1．什么是寄存器？数码寄存器和移位寄存器有什么不同？
2．单向移位寄存器和双向移位寄存器的特点是什么？
3．试用 D 触发器构成一个 4 位单向移位寄存器，并说明其工作原理。

11.6 555 定时器

11.6.1 555 定时器的结构及功能

555 定时器是一种将模拟功能器件和数字逻辑功能器件巧妙结合在一起的中规模集成电路，其电路功能灵活，适用范围广泛。使用时，通常只需在外部接上几个适当的阻容元件，就可以方便地构成脉冲产生和整形电路。因此，555 定时器在工业控制、定时、仿声和电子乐器及防盗报警等方面应用十分广泛。

555 定时器电压范围较宽，例如 TTL555 定时器的电源电压为 5～16V，输出最大负载电流可达 200mA，可直接驱动微型电动机、指示灯及扬声器等；COMS 555 定时器的电源电压为 3～18V，输出最大负载电流可达 4mA。TTL 单定时型号最后 3 位数字为 555，双定时器为 556；COMS 单定时器型号的最后 4 位数字为 7555，单定时器型号为 7556。TTL 和 CMOS 定时器的逻辑功能和外部引脚排列完全相同。

1．555 定时器的电路组成

TTL 型 555 集成定时器的电路结构图如图 11-49 所示，图 11-50 为 555 逻辑符号。它由以下几部分组成。

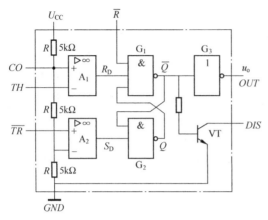 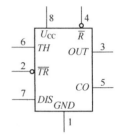

图 11-49　TTL 型 555 集成定时器的电路结构图　　　图 11-50　555 逻辑符号

（1）基本 RS 触发器

由两个与非门 G_1、G_2 组成，$\overline{R}$ 是专门设置的可从外部进行置 0 的复位端，当 $\overline{R}=0$ 时，使 $Q=0$，$\overline{Q}=1$。

（2）比较器

A_1、A_2 是两个电压比较器。比较器有两个输入端，同相输入端"+"和反相输入端"−"，如果 U_+ 和 U_- 表示相应输入上所加的电压，则当 $U_+>U_-$ 时，其输出为高电平 U_{OH}；反之，$U_+<U_-$ 时，输出为低电平 U_{OL}。两个输入端基本上不向外电路索取电流，即输入电阻趋近于无穷大。比较器 A_1 的输出为基本 RS 触发器内部置 0 的复位端 $\overline{R}_D$，而比较器 A_2 的输出为基本 RS 触发器的内部置 1 端 $\overline{S}_D$。

（3）电阻分压器

三个阻值均为 5kΩ 的电阻串联起来构成分压器（555 也因此而得名），为比较器 A_1 和 A_2 提供参考电压，当电压控制输入端 CO 悬空时，比较器 A_1 的"+"端 $U_+=\dfrac{2}{3}U_{CC}$，比较器 A_2 的"−"端 $U_-=U_{CC}$。如果在电压控制端 CO 另加控制电压，则可改变比较器 A_1、A_2 的参考电压，比较器 A_1 的"+"端 $U_+=U_{CO}$，比较器 A_2 的"−"端 $U_-=\dfrac{1}{2}U_{CO}$。工作中不使用 CO 端时，一般都通过一个电容（0.01～0.047μF）接地，以旁路高频干扰。

（4）晶体管开关和输出缓冲器

晶体管 VT 构成开关，其状态受 $\overline{Q}$ 端控制，当 $\overline{Q}=0$ 时 VT 截止，$\overline{Q}=1$ 时 VT 导通。输出缓冲器就是接在输出端的反相器 G_3，其作用是提高定时器的带负载能力和隔离负载对定时器的影响。

可见，555 定时器不仅提供了一个复位电平为 $\frac{2}{3}U_{CC}$、置位电平为 $\frac{1}{3}U_{CC}$、且可通过 $\overline{R}$ 端直接从外部进行置 0 的基本 RS 触发器，而且还给出了一个状态受该触发器 $\overline{Q}$ 端控制的晶体管（或者 MOS 管）开关，因此，使用起来十分方便。

2. 555 定时器的基本逻辑功能

1）$\overline{R}=0$、$\overline{Q}=1$，输出电压 $u_o = U_{OL}$ 为低电平，VT 饱和导通。

2）$\overline{R}=1$、$U_{TH} > \frac{2}{3}U_{CC}$、$U_{\overline{TR}} > \frac{1}{3}U_{CC}$ 时，A_1 输出低电平，A_2 输出高电平，$Q=0$、$\overline{Q}=1$、$u_o = U_{OL}$，VT 饱和导通。

3）$\overline{R}=1$、$U_{TH} < \frac{2}{3}U_{CC}$、$U_{\overline{TR}} > \frac{1}{3}U_{CC}$ 时，A_1、A_2 输出均为高电平，基本 RS 触发器保持原来状态不变，因此，u_o、VT 也保持原状态不变。

4）$\overline{R}=1$、$U_{TH} < \frac{2}{3}U_{CC}$、$U_{\overline{TR}} < \frac{1}{3}U_{CC}$ 时，A_1 输出高电平，A_2 输出低电平，$Q=1$、$\overline{Q}=0$、$u_o = U_{OH}$，VT 截止。

555 定时器的逻辑功能表如表 11-19 所示。

表 11-19　555 定时器的逻辑功能表

输　　入			输　　出	
$\overline{R}$	$U_{\overline{TR}}$	U_{TH}	u_o	VT 的状态
0	×	×	0	导通
1	$> \frac{1}{3}U_{CC}$	$> \frac{2}{3}U_{CC}$	0	导通
1	$> \frac{1}{3}U_{CC}$	$< \frac{2}{3}U_{CC}$	原状态	保持
1	$< \frac{1}{3}U_{CC}$	$< \frac{2}{3}U_{CC}$	1	截止

11.6.2　用 555 定时器组成的多谐振荡器

多谐振荡器是能够产生矩形脉冲信号的自激振荡器。它不需要输入脉冲信号，接通电源就可自动输出矩形脉冲信号。由于矩形波是很多谐波分量叠加的结果，所以矩形波振荡器叫作多谐振荡器。多谐振荡器没有稳定的状态，只有两个暂稳态。

图 11-51 所示是用 555 定时器构成的多谐振荡器。R_1、R_2、C 是外接定时元件。将 555 定时器的 TH（6 脚）接到 $\overline{TR}$（2 脚），$\overline{TR}$ 端接定时电容 C，晶体管集电极（7 脚）接到 R_1、R_2 的连接点，将 4 脚和 8 脚接 U_{CC}。

（1）过渡时期

假定在接通电源前电容 C 上无电荷，电路刚接

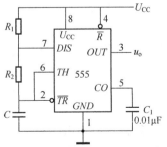

图 11-51　用 555 定时器构成的多谐振荡器

通的瞬间，U_C=0。这时6、2脚电位都为低电平，晶体管 VT 截止，电容 C 由电源 U_{CC} 经过 R_1、R_2 对 C 充电，使 U_C 电位不断升高，这是刚通电时电路的过渡时期。

（2）暂稳态 I

当充电到 U_C 略大于 $\frac{2}{3}U_{CC}$，6、2 脚为高电平，电压比较器 A_1 输出 u_{c1} 为低电平，电压比较器 A_2 输出 u_{c2} 为高电平，RS 触发器置 0，即 Q=0、$\overline{Q}$=1，对应输出 u_o 为低电平，同时 7 脚晶体管 VT 饱和导通，电容 C 经过 R_2 及 7 脚晶体管对地放电，6 脚电位 U_C 按指数规律下降，当放电到电容电压 U_C 略低于 $\frac{1}{3}U_{CC}$ 时，6 脚、2 脚为低电平，电压比较器 A_1 输出高电平，A_2 输出低电平，基本 RS 触发器置 1，Q=1、$\overline{Q}$=0，对应输出 u_o 为高电平，同时晶体管截止。

（3）充电阶段（第二暂稳态）

当 U_C 放电到略低于 $\frac{1}{3}U_{CC}$ 时，6、2 脚电位都为低电平，电压比较器 A_1 输出低电平，A_2 输出低电平，基本 RS 触发器置 1，Q=1、$\overline{Q}$=0，对应输出 u_o 为高电平，同时晶体管截止，这时电源 U_{CC} 经 R_1、R_2 对 C 充电，6 脚电位 U_C 按指数规律上升。当充电到 U_C 略高于 $\frac{2}{3}U_{CC}$，6、2 脚为高电平，电压比较器 A_1 输出 u_{c1} 为低电平，电压比较器 A_2 输出 u_{c2} 为高电平，RS 触发器置 0，即 Q=0、$\overline{Q}$=1，对应输出 u_o 为低电平，同时 7 脚晶体管 VT 饱和导通，又开始重复过程（2）。

由图可得，555 定时器组成的多谐振荡器的振荡周期 T 为

$$T = t_{W1} + t_{W2}$$

计算可得

$$T = 0.7(R_1 + 2R_2)C \qquad (11\text{-}11)$$

由 555 定时器组成多谐振荡器的工作波形图如图 11-52 所示。

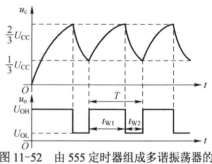

图 11-52　由 555 定时器组成多谐振荡器的工作波形图

11.6.3　555 定时器构成的单稳态电路

单稳态触发器又称为单稳态电路，它是只有一种稳定状态的电路。如果没有外界信号触发，它始终保持一种状态不变，当有外界信号触发时，它将由一种状态转变成另外一种状态，但这种状态是不稳定状态，称为暂态，一段时间后它会自动返回到原状态。

图 11-53 所示的是用 555 定时器组成的单稳态触发器。电路中的定时元件电阻 R 和电容 C 构成充放电回路，负触发脉冲 u_i 加在低触发端上。常态下输入信号 u_i=1，输出信号 u_o=0。

1）稳态。接通电源稳态时，u_i=1，555 内部触发器 Q=0，开关管饱和导通，U_C=0、u_o=0。

2）暂稳态。当触发信号负脉冲到来时，即 u_i 下跳为 0

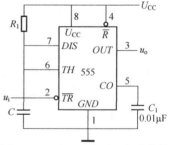

图 11-53　由 555 定时器组成的单稳态触发器

时，555 内部比较器 A_2 输出低电平，使 $Q=1$，则开关管截止，电源 U_{CC} 通过 R 对电容 C 充电，U_C 上升，电路进入暂稳态。在充电过程未结束时，由于内部 RS 触发器的保持作用，即使 u_i 回到高电平 1，不影响内部触发器和开关管的状态，即不影响充电的进行。当 U_C 上升到 $\frac{2}{3}U_{CC}$ 时，高触发端 TH（6 端）使 555 内部比较器 A_1 输出低电平 0，从而使触发器翻转，Q 变为 0，开关管饱和导通，输出 $u_o=0$。暂稳态结束。

3）自动恢复过程。暂稳态结束后，电容通过开关管快速放电，电路自动恢复到稳态时的情况，电路又可以接收新的触发脉冲信号。

输出脉冲宽度，即定时时间

$$T_W = \tau\ln\frac{u_C(\infty)-u_C(0_+)}{u_C(\infty)-u(T_W)} = RC\ln\frac{U_{CC}-0}{U_{CC}-\frac{2}{3}U_{CC}} = RC\ln 3 \approx 1.1RC$$

（11-12）

该电路要求输入脉冲触发信号的宽度要小于输出脉冲宽度。若输入脉冲宽度大于输出脉冲宽度，可以在输入端加一个及 RC 微分电路解决。

由 555 定时器组成的单稳态触发器的工作波形图如图 11-54 所示。

单稳态触发器的主要功能有脉冲整形、脉冲定时和脉冲展宽。

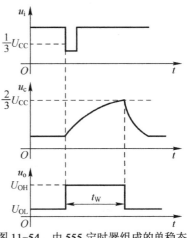

图 11-54　由 555 定时器组成的单稳态触发器的工作波形图

11.6.4　用 555 定时器构成的施密特触发器电路

单稳态触发器只有一个稳定状态，施密特触发器有两个稳定状态，具有滞回特性，即有两个阈值电平，具有较强的抗干扰能力。它能把变化缓慢的或不规则的波形，整形成为符合数字电路要求的矩形波。

图 11-55 所示是由 555 定时器组成的施密特触发器电路。图中将两触发端 TH 和 $\overline{\text{TR}}$ 接在一起作为输入端。设输入 u_i 为三角波，则电路工作如下。

1）当输入 $0<u_i\leqslant\frac{1}{3}U_{CC}$ 时，555 定时器内部比较器 A_1、A_2 输出为 1、0，触发器 $Q=1$，使电路输出 u_o 为高电平，同时晶体管 VT 截止。

2）当输入信号增加到 $\frac{1}{3}U_{CC}<u_i<\frac{2}{3}U_{CC}$，比较器 A_1、A_2 输出全部为 1，RS 触发器状态不变，电路输出 u_o 为高电平。

3）当 $u_i>\frac{2}{3}U_{CC}$ 时，比较器 A_1、A_2 输出为 0、1，使触发器翻转，$Q=0$，电路输出 u_o 为低电平，同时晶体管 VT 导通。

4）当 u_i 从最大值再次回来时，必须到达 $u_i\leqslant\frac{1}{3}U_{CC}$ 时，内部触发器才会翻转为高电平 1。

电路两次翻转对应不同的电压值，即上限阈值电平 U_{T+} 和下限阈值电平 U_{T-}，这里 $U_{T+}=\frac{2}{3}U_{CC}$，$U_{T-}=\frac{1}{3}U_{CC}$。

回差电压或滞回电压

$$\Delta U = U_{T+} - U_{T-} = \frac{1}{3}U_{CC}$$

由 555 定时器组成施密特触发器的工作波形图如图 11-56 所示。

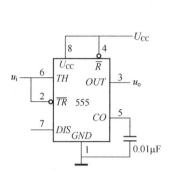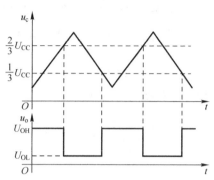

图 11-55　由 555 定时器组成的施密特触发器电路　　图 11-56　由 555 定时器组成施密特触发器的工作波形图

施密特触发器常用于将三角波、正弦波及变化缓慢的波形变换成矩形脉冲，这时将需变换的波形送到施密特触发器的输入端，输出便为很好的矩形脉冲。

思考与练习

1. 555 定时器由哪几部分组成？各部分的作用是什么？
2. 简述用 555 定时器组成多谐振荡器的方法及原理。
3. 简述用 555 定时器组成单稳态触发器的方法及原理。
4. 简述用 555 定时器组成施密特触发器的方法及原理。

11.7　D/A 和 A/D 转换器

在计算机控制系统中，经常要将生产过程中的模拟量转换成数字量，送到计算机进行处理，处理的结果（数字量）又要转换成模拟量以实现对生产过程的控制。能实现将模拟量转换成数字量的装置称为模/数转换器，简称 A/D 转换器或 ADC；能实现将数字量转换成模拟量的装置称为数/模转换器，简称为 D/A 转换器或 DAC。二者构成了模拟、数字领域的桥梁。

A/D 转换和 D/A 转换是生产过程自动化控制不可缺少的重要组成部分，它还广泛应用于数字测量、数字通信等领域。

11.7.1　D/A 转换器

D/A 转换器用以将输入的二进制代码转换为相应模拟电压输出的电路。它是数字系统和模拟系统的接口。

D/A 转换器的种类很多，按解码网络分有 T 形网络 D/A 转换器、权电阻 D/A 转换器、权电流 D/A 转换器等。这里主要介绍一种常见的 *R-2R* 倒 T 形网络 D/A 转换器。

1. 电路组成

图 11-57 所示为 4 位 *R-2R* 倒 T 形电阻网络 D/A 转换器，它主要由电子模拟开关 $S_0 \sim S_3$、

R–$2R$ 倒 T 形电阻网络、基准电压和求和运算放大器等部分组成。电子模拟开关 $S_0 \sim S_3$ 由输入代码控制，如 i 位代码 $d_i=1$ 时，S_i 接 1，将电阻 $2R$ 接运算放大器的虚地，电流 I_i 流入求和运算放大器；如 $d_i=0$ 时，S_i 接 0，将电阻 $2R$ 接地。因此，无论电子模拟开关 S_i 处于何种位置，流经电阻 $2R$ 支路的电流大小不变，即与 S_i 位置无关。

2. 工作原理

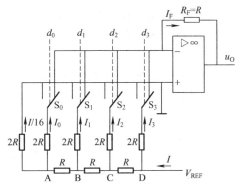

在图 11-57 所示图中，因同相输入端接地，则反相输入端为虚地，无论模拟电子开关 S_i 接反相输入还是接同相输入端，均相当于接地。因此，A、B、C、D 四个节点，向左看等效电阻均为 $2R$，且对地等效电阻均为 R。所以，由 V_{REF} 流出的总电流是固定不变的，其值为 $I = \dfrac{V_{REF}}{R}$，并且每经过一个节点，电流被分流一半。因此，从数字量高位到低位的电流分别为

图 11-57　4 位 R-$2R$ 倒 T 形电阻网络 D/A 转换器

$$I_3 = \frac{I}{2}, \quad I_2 = \frac{I}{4}, \quad I_1 = \frac{I}{8}, \quad I_0 = \frac{I}{16}$$

所以，流入求和运算放大器的输入电流 I_F 为

$$
\begin{aligned}
I_F &= I_3 d_3 + I_2 d_2 + I_1 d_1 + I_0 d_0 \\
&= \frac{I}{2} d_3 + \frac{I}{4} d_2 + \frac{I}{8} d_1 + \frac{I}{16} d_0 \\
&= \frac{I}{2^4}(2^3 d_3 + 2^2 d_2 + 2^1 d_1 + 2^0 d_0) \\
&= \frac{V_{REF}}{2^4 R}(2^3 d_3 + 2^2 d_2 + 2^1 d_1 + 2^0 d_0)
\end{aligned}
\qquad (11\text{-}13)
$$

放大器的输出电压 u_o 为

$$
\begin{aligned}
u_o &= -I_F R_F \\
&= -R_F \frac{V_{REF}}{2^4 R}(2^3 d_3 + 2^2 d_2 + 2^1 d_1 + 2^0 d_0)
\end{aligned}
\qquad (11\text{-}14)
$$

当 $R=R_F$ 时，放大器的输出电压 u_o 为

$$u_o = -\frac{V_{REF}}{2^4}(2^3 d_3 + 2^2 d_2 + 2^1 d_1 + 2^0 d_0) \qquad (11\text{-}15)$$

由此可以看出：输出模拟电压 u_o 与输入数字量成正比。

由于倒 T 形电阻网络 D/A 转换器中各支路的电流恒定不变，直接流入运算放大器的反相输入端，它们之间不存在传输时间差，因而提高了转换速度，所以，倒 T 形电阻网络 D/A 转换器的应用很广泛。

3. D/A 转换器的主要技术参数

（1）分辨率

分辨率是指转换器所能分辨的最小输出电压（对应数字量只是最低位为 1）与最大输出电压（对应数字量各位全为 1）之比。

例如，10 位 D/A 转换器的分辨率为 $\dfrac{1}{2^{10}-1} = \dfrac{1}{1023} \approx 0.000978$。

（2）线性度

理想 D/A 转换器输出的模拟电压量与输入的数字量大小成正比，呈线性关系。但由于各种元器件非线性的原因，实际并非如此，通常把输出偏离理想转换特性的最大偏差与满刻度输出之比定义为非线性误差。误差越小，线性度就越好。

（3）转换精度

转换精度是指 D/A 转换器实际模拟输出与理想模拟稳态输出的差值，它包括非线性误差系数误差和漂移误差等。

（4）转换速度

转换速度是指从输入数字量开始到输出电压达到稳定值所需要的时间，它包括建立时间和转换速率两个参数。一般位数越多，精度越高，但是转换时间越长。

4. 集成 D/A 转换器 DAC0832

DAC0832 芯片是 8 位倒 T 形电阻网络型转换器，它与单片机、CPLD、FPGA 可直接连接，且接口电路简单，转换控制容易，在单片机及数字电路中得到广泛应用。

DAC0832 具有两个寄存器，输入的 8 位数据首先存入寄存器，而输出的模拟量由 DAC 寄存器的数据决定。当把数据从输入寄存器转入 DAC 寄存器后，输入寄存器就可以接受新的数据而不影响模拟量的输出。

（1）DAC0832 工作方式

DAC0832 的转换逻辑框图如图 11-58 所示。

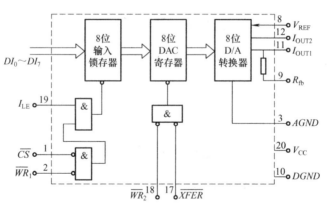

图 11-58　DAC0832 的转换逻辑框图

DAC0832 共有 3 种工作方式，具体如下。

1）双缓冲工作方式。双缓冲工作方式是通过控制信号将输入数据锁存于寄存器中，当需要 D/A 转换时，再将输入寄存器的数据转入 DAC 寄存器中，并进行 D/A 转换。对于多路 D/A 转换接口，要求并行输出时，必须采用双缓冲同步工作方式。

2）单缓冲工作方式。单缓冲工作方式是在 DAC 两个寄存器中有一个是常通状态，或者两个寄存器同时选通及锁存。

3）直通工作方式。直通工作方式是使两个寄存器一直处于选通状态，寄存器的输出跟随输入数据的变化而变化，输出模拟量也随着输入数据同时变化。

由于 DAC0832 输出是电流型的，所以必须用运算放大器将模拟电流转换为模拟电压。

（2）引脚功能

DAC0832 的引脚排列如图 11-59 所示。

$D_0 \sim I_7$：8 位数字量数据输入。

I_{LE}：数据锁存允许信号，高电平有效。

$\overline{CS}$：片选信号输入线，低电平有效。

$\overline{WR}_1$：输入寄存器的写选通信号，低电平有效。

$\overline{XFER}$：数据传输信号线，低电平有效。

$\overline{WR}_2$：为 DAC 寄存器写选通输入线。

I_{OUT1}、I_{OUT2}：电流输出线，I_{OUT1} 与 I_{OUT2} 的和为常数。

R_F：反馈信号输入线。

V_{REF}：基准电压输入线。

V_{DD}：电源输入线。

$DGND$：数字地。

$AGND$：模拟地。

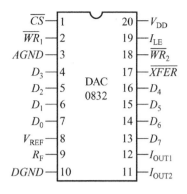

图 11-59　DAC0832 的引脚排列

11.7.2　A/D 转换器

1. A/D 转换的步骤

A/D 转换器可将输入的模拟电压量转换成与输入量成正比的数字量。要实现将连续化的模拟量变为离散的数字量，通常要经过取样、保持、量化和编码 4 个步骤。在实际电路中，取样和保持、量化和编码，通常在转换过程中同时实现。

（1）取样和保持

取样是对模拟信号进行周期性地抽取样值的过程，就是把随时间连续变化的模拟信号转换成在时间上断续，在幅值上等于取样时间内模拟信号大小的一串脉冲。由于 A/D 转换需要一定的时间，所以在每次取样结束后，应保持取样电压值在一段时间内不变，直到下一次取样开始，这就要在取样后加上保持电路。

为了能较好地恢复原来的模拟信号，根据取样定理，要求取样脉冲 u_S 的频率 f_S 必须大于或等于输入模拟信号 u_i 频谱中最高频率 $f_{I(max)}$ 的 2 倍，即

$$f_S \geqslant 2f_{I(max)}$$

简单取样-保持电路原理图如图 11-60 所示。取样-保持电路输出电压波形如图 11-61 所示。

（2）量化与编码

在保持期间，采样的模拟电压经过量化与编码电路后转换成一组 n 位二进制数据。任何一个数字量的大小，可以用某个最小数量单位的整数倍来表示。因此，在用数字量表示采样电压大小时，必须规定一个合适的最小数量单位，也叫量化单位，用 Δ 表示。量化单位一般是数字量最低位为 1 时所对应的模拟量。

假如把 0~1V 模拟电压信号转换成 3 位二进制数，则有 000~111 八种可能值，这时可取 $\Delta = \dfrac{1}{8}$V。由 0 到最大值的模拟电压信号就被划分为 0，1 / 8，2 / 8，…，7 / 8 共 8 个电压等级。可见在划分中，有些模拟电压值不一定能被 Δ 整除，所以必然会带来误差，即量化误

差。为了减小量化误差，可将 Δ 取小一些，比如取 $\Delta = \dfrac{2}{15}$ V。

把量化后的数值对应地用二进制数来表示，称为编码。编码方式一般采用自然二进制数。

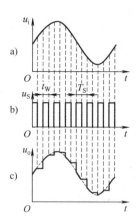

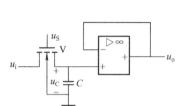

图 11-60　简单取样-保持电路

图 11-61　取样-保持电路输出电压波形

a) 输入模拟电压　b) 取样脉冲　c) 输出电压波形

2．A/D 转换器的类型

A/D 转换器的类型很多，从转换过程看可分为两类；直接 A/D 转换器和间接 A/D 转换器。直接 A/D 转换器是将输入模拟信号与参考电压相比较，从而直接得到转换的数字量。其典型电路有并行比较型 ADC 和逐次逼近型 ADC。而间接 A/D 转换器是将输入模拟信号转换成中间变量，比如时间量，再将时间量转换成数字量。这种电路转换速度不高，但可以做到较高的精度，其典型电路是双积分型 ADC。

（1）逐次逼近型 ADC

图 11-62 是 4 位逐次逼近型 ADC 的原理框图，它由比较器、电压输出 DAC、参考电源和逐次逼近寄存器(里面有移位寄存器和数码寄存器)等组成。

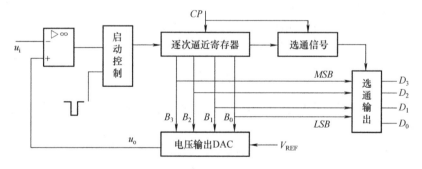

图 11-62　4 位逐次逼近型 ADC 的原理图

工作原理：转换前，首先由启动信号对寄存器清零并启动电路工作。开始转换后，时钟信号将寄存器最高位 B_3 置"1"，使数码为 1000。该数码输入到 DAC，经转换为模拟输出 $u_o = V_{REF}/2$。与比较器的输入模拟信号 u_i 进行第一次比较，比较的结果决定是否保留 B_3 的高电平。若 $u_o < u_i$，则保留 B_3，并同时将 B_3 置为"1"；若 $u_o > u_i$，则清除 B_3，使 $B_3 = 0$，并同时将 B_2 置为"1"。接着按照同样的方法进行第二次比较，以决定是否保留 B_2 的高电平。如

254

此逐位比较下去，直至最低位比较完毕，整个转换过程就像用天平称量重物一样。转换结束时再用一个 *CP* 控制将最后的数码作为转换的数字量选通输出，即最后一个 *CP* 控制使输出 $D_3D_2D_1D_0 = B_3B_2B_1B_0$。

逐次逼近型 ADC 应用非常广泛，转换速度较快，误差较低。对于 *n* 位逐次逼近型 ADC 完成一次转换则至少需要 *n*+1 个 *CP* 脉冲，位数越多，转换时间相对越长。

（2）双积分型 ADC

双积分型 A/D 转换器是一种间接型 A/D 转换器。它的基本原理是将输入的模拟电压 u_i 先转换成与 u_i 成正比的时间间隔，在此时间内用计数器对恒定频率的时钟脉冲计数，计数结束时，计数器记录的数字量正比于输入的模拟电压，从而实现模拟量到数字量的转换。

图 11-63 是一个双积分型 A/D 转换器的原理图。它由基准电压-V_{REF}、积分器、检零比较器、计数器和定时触发器组成，其中基准电压要与输入模拟电压极性相反。

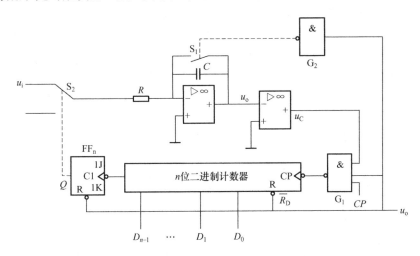

图 11-63　双积分型 A/D 转换器的原理图

积分器是 A/D 转换器的核心部分。通过开关 S_2 对被测模拟电压 u_i 和与其极性相反的基准电压 V_{REF} 进行两次方向相反的积分，时间常数 $\tau = RC$。这也是双积分 A/D 转换器的来历。

检零比较器在积分器之后，用以检查积分器输出电压 u_o 的过零时刻。当 $u_o \geq 0$ 时，输出 $u_C = 0$；当 $u_o < 0$ 时，输出 $u_C = 1$。

时钟控制门有三个输入端，第一个接检零比较器的输出 u_C，第二个接转换控制信号 u_S，第三个接标准时钟脉冲源 *CP*。当 $u_C = 1$，$u_S = 1$ 时，G_1 打开，计数器对时钟脉冲 *CP* 计数；当 $u_C = 0$ 时，G_1 关闭，计数器停止计数。

计数器由 *n* 个触发器组成，当 *n* 位二进制计数器计到 $2n$ 个时钟脉冲时，计数器由 $11\cdots1$ 回到 $00\cdots0$ 状态，并送出进位信号使定时触发器 FF_n 置 1，即 $Q_n = 1$，开关 S_2 接基准电压-V_{REF}，计数器由 0 开始计数，将与输入模拟电压 u_i 成正比的时间间隔转换成数字量。

双积分 A/D 转换器的主要优点是工作稳定，抗干扰能力强，转换精度高；它的缺点是工作速度低。由于双积分 A/D 转换器的优点突出，所以，在工作速度要求不高时，应用十分广泛。

3. A/D 转换器的主要参数

（1）分辨率

分辨率是指 A/D 转换器输出数字量的最低位变化一个数码时，对应输入模拟量的变化量。显然 A/D 转换器的位数越多，分辨最小模拟电压的值就越小。

例如，一个最大输出电压为 5V 的 8 位 A/D 转换器的分辨率为 $5V / 2^8 = 19.53mV$。

（2）相对精度

相对精度是指 A/D 转换器实际输出的数字量与理论输出数字量之间的差值。通常用最低有效位 LSB 的倍数来表示。

例如，相对精度不大于 1/2LSB，即说明实际输出数字量和理想上得到的输出数字量之间的误差不大于最低位 1 的一半。

（3）转换速度

转换速度是指 A/D 转换器完成一次转换所需的时间，即从接到转换控制信号开始到输出端得到稳定数字量所需的时间。转换时间越小，转换速度越高。

4．集成电路 ADC0809

ADC0809 是 CMOS 单片型逐次逼近式 A/D 转换器，内部结构如图 11-64 所示，它由 8 路模拟开关、地址锁存与译码器、比较器、8 位开关树型 A/D 转换器、逐次逼近寄存器、逻辑控制和定时电路组成。它可以根据地址码锁存译码后的信号，只选通 8 路模拟输入信号中的一个进行 A/D 转换。是目前国内应用广泛的 8 位通用 A/D 芯片。

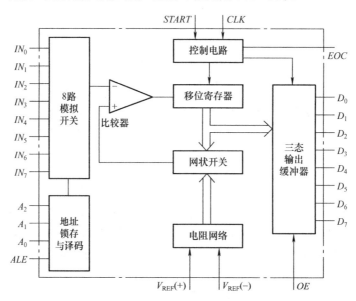

图 11-64　ADC0809 逻辑框图

（1）引脚功能

ADC0809 芯片有 28 条引脚，采用双列直插式封装，如图 11-65 所示。下面说明各引脚功能。

$IN_0 \sim IN_7$：8 路模拟量输入端。

$A_2A_1A_0$：3 位地址码输入端。

ALE：地址锁存允许控制端，高电平有效。

START：A/D 转换启动脉冲输入端，高电平有效。

EOC：A/D 转换结束信号，当 A/D 转换结束时，此端输出一个高电平（转换期间一直为低电平）。

OE：数据输出允许信号，高电平有效。当 A/D 转换结束时，此端输入一个高电平，才能打开输出三态门，输出数字量。

CLK：时钟脉冲输入端。当时钟频率为 640kHz 时，A/D 转换时间为 100μs。

$V_{REF}(+)$、$V_{REF}(-)$：基准电压。

$D_0 \sim D_7$：A/D 转换输出的 8 位数字信号。

（2）ADC0809 的工作过程

首先输入 3 位地址，并使 *ALE*=1，将地址存入地址锁存器中。此地址经译码选通 8 路模拟输入之一到比较器。*START* 上升沿将逐次逼近寄存器复位。下降沿启动 A/D 转换，之后 *EOC* 输出信号变低，指示转换正在进行。直到 A/D 转换完成，*EOC* 变为高电平，指示 A/D 转换结束，结果数据已存入锁存器，这个信号可用作中断申请。当 *OE* 输入高电平时，输出三态门打开，转换结果的数字量输出到数据总线上。A/D 转换后得到的数据应及时传送给单片机进行处理。数据传送的关键问题是如何确认 A/D 转换的完成，因为只有确认完成后，才能进行传送。为此可采用下述三种方式。

图 11-65　ADC0809 引脚图

1）定时传送方式。

对于一种 A/D 转换器来说，转换时间作为一项技术指标是已知的和固定的。可据此设计一个延时子程序，A/D 转换启动后即调用此子程序，延迟时间一到，转换肯定已经完成了，接着就可进行数据传送。

2）查询方式。

A/D 转换芯片由表明转换完成的状态信号，例如 ADC0809 的 *EOC* 端。因此可以用查询方式，测试 *EOC* 的状态，即可确认转换是否完成，并接着进行数据传送。

3）中断方式。

把表明转换完成的状态信号（*EOC*）作为中断请求信号，以中断方式进行数据传送。不管使用上述哪种方式，只要一旦确定转换完成，即可通过指令进行数据传送。首先送出口地址并以信号有效时，*OE* 信号即有效，把转换数据送上数据总线，供单片机接受。

（3）主要特性

1）8 路输入通道，8 位 A/D 转换器，即分辨率为 8 位。

2）具有转换起停控制端。

3）转换时间为 100μs（时钟为 640kHz 时）和 130μs（时钟为 500kHz 时）。

4）单个+5V 电源供电。

5）模拟输入电压范围 0～5V，不需零点和满刻度校准。

6）工作温度范围为–40～85℃。

7）低功耗，约为 15mW。

思考与练习

1. 说出模/数转换和数/模转换的概念。

2. 实现模/数转换要经过哪些过程？

3．已知某数/模转换电路，输入 3 位数字量，基准电压 $V_{REF}=-8V$，当输入数字量 $D_2D_1D_0$ 如图 11-66 所示时，求相应的输出模拟量 u_o。

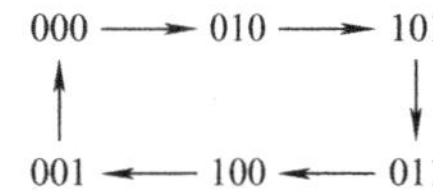

4．一个 8 位倒 T 形电阻网络数/模转换电路，设 $V_{REF}=+5V$，$R_F=3R$，试求：

$$D_7D_6D_5D_4D_3D_2D_1D_0=11010011、00001001、00010110 \text{ 时的输出电压 } u_o \text{ 和分辨率。}$$

$$000 \longrightarrow 010 \longrightarrow 101$$
$$\uparrow \qquad\qquad\qquad \downarrow$$
$$001 \longleftarrow 100 \longleftarrow 011$$

图 11-66　题 3 图

11.8　技能训练

11.8.1　技能训练 1　RS 触发器功能测试

1．训练目的

学会基本门电路构成触发器的方法；掌握触发器功能分析及测试方法。

2．训练器材

集成电路芯片 74LS00、74LS20 各一片；直流稳压电源一台；逻辑开关三只；电阻 $1k\Omega$ 两只。

3．训练内容与步骤

验证基本 RS 触发器逻辑功能。

1）测试电路。由 74LS00 构成的基本 RS 触发器电路如图 11-67 所示。

2）连接电路。按图 11-67 所示连接电路，确认连接正确后，接通电源（+5V），输入端 $\overline{R}$、$\overline{S}$ 分别输入高、低电平，观察 LED 灯的亮与灭，灯亮表示高电平 1，灯灭表示低电平 0。

3）将测量结果填入表 11-20 所示 RS 触发器功能测试表中，并根据测试结果，分析逻辑功能。

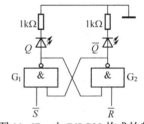

图 11-67　由 74LS00 构成的基本 RS 触发器电路

表 11-20　RS 触发器功能测试表

$\overline{R}$	$\overline{S}$	Q^n	Q^{n+1}
0	0	0	
0	0	1	
0	1	0	
0	1	1	
1	0	0	
1	0	1	
1	1	0	
1	1	1	

11.8.2　技能训练 2　JK 触发器功能测试

1．训练目的

学会基本门电路构成触发器的方法；掌握 JK 触发器功能分析及测试方法。

2. 训练器材

集成电路芯片 74LS00、74LS20 各一片；直流稳压电源一台；逻辑开关三只；电阻 1kΩ 两只。

3. JK 触发器功能测试

1）测试电路。由 74LS00、74LS20 构成的基本 JK 触发器电路如图 11-68 所示。

2）连接电路。按图 11-68 连接电路，确认连接正确后，接通电源（+5V），分别在 $CP=0$ 和 $CP=1$ 时，在输入端 J、K 输入低电平和高电平，输出端接电平指示灯并用万用表测量输出电压。

3）将测量结果填入表 11-21 所示 JK 触发器功能测试表中，并根据测试结果，分析 JK 触发器逻辑功能。

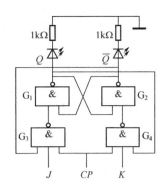

图 11-68　由 74LS00、74LS20 构成的基本
JK 触发器电路

表 11-21　JK 触发器功能测试表

J	K	Q^n	Q^{n+1}
0	0	0	
0	0	1	
0	1	0	
0	1	1	
1	0	0	
1	0	1	
1	1	0	
1	1	1	

11.9　习题

1. 已知基本 RS 触发器的两输入端 $\overline{S}$ 和 $\overline{R}$ 的波形如图 11-69 所示，试画出当初始状态分别为 0 和 1 两种情况下，输出端 Q 的波形图。

2. 已知同步 RS 触发器的初态为 0，当 S、R 和 CP 端有图 11-70 所示的波形时，试画出输出端 Q 的波形图。

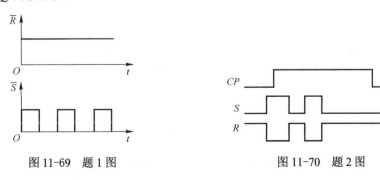

图 11-69　题 1 图　　　　　　　　　图 11-70　题 2 图

3．已知主从 JK 触发器的输入端 CP、J 和 K 的波形如图 11-71 所示，试画出初始状态为 0 时，输出端 Q 的波形图。

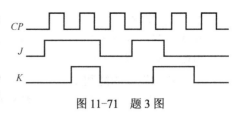

图 11-71　题 3 图

4．各触发器如图 11-72 所示，它的输入脉冲 CP 的波形如图 11-72 所示，当初始状态均为 1 时，试画出各触发器输出端 Q 和 $\bar{Q}$ 的波形。

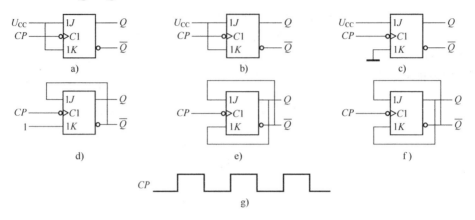

图 11-72　题 4 图

5．已知维持阻塞 D 触发器波形的输入波形如图 11-73 所示，试画出输出端 Q 和 $\bar{Q}$ 的波形。

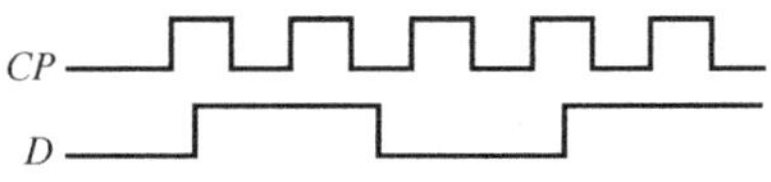

6．试分别用以下集成计数器构成七进制计数器。

1）利用 CT74LS161 的异步清零功能。

2）利用 CT74LS163 的同步清零功能。

3）利用 CT74LS161 和 CT74LS163 的同步置数功能。

7．试用 CT74LS160 的异步清零和同步置数功能构成下列计数器。

1）六十进制计数器。

2）二十四进制计数器。

8．分析图 11-74 所示的电路，说明它是多少进制计数器。

图 11-73　题 5 图

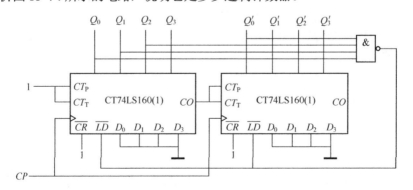

图 11-74　题 8 图

9．图 11-75 所示的数码寄存器，上升沿若原来状态 $Q_2Q_1Q_0=101$，现输入数码

$D_2D_1D_0$=011，CP 上升沿来到后，$Q_2Q_1Q_0$ 等于多少？

10．图 11-76 所示，555 定时器组成的多谐振荡器。已知 R_1 =10kΩ、R_2 =15kΩ、C=0.1μF、U_{DD}=12V，试求：

1）多谐振荡器的振荡频率。

2）画出 u_C 和 u_o 的波形。

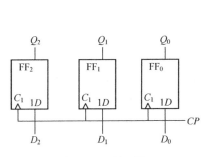

图 11-75　题 9 图

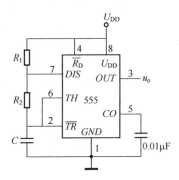

图 11-76　题 10 图

11．图 11-77 所示电路是一个防盗装置，A、B 两端用一细铜丝接通，将此铜丝置于盗窃者必经之处。当盗窃者将钢丝碰掉后，扬声器即发出报警声。试分析电路的工作原理。

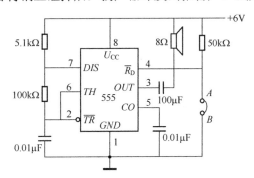

图 11-77　题 11 图

参 考 文 献

[1] 牛百齐，许斌. 电工技术[M]. 2 版. 北京：机械工业出版社，2017.

[2] 牛百齐，毛立云. 数字电子技术项目教程[M]. 2 版. 北京：机械工业出版社，2017.

[3] 席时达. 电工技术[M]. 5 版. 北京：高等教育出版社，2019.

[4] 张志良. 电工与电子技术基础[M]. 北京：机械工业出版社，2016.

[5] 陈小虎. 电工电子技术[M]. 3 版. 北京：高等教育出版社，2011.

[6] 谢兰清，黎艺华. 数字电子技术项目教程[M]. 3 版. 北京：电子工业出版社，2017.

[7] 王久和，李春云. 电工电子实验教程[M]. 3 版. 北京：电子工业出版社，2013.

[8] 何希才. 常用集成电路应用实例[M]. 北京：电子工业出版社，2007.